Excel 数据之美

张杰 / 著

科学图表与商业图表的绘制

電子工業出版社
Publishing House of Electronics Industry
北京·BEIJING

内 容 简 介

本书主要介绍基于Excel 2016的科学图表和商业图表的绘制方法，首次引入R ggplot2、Python Seaborn、Tableau、D3.js、Matlab 2015、Origin等绘图软件的图表风格与配色方案，在无须编程的情况下，就能实现这些软件的图表风格；同时对比并总结了《华尔街日报》、《商业周刊》、《经济学人》等商业经典杂志的图表风格。在详细地介绍散点图、柱形图、面积图、雷达图等基本图表的基础上，同时增加介绍了Excel 2016新增的图表、Excel加载项Map Power (地图绘制功能)和E2D3等的使用方法。特别需要说明的是，作者独立开发了一款与本书配套使用的Excel插件EasyCharts，可以实现颜色拾取、数据拾取、图像截取、图表风格美化、新型图表绘制、数据分析与可视化等功能。

图书在版编目（CIP）数据

Excel数据之美：科学图表与商业图表的绘制 / 张杰著. —北京：电子工业出版社，2016.10
ISBN 978-7-121-29890-5

Ⅰ. ①E… Ⅱ. ①张… Ⅲ. ①表处理软件 Ⅳ. ①TP317.3

中国版本图书馆CIP数据核字(2016)第218085号

策划编辑：石　倩
责任编辑：石　倩
印　　刷：北京虎彩文化传播有限公司
装　　订：北京虎彩文化传播有限公司
出版发行：电子工业出版社
　　　　　北京市海淀区万寿路173信箱　　邮编：100036
开　　本：787×980　1/16　印张：14.25　字数：280千字
版　　次：2016年10月第1版
印　　次：2023年 8 月第17次印刷
定　　价：69.00元

凡所购买电子工业出版社图书有缺损问题，请向购买书店调换。若书店售缺，请与本社发行部联系，联系及邮购电话：（010）88254888，88258888。

质量投诉请发邮件至zlts@phei.com.cn，盗版侵权举报请发邮件至dbqq@phei.com.cn。

本书咨询联系方式：010-51260888-819，faq@phei.com.cn。

前言

本书主要介绍基于Excel 2016的科学图表和商业图表的绘制方法，首次引入R ggplot2、Python Seaborn、Tableau、D3.js、Matlab 2015、Origin等绘图软件的图表风格与配色方案，在无须编程的情况下，就能实现这些软件的图表风格；同时对比并总结了《华尔街日报》、《商业周刊》、《经济学人》等经典商业杂志的图表风格。在详细地介绍了基于Excel 2016的散点图、柱形图、面积图、雷达图等基本图表的绘制的同时，增加介绍了Excel 2016新增的图表、Excel加载项Map Power（地图绘制功能）和E2D3等的使用方法。特别需要说明的是，作者独立开发了一款与本书配套使用的Excel插件EasyCharts1.0，可以实现颜色拾取、数据拾取、图像截取、图表风格美化、新型图表绘制、数据分析与可视化等功能。

本书定位

目前市面上关于Excel图表制作类的书籍主要是介绍商业图表的绘制，而并没有介绍科学图表绘制的图书，如最为经典的商业图表制作类书籍：刘万祥老师的《Excel图表之道：如何制作专业有效的商务图表》、《用地图说话：在商业分析与演示中运用Excel数据地图》。科学图表的绘制相对商业图表来说，更加科学、严谨、规范。本书侧重介绍Excel科学图表的绘制，使其能应用于不同学科的数据可视化，同时也适用于商业图表的绘制。

目前市面上的Excel绘图教程都是基于2003、2007或2010版Excel进行介绍的，其中刘万祥老师的《Excel图表之道》和《用地图说话》是基于2003版Excel。而最新发布的Excel 2016添加了很多实用的绘图功能，如三维地图、箱形图、直方图和树状图，使得一些需要通过复杂操作才能绘制出的图表轻易就能够实现。本书基于Excel 2016介绍科学图表和商业图表的绘制方法、Excel 2016的绘图新功能等，值得一提的是，“三维地图”功能基本可以实现《用地图说话：在商业分析与演示中运用Excel数据地图》中的实例。

在实际的科学图表绘制中，工科学生一般使用Matlab、Origin和Sigmaplot，理科学生更多使用Python、R、D3.js，而Matlab、Python、R、D3.js等绘图软件需要编程才能实现绘图，学习门槛相对来说较高；Excel作为常用的Office软件，其绘图能力往往被低估，而其学习门槛相对较低、对图表元素的控制更加容易。本书总结了现有常用绘图软件的配色主题与绘图风格，介绍用Excel绘制科学图表和商业图表的方法，实现不同绘图软件的绘图风格，包括R ggplot2、Python Seaborn、Tableau、D3.js、Matlab等软件。

读者对象

本书适合各类需要用到图表的高校学生和职场人士阅读，以及希望掌握Excel 2016图表制作的初学者阅读。从软件掌握程度而言，本书需要读者对 Excel 图表具有初级以上的掌握程度。

阅读指南

全书内容共8章，第1章是后面7章的基础，后面7章都是独立章节，可以根据实际需求有选择性地学习。

第1章　分析并对比科学图表与商业图表的特点与区别，介绍专业图表制作的基本配色、要素与步骤；

第2章　介绍散点图系列，重点讲解散点图、曲线图和气泡图的绘制方法；

第3章　介绍柱形图系列，重点讲解二维柱形的绘制方法，包括柱形图和条形图；

第4章　介绍面积图系列，重点讲解二维面积图的绘制方法；

第5章　介绍雷达图系列，重点讲解雷达图、极坐标图、圆环图和饼形图的绘制方法；

第6章　介绍高级图表系列，包括Excel 2016新添加的箱形图、树状图、瀑布图等；

第7章　介绍地图图表系列，重点讲解加载项Map Power热度、气泡和分色填档地图的绘制；

第8章　介绍Excel加载项，重点介绍为本书专门开发的Excel插件EasyCharts的使用方法。

应用范围

本书的图表制作方法综合参考Tableau、R ggplot2、Python Seaborn、D3.js、Matlab等绘图软件和多种商业杂志的绘图风格，所以本书介绍的绘图方法和配色方案既适用于科学图表，也适用于商业图表和多种商业杂志的绘图风格。

适用版本

本书中的所有内容，均在 Excel 2016版本中完成，大部分图表亦适用于Excel 2013，但箱形图、直方图、树状图等新图表功能只适用于Excel 2016版本。

范例文件

本书配备有大量精彩的Excel范例源文件。其中包含了非常具体的操作说明，读者可以直接修改使用。

书籍配套Excel文档及其Excel插件EasyCharts1.0下载地址：https://github.com/EasyChart/Excel-Chart-Plugin-EasyCharts

与我联系

因本人知识与能力所限，书中纰漏之处在所难免，欢迎及恳请读者朋友们给予批评与指正。如果您有使用Excel绘制的新型科学或商业图表，可以发邮件到我的个人邮箱，我们共同学习；如果您有关于Excel科学或商业图表绘制的问题，可以添加作者的微信：EasyCharts，或者关注我们的微信公众号【EasyShu】。另外，更多关于Excel图表绘制的教程请关注我的博客、专栏和微博平台。

Github：https://github.com/Easy-Shu/EasyShu-WeChat

知乎专栏：https://zhuanlan.zhihu.com/peter-zhang-jie

E-mail邮箱：easycharts@qq.com

致谢

一路风雨兼程！从2015年2月寒假开始，在实验室边学习研究，边利用闲余时间绘制图表，开始基于Excel 2013版本撰写本书，当时主要讲解科学论文图表的绘制。随着Excel 2016的发布，我又进一步学习Excel 2016的新功能。到2016年2月，在潘淳（网名：儒道佛，PPT动画大师）的引领下，开始学习C#并编写Excel插件——EasyCharts。2016年4月与电子工业出版社签订约稿合同后，学习并添加商业图表的绘制方法。这一路走来，我也是边学习，边总结，边写作。2016年5月，书稿撰写完毕，插件EasyCharts 1.0发行，我的Excel绘图学习也暂时告一段落。

一路贵人相助！很感谢江南大学纺织技术研究室给我提供的学习环境；很感谢潘淳师父的耐心指导；很感谢杨建敏学长的帮助与建议，尤其是热力地图章节；很感谢电子工业出版社的石倩老师对书稿的肯定与建议。今天亦是杨绛先生去世的日子，很喜欢钱钟书与杨绛先生这对伉俪，最后以先生的一句话与诸位共勉吧：你的问题主要在于读书不多而想得太多。

作者

2016年5月25日

目录

第1章

Excel图表制作基础篇

1.1 什么是科学图表与商业图表

国内有两本关于Excel绘图指导的经典书籍：刘万祥的《Excel图表之道：如何制作专业有效的商务图表》和《用地图说话：在商业分析与演示中运用Excel数据地图》。这两本书确实不错，绘图效果很好，但是其主要介绍商业图表的制作。其中很多图表参考了《华尔街日报》、《商业周刊》、《经济学人》等经典杂志的图表，如图1-1-1所示。

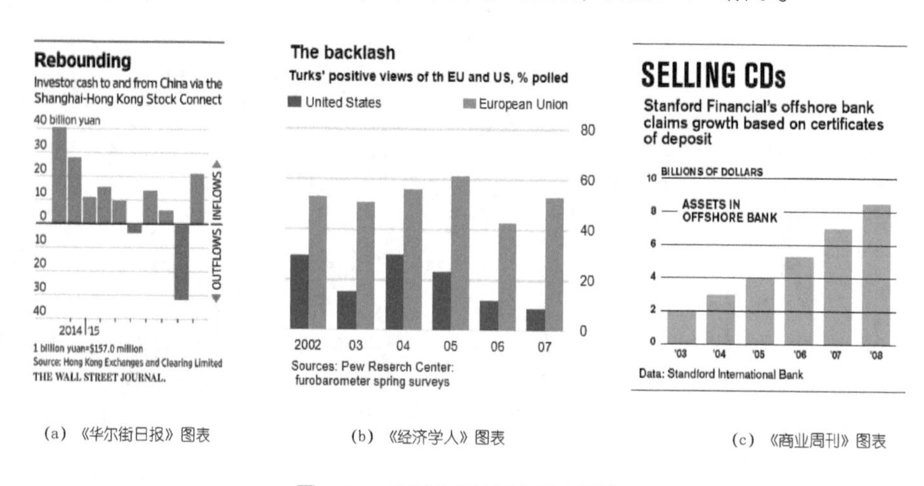

(a)《华尔街日报》图表　　(b)《经济学人》图表　　(c)《商业周刊》图表

图1-1-1 不同杂志的经典图表案例

科学图表与商业图表有一定的差别，其中科学图表以科学论文图表最为常见。优秀的科学论文图表可以参考*Science*和*Nature*等顶级期刊，如图1-1-2所示。所谓一图抵千言（A picture is worth a thousand words）。图表是科学论文中不可缺少的表达方式，图表设计是否精确和合理直接影响论文的质量。图表是期刊评审过程中仅次于摘要的关键一环，正确而美观的图表能促进审稿人和读者对论文内容的快速理解。

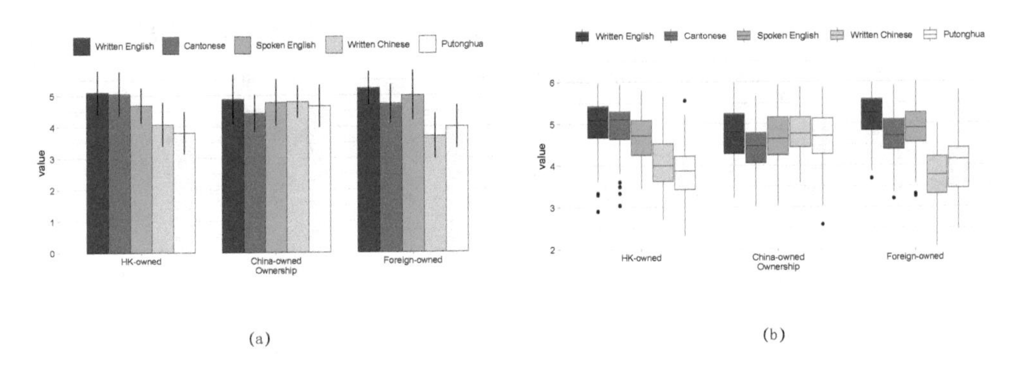

图1-1-2 不同杂志的经典图表案例

商业图表与科学图表的对比如图1-1-3和图1-1-4所示。

图1-1-3（a）和图1-1-4（a）是商业图表的表现形式，其图表基本元素的设定较为自由，因为商业图表可以彩印，数据系列的区分主要体现在颜色上，（图1-1-3（a）折线图来源于《华尔街日报》；图1-1-4（a）柱形图来源于《商业周刊》）。

图1-1-3（b）和图1-1-4（b）是彩色科学论文图表的表现形式，其图表基本元素的设定较为规矩和简单，数据系列的区分一般体现在颜色或者数据标签上。

图1-1-3（c）和图1-1-4（c）是黑白颜色的科学论文图表。国内大部分的期刊是没有彩印的，所以其往往要求投稿论文图表为黑白颜色。因此，数据系列的区分主要体现在数据标签上。当数据系列数目不多时，也可以使用颜色区分。

商业图表要具备如下特点：专业的外观、简洁的类型、明确的观点和完美的细节。相对于商业图表，科学论文图表首先要规范，符合期刊的投稿要求，然后在规范的基础上使图表变得美观而专业。在当前贯彻科技论文规范化、标准化的同时,图表的设计也应规范化、标准化。因此，科学论文图表的制作原则主要是规范、简洁、美观和专业：

① 规范：图表要素的满足是做好图表的一个基础条件。规矩就是指论文图表符合投稿杂志的图表格式要求，所以在文章投稿前需仔细查看杂志的投稿要求（具体可以参考投稿期刊的《作者投稿指南》或《Author Guidelines》），满足杂志的图表要求

（图表的单位、字体、坐标、图例等），不仅能提高文章被录用的可能性，还能让读者更加容易理解图表所要表达的意思。

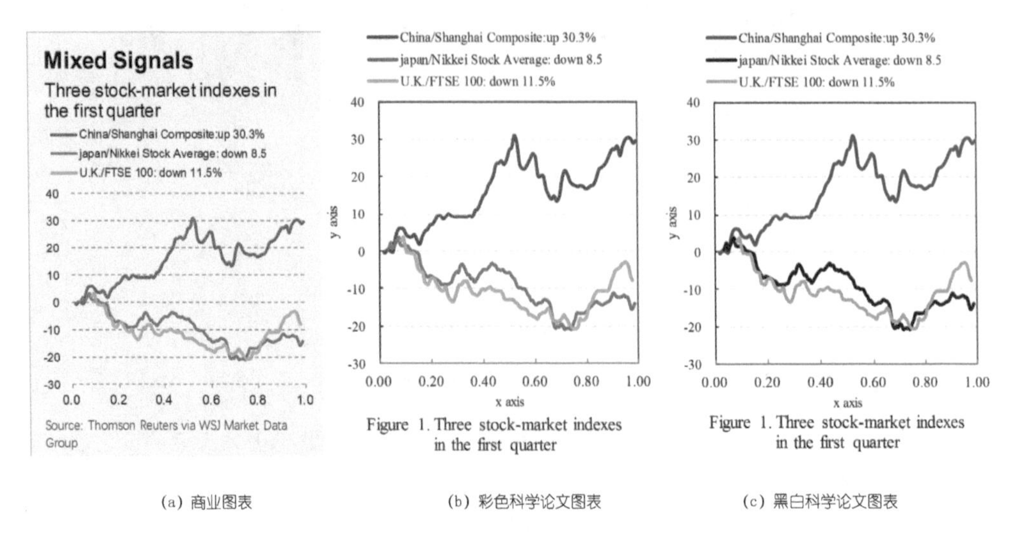

(a) 商业图表　(b) 彩色科学论文图表　(c) 黑白科学论文图表

图1-1-3 同一数据不同绘制风格的曲线图

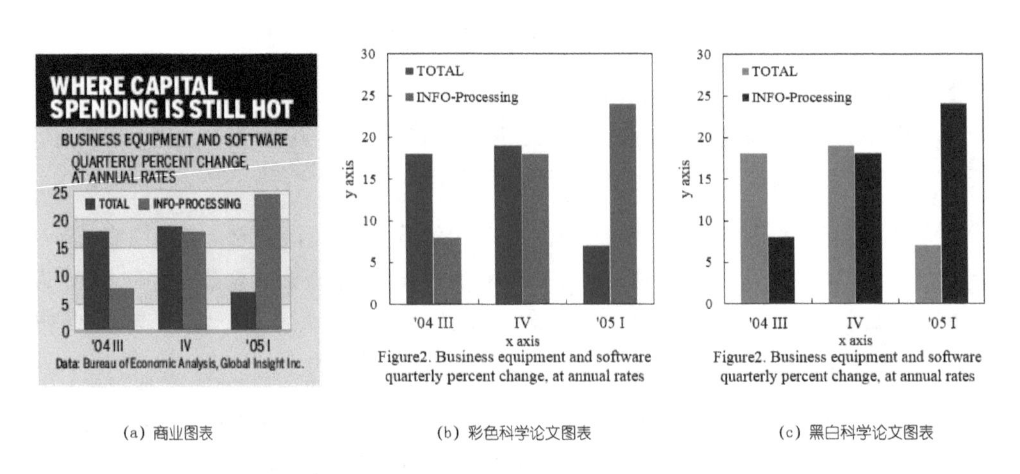

(a) 商业图表　(b) 彩色科学论文图表　(c) 黑白科学论文图表

图1-1-4 同一数据的不同绘制风格的柱形图

② 简洁：科学论文图表的关键在于简洁明了地表达数据信息。如果图表的信息过于繁杂，会使读者难以理解图表所要表达的主要信息。Robert A. Day 在《How to write and publish a scientific paper》书中指出，Combined or not, each graph should be as simple as possible（不论组合与否，每张图应该尽可能的简洁）。如果一张论文图表包含地数据信息太多，反而让读者难以理解自己所要表达的数据信息。

③ 美观：良好的审美能力是做好图表的一个重要条件审美是指论文图表要简单且具有美感。图表的配色、构图和比例等对于图表的审美尤为重要。

④ 专业：图表类型的选择是做好图表的关键条件。专业就是指图表要能准确而且全面地反应数据的相关信息。当你的审美达到了可以使图表美观的时候，要想让你的图表表达更加清晰和专业，这时图表类型的选择就尤为重要。

总而言之，不论是商业图表还是科学图表，它们的共有原则是简洁、美观和专业。最大区别在于科学论文图表的规范化与标准化。商业图表可以为了达到清晰而美观表达，调整图表中的所有元素，包括坐标轴、图表标题、数据标签等。

1.2 为什么选择Excel绘制图表

大家似乎都觉得在专业图表的制作过程中，软件的选择极为重要。“知乎”上有一个关于科学论文图表制作软件的帖子（2015.09.19）。当有人问用哪款软件能在画出漂亮的专业图表时，网友们给出了各种各样的答案（http://www.zhihu.com/question/21664179）。现将原问题和呼声较高的答案摘抄如下：

题主：经常看到别人在论文中画出各种绚烂的插图，我想知道这些图都是用一些什么样的软件画出来的。用什么样的软件比较合适呢？具体答案可以拓展到更为广远的制图领域。

高手1（赞同3403票）：Python 的绘图模块matplotlib: Python plotting。画出来的图真的是高端大气上档次，低调奢华有内涵，适用于从2D到3D，从标量到矢量的各种绘图。能够保存成从eps、pdf到svg、png、jpg的多种格式。并且Matplotlib的绘图函数基本与 Matlab 的绘图函数名字差不多，迁移的学习成本比较低，而且开源免费。

在Python的面积图中，精致的曲线、半透明的配色，都显出你那高贵冷艳的格调；最重要的是只需一行代码就能搞定。从此以后再也不用忍受Matlab以及GNUPlot 中那糟糕的配色了。想画3D数据？没有问题（不过用 Mayavi 可能更方便一些）。

还有，Matplotlib 还支持Latex公式的插入。如果再搭配上Python 作为运行终端，简直就是神器啊！心动不如行动，还等什么！

高手2（赞同816票）：我喜欢用Mathematica画图，默认出图漂亮，自定义性能好，支持常见各种类型的图表，能导出丰富的格式，动态交互和制作动画也很强大，还有一点：Mathematica的语法和数学上的习惯更接近，函数或方程作图只需输入表达式和范围即可，Matlab和 Python中一般需要先手动离散化。

Matlab的可视化也很强大，不过被吐槽较多的一点是线条有锯齿（这个和取的点多少无关，其实也能消掉）（http://tieba.baidu.com/p/2087817806），三维绘图色调不好看，当然如果有耐心也可以画出漂亮的图形。

Python的matplotlib库我也用过，风格是模仿Matlab的，就默认绘图来说比Matlab好看（起码没锯齿），好处楼上已经有人说过了，但是并非没有缺点，使用Matplotlib需要一点编程和Python基础，对于编程基础不好的同学来说入门会比其他软件慢一点；Matplotlib的二维绘图效果很好，但是三维绘图目前还比较差，各种绘图细节方面的可选项不算很丰富，不支持隐函数绘图（形如$f(x,y,z)=0$这种），性能也不好（如3D的Scatter，大概1万个点就开始卡了，Mathematica和Matlab 10万个点都不算卡），三维的用Mayavi这个库可能更好。

普通函数绘图只需输入表达式及取值范围，真正的一行代码。Mathematica不仅支持Latex，还能直接写二维的公式及把公式导出为Latex。

高手3（赞同2100票）：大家都理解错了嘛。楼主问的是论文里怎么才能画出精美的插图。顶在最前面的Python、Matlab等软件虽然能准确画各种常见图，但是从美术角度来看不及格好吗！最让人吐槽的就是这俩的配色！看看直方图那丑陋的配色！函数图难看的等高线！一点都不精美！要比高端大气上档次，本页所有答案完全不是R的ggplot2包的对手。以前我也用Matlab，自从遇到ggplot2之后就彻底成为"脑残粉"了！

ggplot2是R的一个包，画图风格相当文艺小清新。看论文看到用ggplot2画图都是一种享受。极为擅长于数据可视化。可惜ggplot2功能没有Python或者Matlab全面，画不出稀奇古怪的电路图，不支持三维立体图像。不过作为一个统计绘图软件，那些功能也不算很重要啦。

ggplot2有一个最大的特点是引入了图层的概念，各位用过Photoshop应该能理解吧？你可以随心所欲地将各种基本的图叠加起来显示在一张图上，构造出各种各样新奇的图片。先来一个最基础的散点图，这是不调颜色软件包默认的配色。灰色的背景，黑色的小点点。拟合曲线和置信域看着就很舒服。来看看直方图，和傻大黑粗的Matlab相比精致秀气多啦！还有精致的半透明效果！折线图画得美到极致了。ggplot2能把密密麻麻的散点图画得极具美感，彻底治愈密集恐惧症！

总的来说，在科学图表的制作方面，Python、Matlab、Mathematica或R是比较主流的软件。大家只看到关于这四款软件的文字描述，无法从视觉上体会到它们的差异。图1-2-1是基于相同的数据，分别应用Python、Matlab和R软件绘制的散点图。

图1-2-1（a）就是在Python语言Matplotlib中使用半透明的配色，显示出高手1所说的那种高贵冷艳的风格。Python为了进一步提升绘图能力，还开发了prettyplotlib和seaborn两个绘图包。seaborn的绘图风格和R语言的ggplot2很类似。

图1-2-1（b）是使用Matlab 2013a经调整和修饰展现的散点图，而Matlab 2014b 推出了全新的Matlab图形系统。被大家"吐槽"的线条、锯齿和丑陋的默认颜色也得到了改进，全新的默认颜色、字体和样式使图表更加美观。抗锯齿字体和线条使图形看起来更平滑。

图1-2-1（c）是使用R语言ggplot2包绘制的散点图，灰色背景和白色网格线的搭配给人清新亮丽的感觉。但如高手3所说，R语言并不能很好地展示三维立体图，这也是它最大的缺陷。

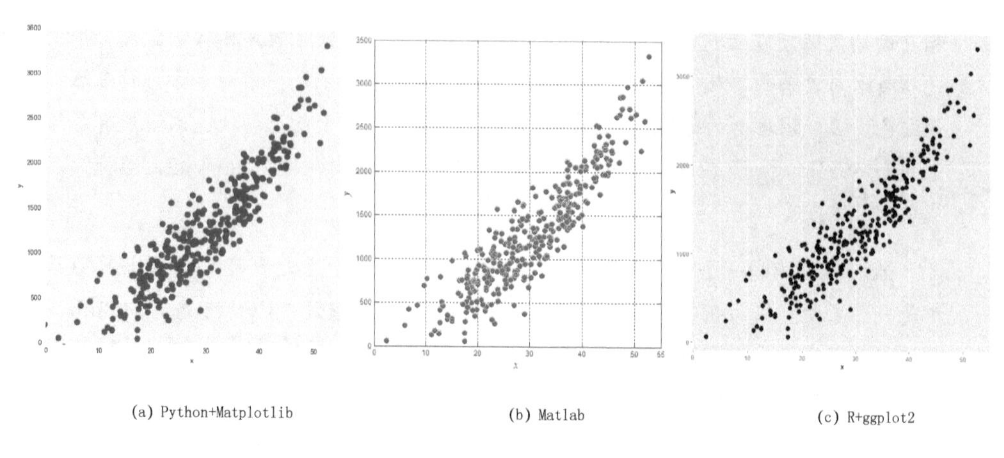

图1-2-1 不同软件绘制的散点图

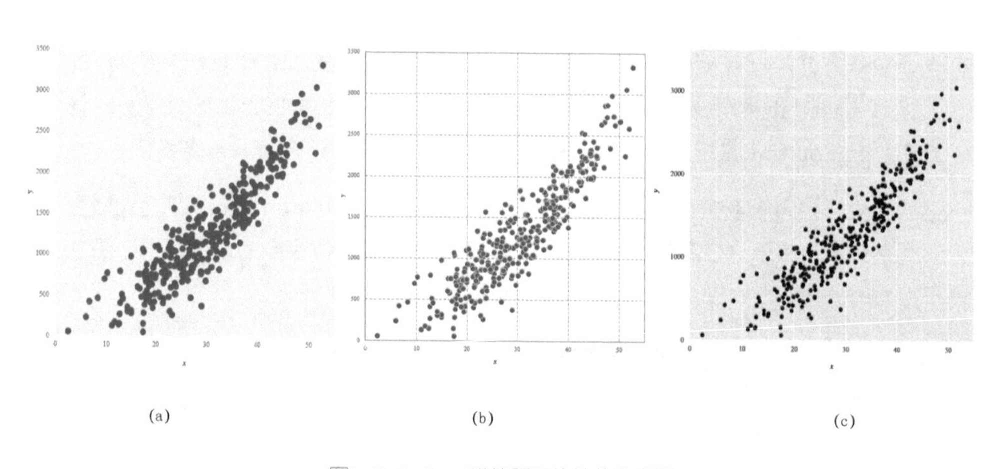

图1-2-2 Excel模仿不同软件的散点图

不管这三款软件的绘图效果到底如何，其共有的特点就是它们都需要编程才能实现画图功能。对于大部分没有编程基础的学生来说，这是一个很大的绘图障碍。但请你不要担忧，有一款平凡的软件可以完美呈现这些图表的效果，但又不需要编程基础，它就是众所周知的Excel。

使用Excel 2016模仿图1-2-1绘制的散点图，如图1-2-2所示。读者可以对比一下，Excel的绘图效果是不是几乎与这三款软件展示的效果一样。在绘制二维图像方面，我觉得Excel是当之无愧的屠龙宝刀，它不仅能绘制出各种软件所展示的图像效果，也能通过自己控制所有的图表元素。

其实，在数据可视化领域有许多优秀的图表工具，包括Excel、Python、Matlab、Mathematica、R、Tableau、D3.js等。在本书中，Excel绘制图表的方法与配色都会借鉴这几款软件。Python、R、Tableau和D3.js的图表风格和配色效果各有各的特点，值得深入学习并应用到Excel图表的制作中。

Tableau 是桌面系统中最简单的商业智能工具软件之一，Tableau 没有强迫用户编写自定义代码，新的控制台也可完全自定义配置。我个人觉得，这是一款功能超级好用、效果超级美观的图表绘制软件。可惜是一款商业软件，需要付费才能使用。另外，它主要应用于商业数据的分析与图表制作。

D3.js是最流行的可视化库之一。D3.js通过使用HTML、SVG和CSS，帮助你给数据带来活力，重视Web标准为你提供现代浏览器的全部功能。D3.js是一款专业级的数据可视化操作编程库，基于数据操作文档JavaScript库。所以它也需要编程才能实现，而且编程比Matlab、R和Python更麻烦。

使用D3.js的d3.layout.cloud.js绘制数据可视化软件的标签云（Tag Cloud），如图1-2-3所示。不知道你认识或熟悉的数据可视化软件有几款。但是这些并不重要，你只要会使用Excel就足以解决一维和二维数据的可视化需求。

图1-2-3 数据可视化软件的标签云

1.3 图表的基本配色

不论是商业图表还是科学图表，图表的配色都极其关键。图表配色主要有彩色和黑白两种配色方案。刘万祥老师曾提出：普通图表与专业图表的差别，很大程度就体现在颜色运用上。

对于商业图表，专业的图表制作人员可以根据色轮，实现单色、类似色、互补色等配色方案。而普通大众，则可以参考《华尔街日报》（*The Wall Street Journal*）、商业周刊（*Business Week*），以及《经济学人》（*The Economist*）等商业经典杂志的图表配色。现在出版的Excel绘图类书籍也都会以这些杂志的图表为案例或模板，讲解商业图表的绘制。

对于科学图表，大部分国内的期刊一般要求论文图表是黑白配色；国外大部分的期刊允许图表是彩色的。科学论文图表基本是按照*Author Guidelines*的要求来制作，最大的区别在于色彩的运用，优秀的图表配色能够给人一种赏心悦目的感觉，更能激起读者对文章内容的兴趣。

1.3.1 Excel的默认配色

Excel 2013以上版本引入了“颜色主题”的概念。通过“页面布局”→“主题”→“颜色”，可以看到很多种颜色主题，如图1-3-1（a）所示。我们可以通过“颜色主题”全局改变Excel中字体、单元格、图表等对象的配色，该功能类似于某些软件中的换肤功能。

如图1-3-1（b）所示，选择“自定义颜色”，就会弹出“新建主题颜色”对话框，可以自定义颜色主题。需要时可通过颜色面板快速调用。

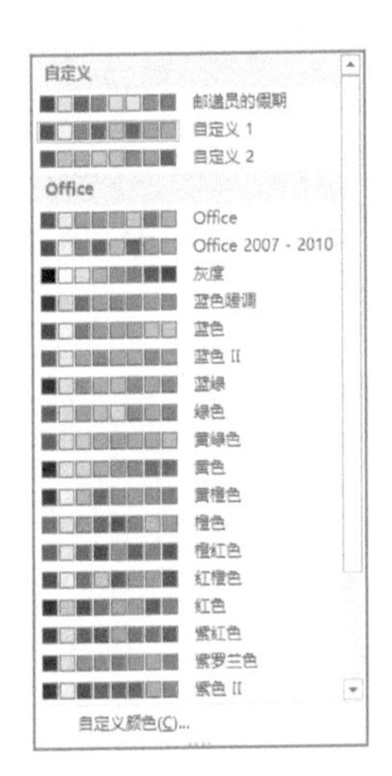

(a) 颜色主题类型

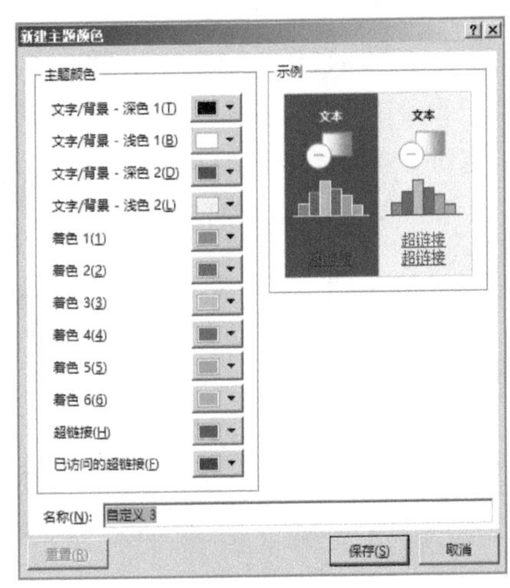

(b) 新建主题颜色

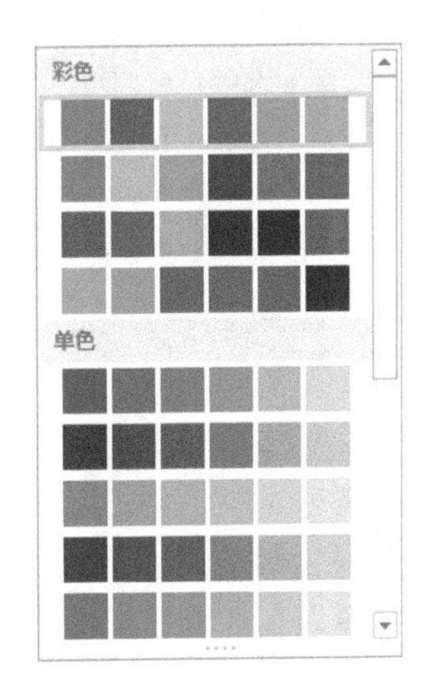

(c) 默认颜色主题

图1-3-1 Excel 2016的默认配色方案

Excel 2016绘图默认配色就是如图1-3-1（a）所示的“自定义1”颜色主题，如图1-3-1（c）中淡蓝色方框所示。其实，在图1-3-1（c）的颜色主题中，有许多衍生的颜色主题，包括彩色和单色两种类型供选择。利用图1-3-1（c）的颜色主题绘制的系列图表，如图1-3-4所示。

1.3.2 Excel的颜色修改

在Excel中选择“开始”选项卡中“字体”组中的“ ”按钮，我们可以看到 Excel 的颜色模板及其修改入口，如图1-3-2（a）所示。颜色模板部分包括“主题颜色”、“标准色”和“最近使用的颜色”，“主题颜色”就是通过颜色主题类型来控制和改变的。选择底部的“其他颜色”，可以弹出如图1-3-2（b）所示的“标准”颜色选项卡和如图1-3-2（c）所示的“自定义”颜色选项卡（“颜色”对话框）。

在“标准”选项卡中，我们可以选择很多预设的颜色，但是一般很少使用。在“自定义”选项卡中，我们可以通过输入特定的RGB值来精确指定颜色，这里就是我们用来突破默认颜色的地方（说明：计算机一般通过一组代表红、绿、蓝三原色比重的RGB 颜色代码来确定一个唯一的颜色，RGB的取值范围都是属于[0, 255]）。任何颜色都可以通过RGB调配出来，所以我们只要得到一种颜色的RGB数值，就可以把这种颜色还原出来。

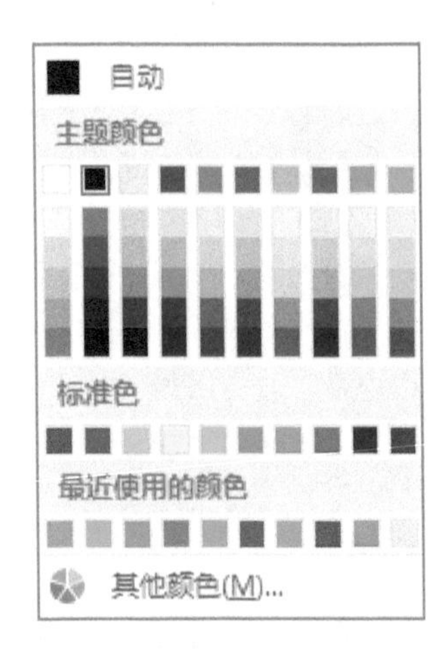

(a) 默认颜色模板

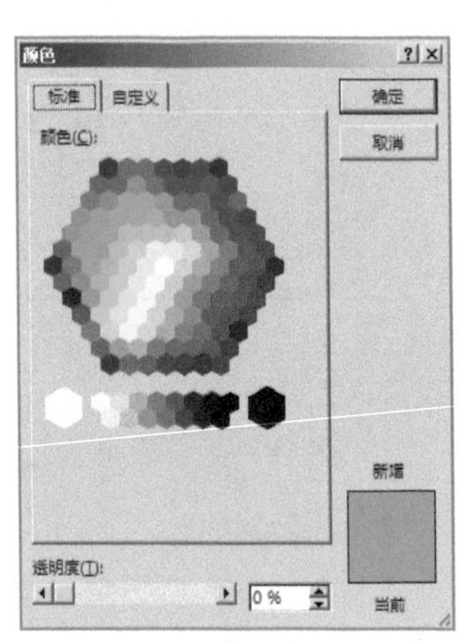

(b) 标准颜色选项卡

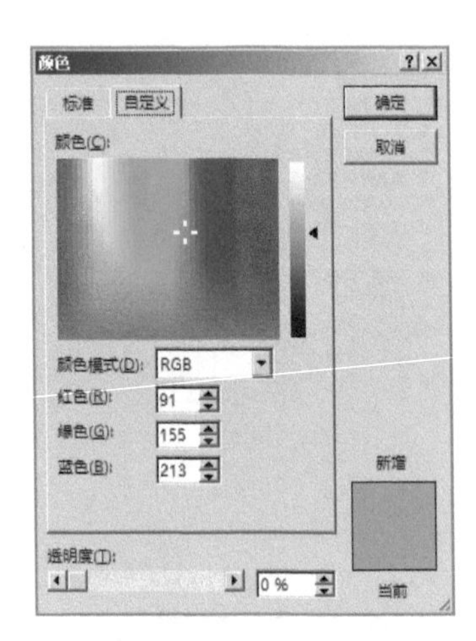

(c) 自定义颜色选项

图1-3-2 Excel的颜色修改

1.3.3 Excel专业图表的配色突破

R语言中的ggplot2绘图精美的一个重要原因就是它清新亮丽的灰色背景配上赏心悦目的数据系列颜色。它的配色确实让很多软件都汗颜，所以Python语言在Matplotlib包的基础上设计了prettyplotlib和seaborn包，专门用来仿制ggplot2的绘图风格。Matlab也不甘落后，在Matlab 2014版上对绘图配色方面做了很大的改进。

图1-3-3显示了R语言ggplot2包、Tableau软件、Python语言seaborn包、D3.js中的部分常用配色方案。赏心悦目的配色方案远远不止这些，但是我们只要掌握并熟练运用1到2种完美的配色方案，就已经能满足平常的图表绘制需求了。在这里跟大家推荐两本关于ggplot2的经典书籍：*ggplot2 Elegant Graphics for Data Analysis*和*R.Graphics.Cookbook*。

R ggplot2 Set1									
RGB	228,26,28	55,126,184	77,175,74	152,78,163	255,127,0	255,255,51	166,86,40	247,129,191	153,153,153
R ggplot2 Set2									
RGB	102,194,165	252,141,98	141,160,203	231,138,195	166,216,84	255,217,47	229,196,148	179,179,179	
R ggplot2 Set3									
RGB	255,108,145	188,157,0	0,187,87	0,184,229	205,121,255				
Tableau 10 Medium									
RGB	96,157,202	255,150,65	56,194,93	255,91,78	184,135,195	182,115,101	254,144,194	164,160,155	210,204,90
Tableau 10									
RGB	0,118,174	255,116,0	0,161,59	239,0,0	158,99,181	152,82,71	246,110,184	127,124,119	194,189,44
Python seaborn hsul									
RGB	246,112,136	206,143,49	150,163,49	50,177,101	53,172,164	56,167,208	163,140,244	244,97,221	
Python seaborn default									
RGB	76,114,176	85,168,104	196,78,82	129,114,178	204,185,116	100,181,205			
D3.js									
RGB	94,156,198	255,125,11	44,160,44	214,39,40	148,103,189	140,86,75			

图1-3-3 常用数据可视化软件中部分配色方案的RGB值

1. R语言ggplot2包的官网：
   http://docs.ggplot2.org/curren/；http://www.cookbook-r.com/Graphs/Colors_（ggplot2）/
2. Tableau软件的官网：http://www.tableau.com/learn/gallery
3. Python语言seaborn包的官网：
   http://web.stanford.edu/~mwaskom/software/seaborn/tutorial/color_palettes.html
4. D3.js的官网：http://d3js.org/

使用Excel默认颜色绘制的系列图表如图1-3-4所示。根据1.3.1节介绍的Excel颜色修改方法，利用R ggplot2 Ste1、Set2和Tableau 10 Medium 配色方案对图1-3-4的颜色进行修改调整后的效果，分别如图1-3-5、 1-3-6和1-3-7所示。通过对比发现，ggplot2和Tableau的颜色方案确实不错!

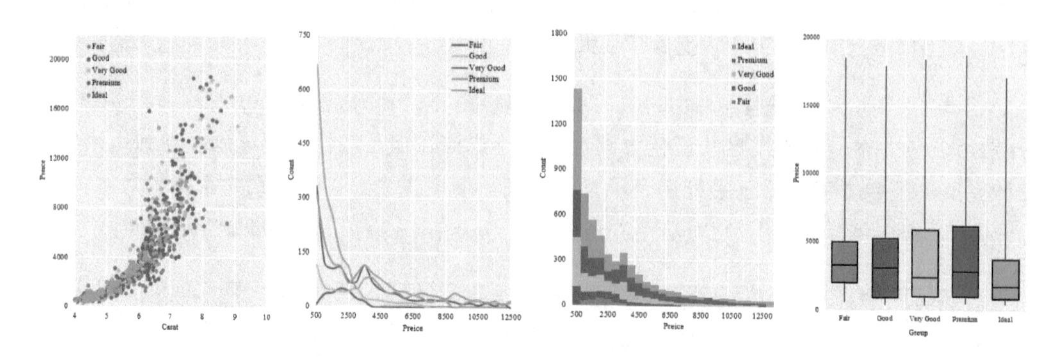

图1-3-4 Excel 2016默认配色主题

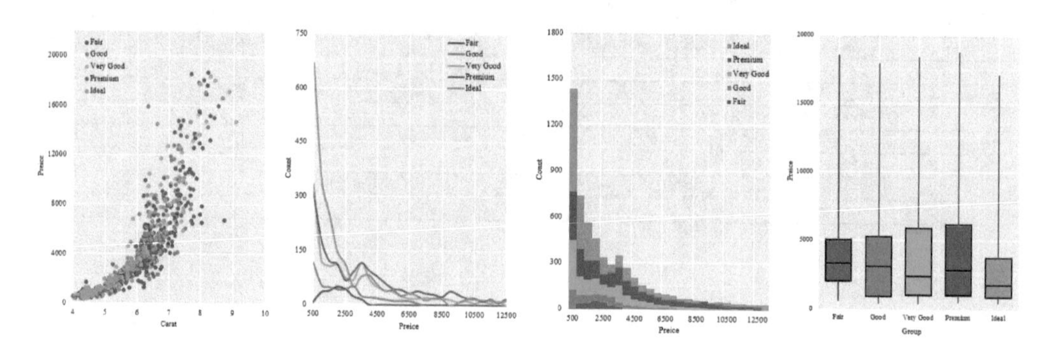

图1-3-5 R语言ggplot2 Set1 配色主题

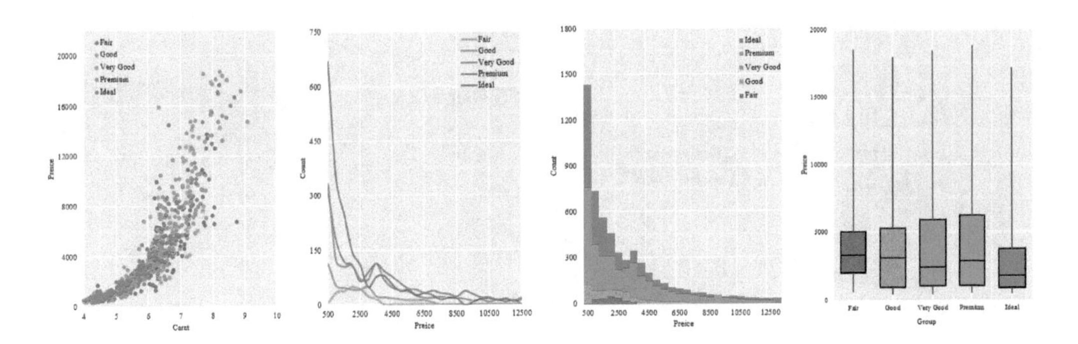

图1-3-6 R语言ggplot2 Se3配色主题

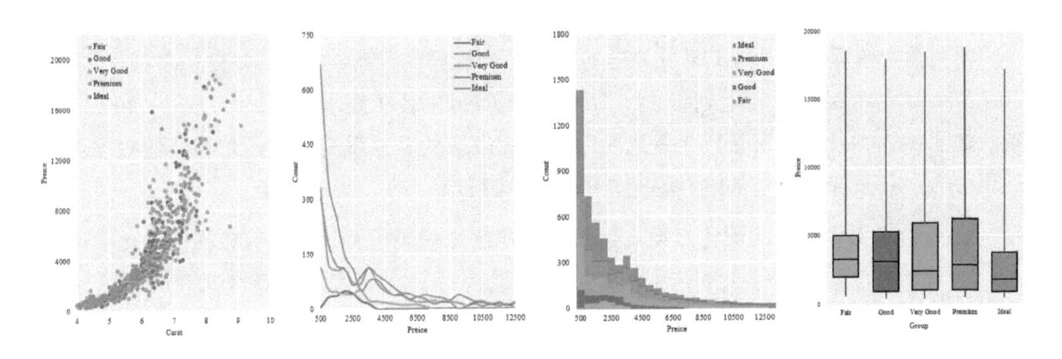

图1-3-7 Tableau软件Tableau 10 Medium配色主题

1.3.4 Excel图表的颜色拾取

从优秀绘图软件上的成功图表案例借鉴其配色方案和思路，是一种非常保险和方便的办法。因为它们的颜色是经过专业人士精心设计的，尤其是商业图表的模仿与绘制。本书配套开发的Excel插件“图表”中自带“颜色拾取”功能，如图1-3-8所示，拾取《商业周刊》上图表的颜色。“颜色拾取”功能的使用非常简单。单击“颜色拾取”按钮运行程序后，将鼠标定位在图表的某个颜色上，软件就会返回那个颜色的 RGB 值。按下鼠标右键锁定颜色，可以使用鼠标复制单元格中的RGB值。

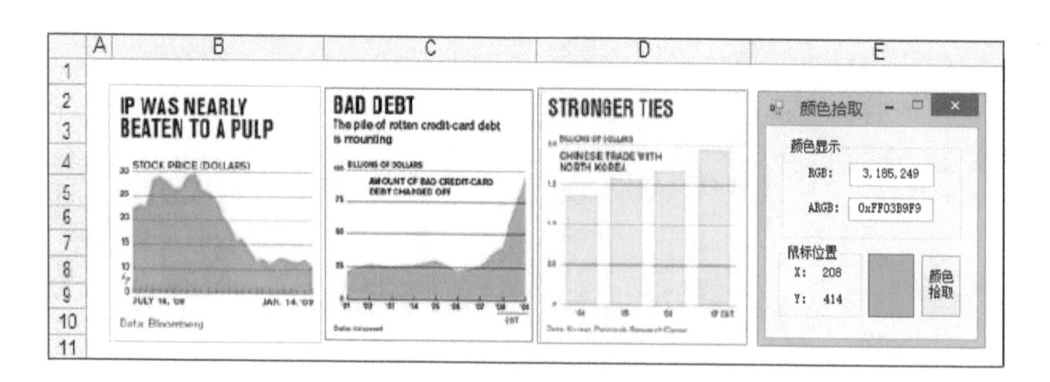

图1-3-8 运用"颜色拾取"功能取色实例

使用颜色拾取方法从经典商业杂志的图表上拾取颜色方案，包括《华尔街日报》（*The Wall Street Journal*）、《商业周刊》（*Business Week*）及《经济学人》（*The Economist*）等，如图1-3-9所示。背景颜色是指绘图区和图表区的背景填充颜色。对相同的数据使用Excel仿制的不同杂志风格的柱形图，如图1-3-10所示。

- 《华尔街日报》的配色方案从色彩学的角度来说属于互补色，有较强的对比效果。除了主色调，还有作为陪衬的浅色，RGB值分别为：浅红（250, 190, 175）、浅绿（170, 213, 155）、浅蓝（216, 223, 241）。
- 《商业周刊》的配色方案风格②使用白色背景，大量使用鲜艳的颜色，整张图表具有很强的视觉冲击力；配色方案风格①使用淡蓝色或灰色背景，使用强烈的补色，可以让读者轻易区分不同的数据系列。
- 《经济学人》的图表基本只用一个色系，或者做一些深浅明暗的变化；当数据系列增多时，会增加深绿色、深棕色等颜色。

The Wall Street Journal					背景色 1		背景色 2				
RGB	6,102,177	237,27,58	0,173,79	254,220,25		236,241,249		216,223,241	236,241,249		
Business Week 1							背景色				
RGB	0,174,247	231,31,38	0,166,82	240,133,39	227,13,132	206,219,41		255,255,255			
Business Week 2						背景色 1			背景色 2		
RGB	0,56,115	247,0,0	41,168,220	231,31,38	78,184,72		200,215,219	224,234,237		215,215,215	231,231,231
The Economist								背景色 1		背景色 2	
RGB	8,189,255	0,164,220	0,81,108	93,145,167	240,89,62	122,37,15	0,137,130		205,221,230		255,255,255

图1-3-9 经典商业杂志部分配色方案的RGB值

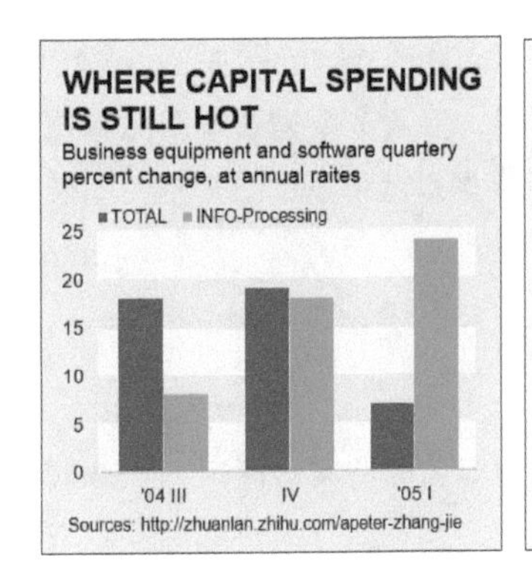

(a) 《华尔街日报》风格 ①

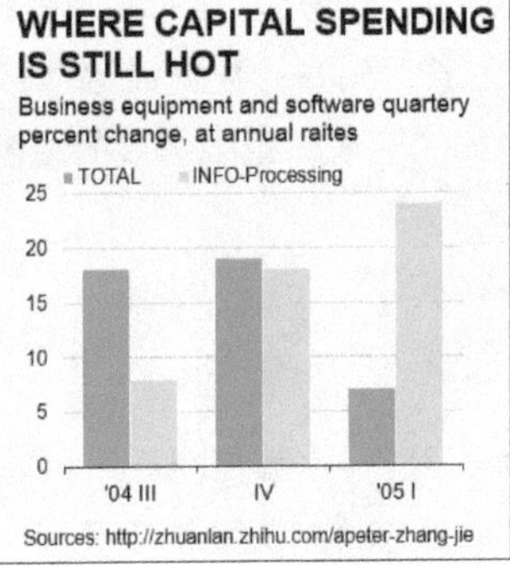

(b) 《华尔街日报》风格 ②

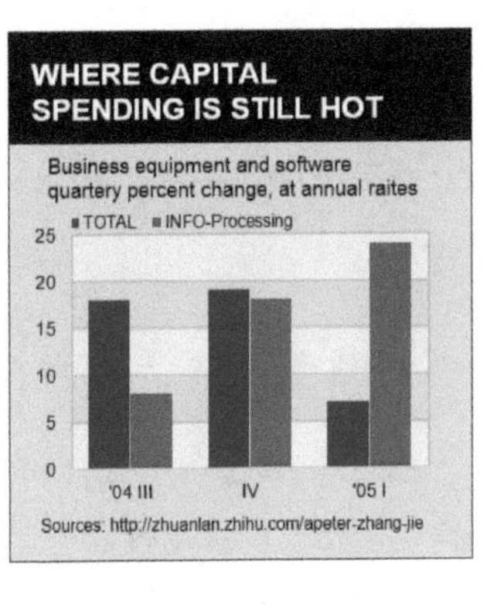

(c) 《商业周刊》风格 ①

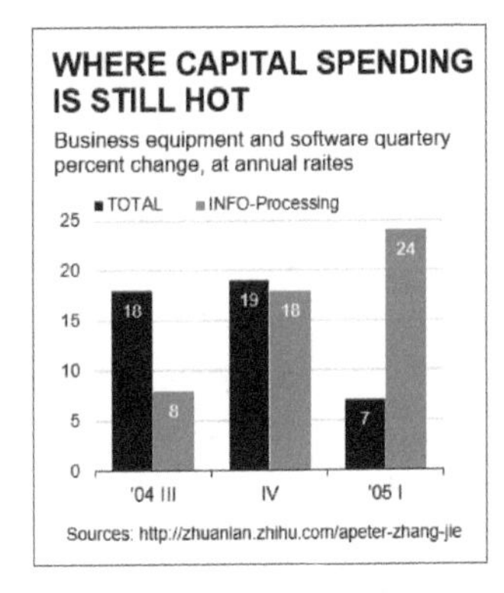

(d) 《商业周刊》风格 ②

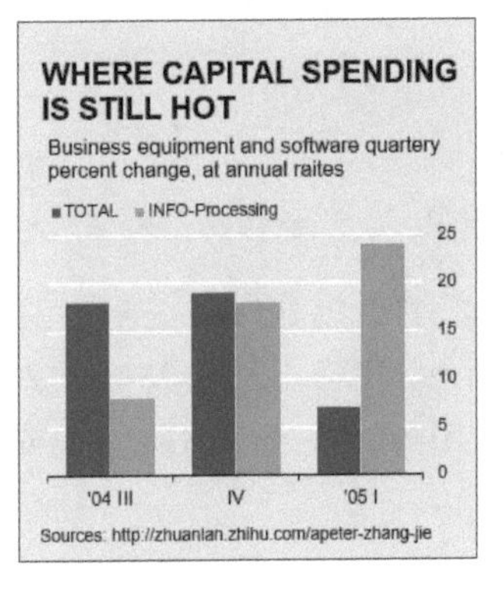

(e) 《经济学人》风格 ①

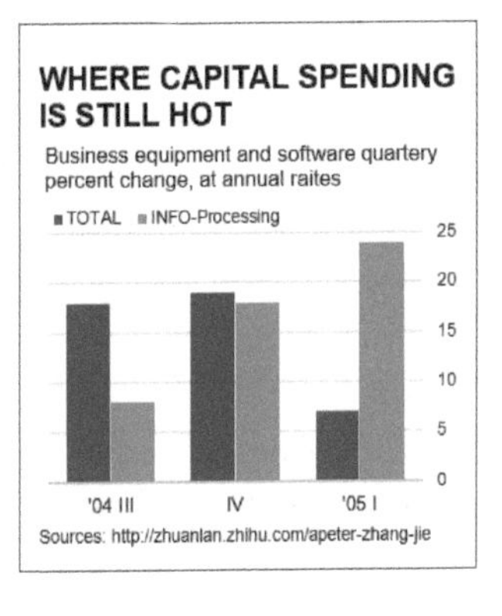

(f) 《经济学人》风格 ②

图1-3-10 Excel仿制的不同杂志风格的柱形图

1.4 图表的基本要素

对于Excel的使用，我个人首先推荐使用Excel 2007以上的版本。Microsoft Excel 2003

和WPS Excel的绘图功能太差，不推荐使用。本书讲解的Excel绘图操作都是在Excel 2016中完成。要在Excel中创建一个图表，先要将数据设定好布局，接着选中需要作图的数据区域，然后选择“插入”选项卡中的“图表”组中需要的图表类型，就可以生成基本的图表构造。

1.4.1 科学图表的基本元素

Excel图表提供了众多的图表元素，也就是图表中可以调整设置的最小部件，为我们作图提供了相当的灵活性。图1-4-1显示了常见的图表元素，下面以科学论文图表的要求讲解图表的基本元素：

① 图表区（Chart Area）：整个图表对象所在的区域，它就像是一个容器，承载了所有的图表元素及你添加到它里面的其他对象。

② 网格线（Grid Line）：包括主要和次要的水平、垂直网格线4种类型，分别对应y轴和x轴的刻度线。在折线和直方图中，一般使用水平网格线作为数值比较大小的参考线。

③ 绘图区（Plot Area）：包含数据系列图形的区域。绘图区的背景颜色是可以改变的，在Python中绘图区的背景颜色为RGB（234, 234, 242）；在Matlab中绘图区的背景颜色为RGB（255, 255, 255）；在R中绘图区的背景颜色为RGB（229, 229, 229）。这也是这三款绘图软件的不同之处。

④ 轴标题（Axis Label）：对于含有横轴、纵轴的统计图，两轴应有相应的轴标，同时注明单位。字体有时也会有要求，例如字体要求为8号Times New Roman。

⑤ 坐标轴（Number axis）：数轴刻度应等距或具有一定规律性（如对数尺度），并标明数值。横轴刻度自左至右，纵轴刻度自下而上，数值一律由小到大。

⑥ 图表标题（Chart Title）：标题一般位于表的下方。Figure（ ）可简写为“Fig.”，按照图在文章中出现的顺序用阿拉伯数字依次排列（如Fig.1，Fig.2……）。对于复合图，往往多个图共用一个标题，但每个图都必须明确标明小写字母（a，b，c等），在正文中叙述时可表明为“Figure.1（a）”。

⑦ 数据标记（Data Marker）：根据数据源绘制的图形，用来形象化地反映数据，是图表的核心。有时，如果数据类型较多时，需要使用不同的数据标记进行区分。

⑧ 图例（Legend）：图中用不同线条、标志或颜色代表不同数据时，应该用图例说明，图例应该清晰易分辨。

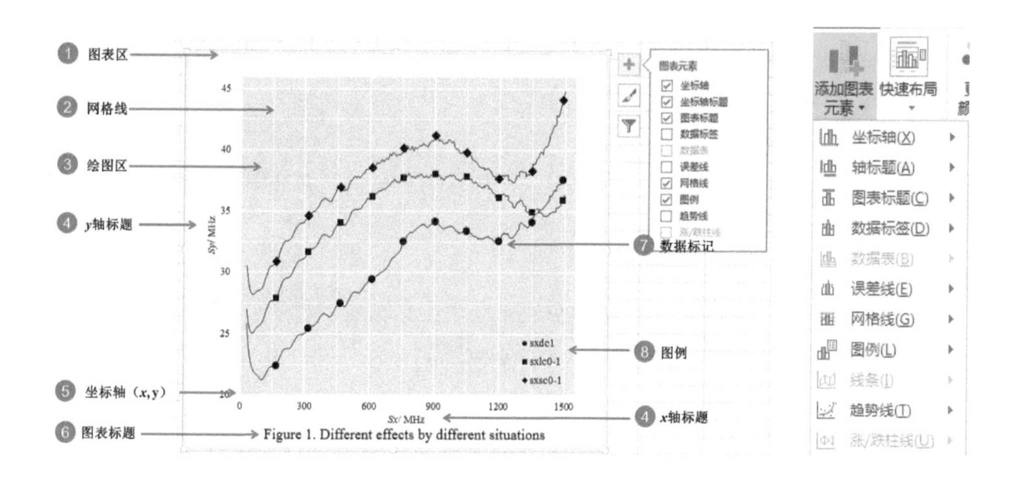

图1-4-1 图表的基本元素

另外还有三个比较重要的图表元素，主要是与数据分析有关。

⑨ 误差线（Error Bars）：根据指定的误差量显示误差范围。通常用于统计或实验数据，显示潜在的误差或相对于系列中每个数据标志的不确定程度。

⑩ 趋势线（Trend Line）：对于时间序列的图表，选择“趋势线”的选项，可以根据源数据按回归分析方法绘制一条预测线，同时可以显示R系数、R2系数和p值等。

⑪ 涨/跌柱线（Increase/Drop Line）：涨/跌柱线只在拥有至少两个系列的二维折线图中可用。在股价图中，涨/跌柱线（有时也称为烛柱图）把每天的开盘价格和收盘价格连接起来。如果收盘价格高于开盘价格，那么柱线将是浅色的。否则，该柱线将是深色的。

其实，你只要改变Excel的图表元素，就可以创造出很多不同形式的图表，所以这也是

Excel区别于其他可视化编程软件的优势。通过修改图表元素，可以创造符合各种场合的图表。

在相同的R ggplot2 风格的绘图区背景，使用不同的数据系列格式，可以得到不同效果的散点图，如图1-4-2所示。

- 图1-4-2（a）一般用于展示单数据系列；
- 图1-4-2（b）一般用于展示黑白风格的多数据系列图表，主要通过数据标记的类型区分数据系列。Excel中数据标记类型主要有菱形◇、圆形○、方形□、三角形△、十字形+等；
- 图1-4-2（c）和1-4-2（d）一般用于展示彩色风格的多数据系列图表，可以通过数据标记的类型或颜色区分数据系列。Excel图表的颜色尤为重要，可以参考图表1-3-1的配色主题方案；
- 图1-4-2（e）和1-4-2（f）很少用于科学论文图表中散点图的数据展示，但是在商业图表中使用较多。Excel可以为数据点添加*X*值、*Y*值、系列名称及自定义数据标签。

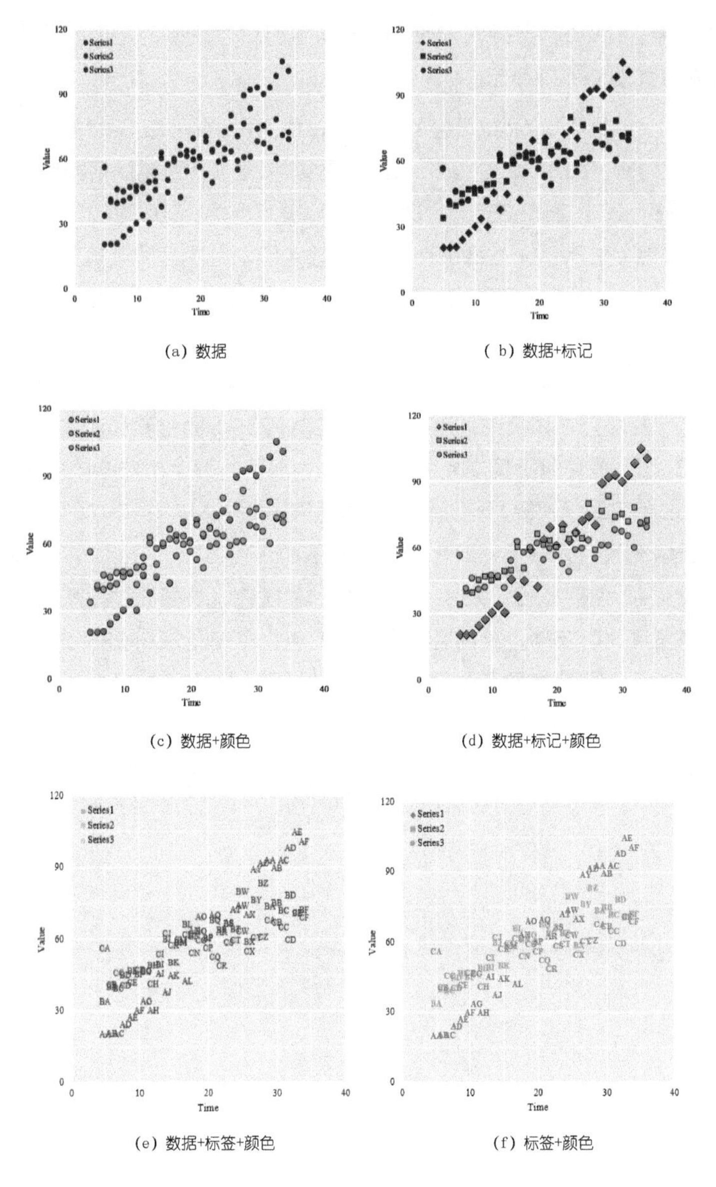

图1-4-2 不同格式的数据系列的散点图

在相同的数据系列格式，使用Excel仿制不同绘图软件风格的绘图区背景，可以得到不同效果的散点图，如图1-4-3所示。

- 图1-4-3（a）是R ggplot2风格的散点图，使用R ggplot2 Set3的颜色主题，绘图区背景填充颜色为RGB（229, 229, 229）的灰色，以及白色的网格线［主要网格线的颜色为RGB（255, 255, 255），次要网格线的颜色为RGB（242, 242, 242）］；
- 图1-4-3（b）是Python Seaborn 风格的散点图，绘图区背景填充颜色为RGB（234, 234, 242）的灰色，以及RGB（255, 255, 255）的白色的主要网格线（无次要网格线）；
- 图1-4-3（c）是Matlab 2013风格的散点图，绘图区背景填充颜色为RGB（255, 255, 255）的白色，以及灰色RGB（239, 239, 239）的主要和次要网格线。
- 图1-4-3（d）是使用不同灰色的网格线，主要网格线为0.75磅的RGB为（191, 191, 191）的灰色实线，次要网格线为0.75磅的RGB为（217, 217, 217）的灰色实线，绘图区背景填充颜色为RGB（255, 255, 255）的白色；
- 图1-4-3（e）使用RGB（239, 239, 239）的灰色“长画线”类型的主要和次要网格线，线条宽度为0.75磅，绘图区背景填充颜色为RGB（255, 255, 255）的白色；
- 图1-4-3（f）删除主要和次要网格线，绘图区背景填充颜色为RGB（255, 255, 255）的白色，适合在图表尺寸较小的情况下演示数据。所以这种图表风格经常被用于科学论文图表中。

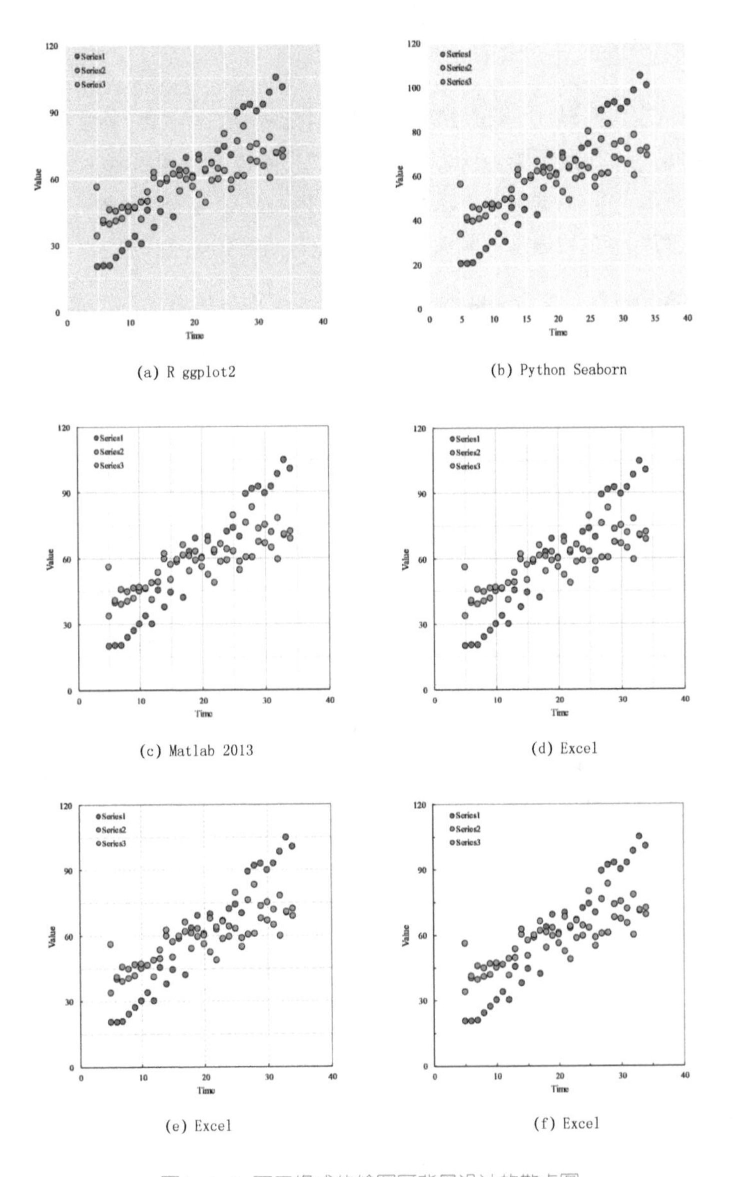

(a) R ggplot2　　(b) Python Seaborn

(c) Matlab 2013　　(d) Excel

(e) Excel　　(f) Excel

图1-4-3 不同格式的绘图区背景设计的散点图

1.4.2 科学图表的规范元素

虽然不同的杂志或期刊对图表的要求有所不同，但是总的图表规范元素一般包括① 坐标轴（Number Axis）；② 轴标题（Axis Label）（包括单位）；③ 图表标题（Chart Title）、④ 图例（Legend）；⑤ 数据标签（Data Label）等，这些图表的元素在科学图表中必不可少。使用R ggplot2绘制的图表基本能满足杂志或期刊的图表规定和要求。

在*Science*和*Nature*等科学杂志或期刊中，科学论文图表的模式一般如图1-4-4所示。两者最大的区别就是有无绘图区的边框，图1-4-4（a）为无边框，图1-4-4（b）为有边框。

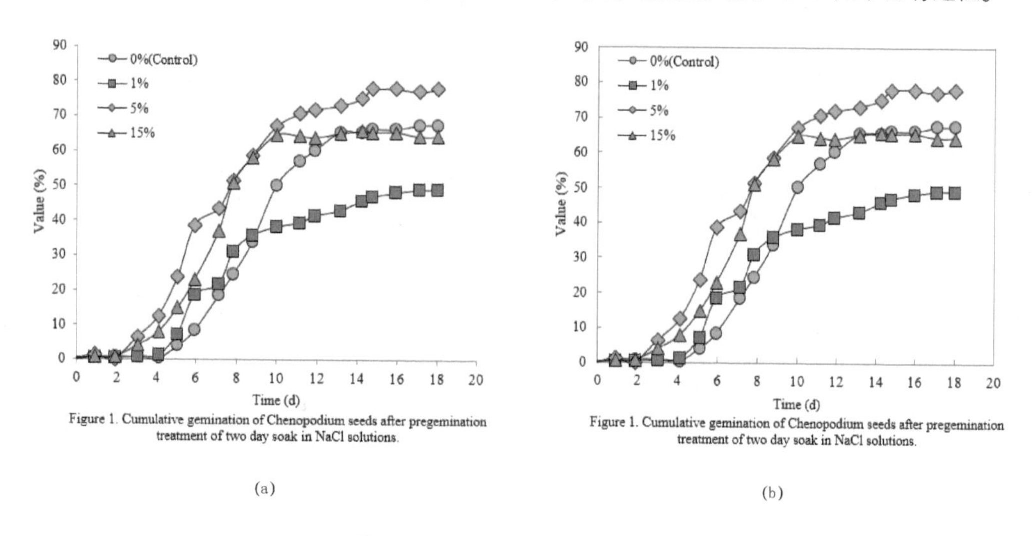

图1-4-4 科学论文图表的常见风格

1.4.3 商业图表的基本元素

相对于科学论文图表固定的格式，其实《华尔街日报》、《商业周刊》、《经济学人》等商业杂志或期刊也形成了相对稳定的格式，如图1-4-5所示。

① 主标题：标题区非常突出，往往占到整个图表面积的1/3甚至1/2。特别是主标题往往使用大号字体和强烈对比效果，可以让读者首先捕捉到图表要表达的信息。

② 副标题：副标题区往往会提供较为详细的信息，使用比主标题小一半的字号。

③ 绘图区：绘图区为数据的可视化区域，绘图区的风格可以参考专业的商业图表绘制，主要体现在配色方案的选择上。

④ 脚注区：脚注区一般使用Sources（数据来源）表明图表数据的来源。

⑤ 图例区：图例区位于副标题与绘图区之间，主要用于数据系列的标注与区分。但是有时候会在绘图区中直接标注于数据系列上。

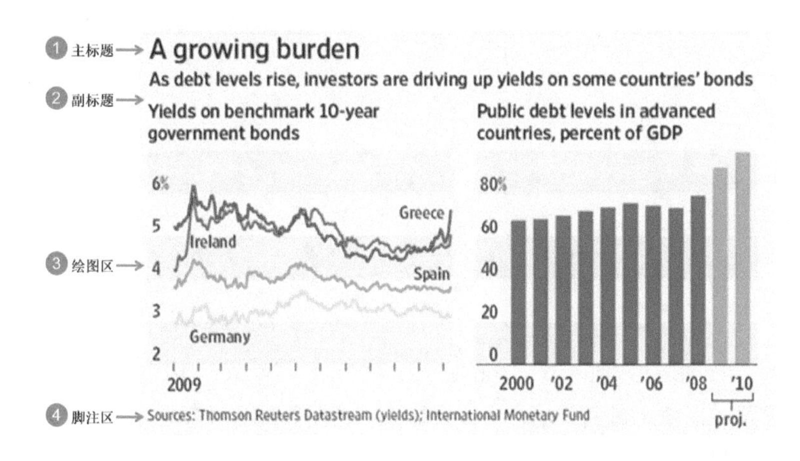

图1-4-5 商业图表范例（图表来源：华尔街日报）

其实，商业图表与科学图表不仅在图表元素布局上有所区别，在字体的选择上也有不同。常用字体类型的特点与选择如图1-4-6所示。Excel自带的字体类型可以分为衬线字体（Serif）、无衬线字体（Sans serif）和修饰性字体（Ornamental）三种。其中，无衬线字体和衬线字体的主要区别是：衬线字体在字的笔画开始及结束的地方有额外的钩写笔画，而且笔画细线会因笔画方向的不同而有所不同；无衬线字体没有类似额外的钩写笔画，且笔画粗细大致相同。通过对比发现，衬线字体比无衬线字体更易读，更适合篇幅较长的文字描述；而无衬线字体更加醒目，更适合应用在文字描述较少的地方。

所以，科学图表更喜欢使用衬线字体：数字和字母一般选用Times New Roman 字体，汉字一般选用宋体。商业图表更喜欢使用无衬线字体：数字和字母一般选用Arial或Tahoma字体，汉字一般选用黑体或微软雅黑。

字体	数字或字母	类型	适用
Times New Roman	0123456789 abcdefghijkmnlopqrstxyuvwz	Serif	科学图表
Arial	0123456789 abcdefghijkmnlopqrstxyuvwz	Sans serif	商业图表
Tahoma	0123456789 abcdefghijkmnlopqrstxyuvwz	Sans serif	商业图表
宋体（正文）	零一二三四五六七八九十百千万	衬线字体	科学图表
黑体	零一二三四五六七八九十百千万	无衬线字体	商业图表
微软雅黑	零一二三四五六七八九十百千万	无衬线字体	商业图表

图1-4-6 常用字体类型的特点与选择

1.5 图表绘制的基本步骤

在Python、Tableau、Matlab、Origin、D3.js等众多绘图软件中，R ggplot2无疑是一维和二维数据方面绘图效果最完美的软件，只是由于需要编程导致学习门槛较高。R ggplot2的绘图既可以直接适用于商业图表，又可以适用于科学图表。所以，本书将使用Microsoft Excel 2016作为绘图软件，以R语言ggplot2包的绘图风格为科学图表制作的重点讲解类型，同时会展示模仿Rython Seabron、Matlab等其他数据可视化软件的绘图效果，另外，会在章节中穿插商业图表与科学图表的对比展示。

本节通过如图1-5-1的散点图，讲解Excel模仿R ggplot2图表的基本步骤。图1-5-1为使用R语言ggplot2包自动生成的单数据系列散点图，下面将使用Excel 2016完成对图1-5-1的仿制。

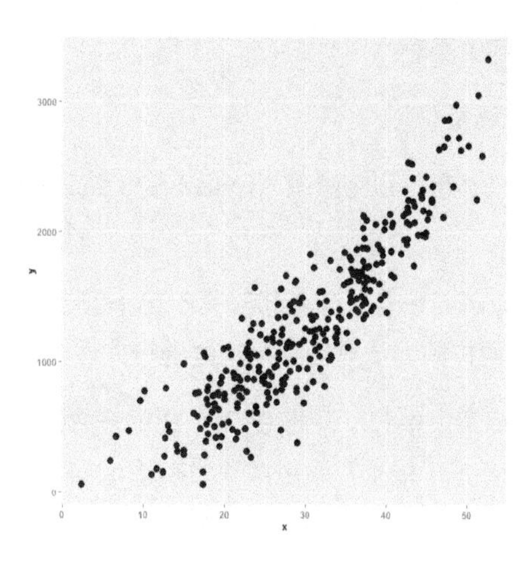

图1-5-1 ggplot2包自动生成的散点图

第一步：生成默认数据图表

打开Excel 2016，以A2:B337单元格区域为数据源作散点图（原始数据可参考本书相关案例文件，第A列为x坐标轴数据，第B例为y坐标轴数据）。得到默认样式的图表，进行一些简单的格式化：删除图表标题等。此时得到的图表如图1-5-2（a）所示。

第二步：对坐标轴进行调整

（1）双击y坐标轴数值，将“线条”设置为“无线条”选项，设定“坐标轴选项”的边界为0~3500，主要单位为1000，次要单位为500。

（2）选中y坐标轴数值，将字体设定为9号“Times New Roman”（不同的期刊有不同的字体要求）。

（3）单击“添加图表元素”中的“轴标题”或图表右上角的“+”按钮，再选择添加“图表标题”，将y轴标题“坐标轴标题”修改为“y”，将字体设定为10号斜体“Times New Roman”。

（4）按同样的方法对x轴进行处理，设定“坐标轴选项”的边界为0~55，主要单位为

10，次要单位为5。此时得到的图表如图1-5-2（b）所示。

第三步：对绘图区进行调整

（1）双击绘图区，将“填充”颜色修改为RGB（229,229,229）的灰色，“边框”选择“无线条”选项。

（2）双击水平网格线，将“线条”颜色修改为RGB（255,255,255）的纯白色，将“线条”宽度修改为0.25磅，按同样的方法对垂直网格线进行处理。

（3）单击“添加图表元素”中的“网格线(G)”或图表右上角的“+”按钮，再选择添加“主轴次要水平网格线”，将“线条”颜色修改为RGB（242, 242, 242）的白色，将“线条”宽度修改为0.25磅，按同样的方法对垂直网格线进行处理。此时得到的图表如图1-5-2（c）所示。

第四步：对数据标签进行调整

双击任意一个蓝色圆形的数据点，将“填充”颜色修改为RGB（255,255,255）的纯黑色；再将“数据标记选项”中的“内置”大小修改为4。最终得到的图表如图1-5-2（d）所示，效果和图1-5-1基本一致。

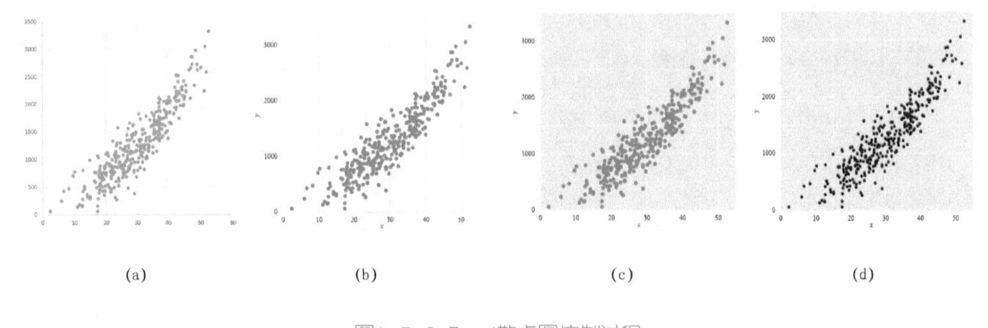

(a)　　(b)　　(c)　　(d)

图1-5-2 Excel散点图仿制过程

前文已提到，你只要改变Excel的图表元素，就可以创造出很多不同形式的图表，所以这也是Excel区别于其他可视化编程软件的优势。对图1-5-1散点图的图表元素进行操作与修改（参数见表1-5-1），可以得到不同的效果图，如图1-5-3所示。

表1-5-1 图1-5-3中散点图数据标签格式的调整参数

序号	数据标签大小	填充颜色 RGB(透明度)	边框颜色 RGB
(a)	4	(228, 26, 28)	(228, 26, 28)
(b)	6	(255,127,0)	(0, 0, 0)
(c)	7	(41,95,138)	(242,242,242)
(d)	6	(77,175,74) (40%)	(58,131,55)
(e)	6	(166,166,166)	(0, 0, 0)
(f)	6	(0,184,229)	(0, 0, 0)

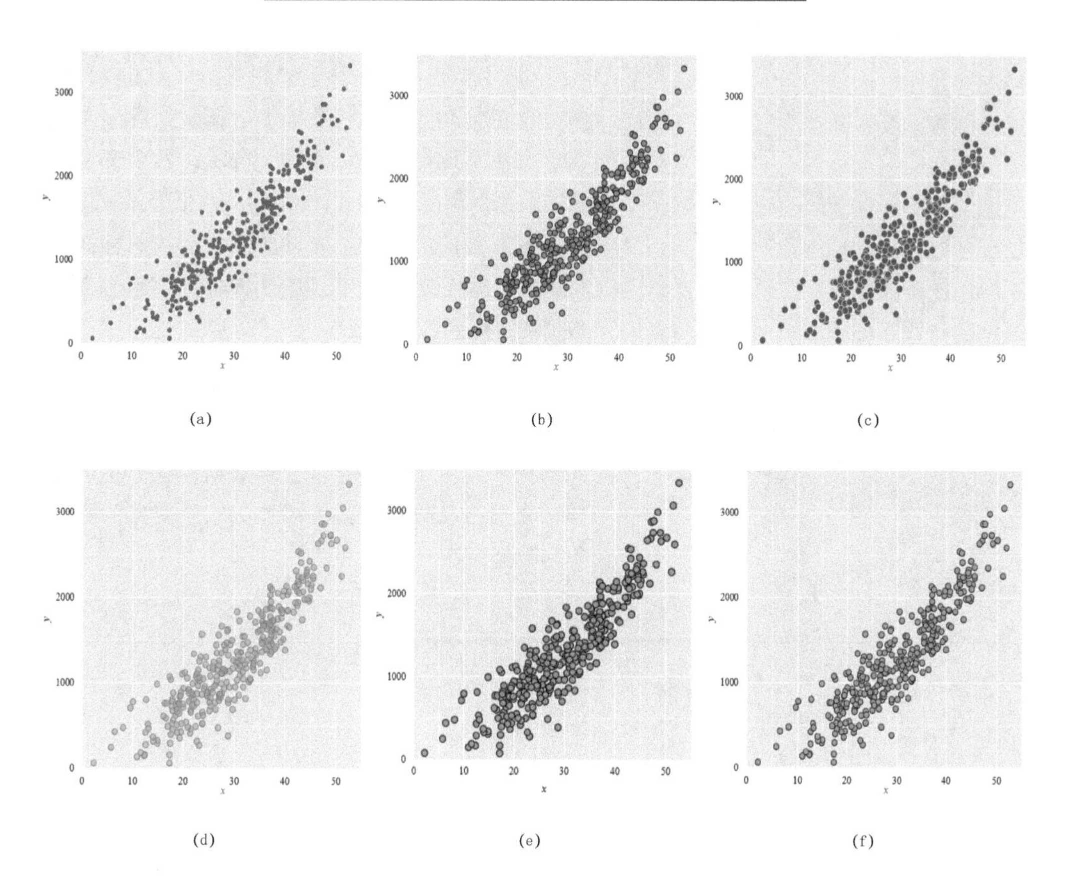

图1-5-3 Excel绘制的不同风格散点图

1.6 图表的基本类型与选择

Excel基本可以实现一维和二维图表的绘制，在本节先总体介绍Excel的基本图表类型和图表选择的基本原则。比较常用的图表类型包括散点图、条形图、饼形图、折线图，Excel中的股价图、曲面图及大部分的三维图表都很少使用。所以这里重点介绍Excel 常用图表。

1.6.1 散点系列图表

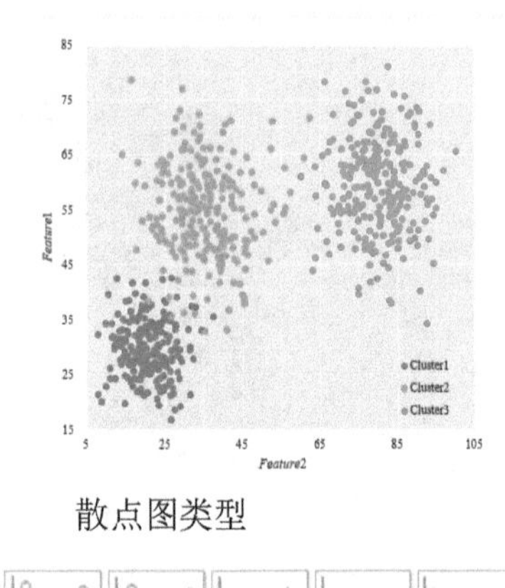

散点图类型

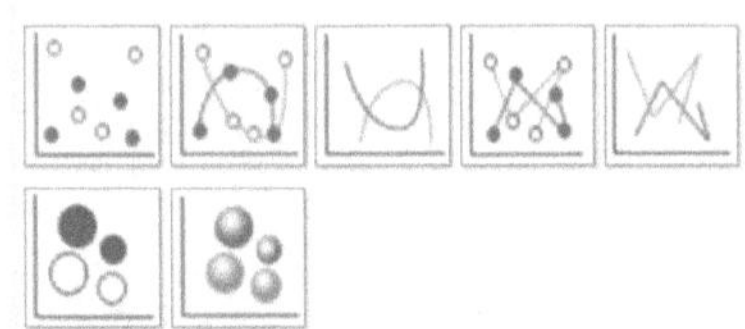

注解 散点图也被称为“相关图”，是一种将两个变量分布在纵轴和横轴上，在它们的交叉位置绘制出点的图表，主要用于表示：两个变量的相关关系。散点图的x和y轴都为与两个变量数值大小分别对应的数值轴。通过曲线或折线两种类型将散点数据连接起来，可以表示x轴变量随y轴变量数值的变化趋势。

气泡图是散点图的变换类型，是一种通过改变各个数据标记大小，来表现第三个变量数值变化的图表。由于视觉难以分辨数据标记大小的差异，一般会在数据标记上添加第三个变量的数值作为数据标签。

1.6.2 柱形系列图表

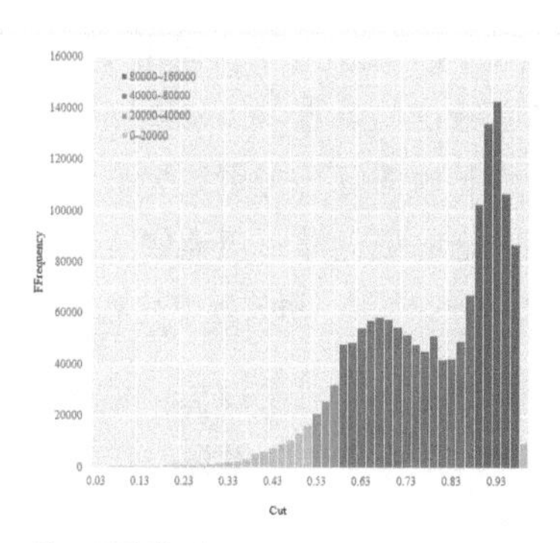

柱形图类型

注解 柱形图是使用柱形高度表示第二个变量数值的图表，主要用于数值大小比较和时间序列数据的推移。x轴为第一个变量的文本格式，y轴为第二个变量的数值格式。柱形图系列还包括可以反映累加效果的堆积柱形图，反映比例的百分比堆积柱形图，反映多数据系列的三维柱形图等。

条形图其实是柱形图的旋转图表，主要用于数值大小与比例的比较。对于第一个变量的文本名称较长时，通常会采用条形图。但是时序数据一般不会采用条形图。

Excel 2016还添加直方图、排列图（帕累托图）、瀑布图、漏斗图等。瀑布图和漏斗图都是使用柱形或条形表示数据，所以也归类于柱形图表系列。

1.6.3 面积系列图表

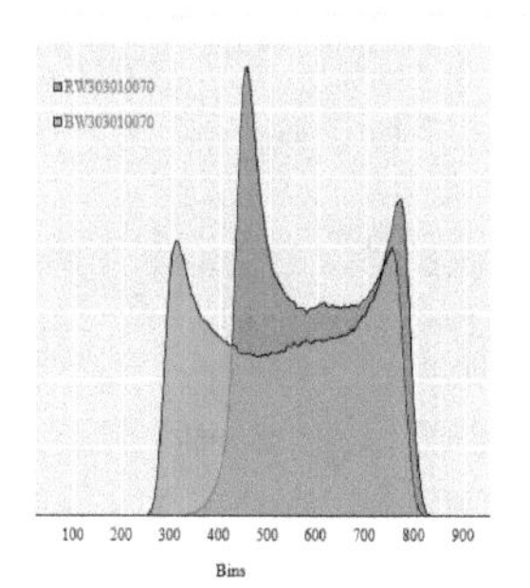

面积图类型

注解 面积图是将折线图中折线数据系列下方部分填充颜色的图表，主要用于表示时序数据的大小与推移变化。还包括可以反映累加效果的堆积面积图，反映比例的百分比堆积面积图，反映多数据系列的三维面积图等。

折线图可以看成是面积图的面积填充部分设定为“无”的图表，主要表达时序数据的推移变化。两者的x轴都为第一个变量的文本格式，y轴为第二个变量的数值格式。对于多数据系列的数据一般采用折线图表示，因为多系列面积图存在遮掩的缺陷。

1.6.4 雷达系列图表

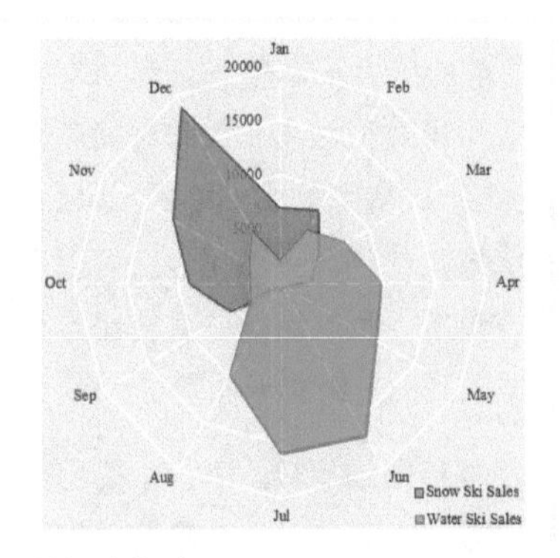

雷达图类型

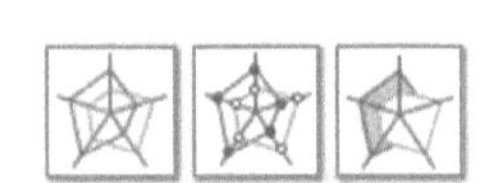

注解 雷达图是用来比较每个数据相对中心的数值变化，将多个数据的特点以“蜘蛛网”形式呈现的图表，多用于倾向分析与重点把握。雷达图还包括带数据标记的雷达图、填充雷达图。雷达图还可以绘制数据的时间、季节等变化特性。

在雷达图的基础上，可以实现极坐标图的绘制。Excel的图表一般基于直角坐标系，极坐标图是基于极坐标系。极坐标图可以用于周期时序数据的表示，能较好地展示数据变化规律。在雷达图的基础上，还可以实现南丁格尔玫瑰图的绘制。

1.6.5 饼形图系列图表

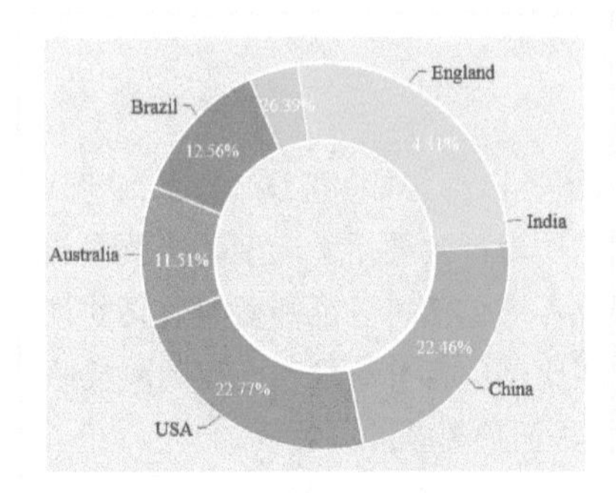

饼图类型

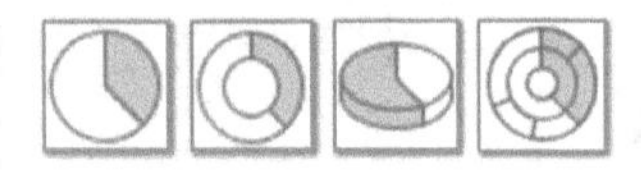

注解 饼形图是一种用于表示各个项目比例的基础性图表，主要用于展示数据系列的组成结构，或部分在整体中的比例。平时常用的饼形图类型包括二维和三维饼形图、圆环图。

饼图只适用于一组数据系列，圆环图可以适用于多组数据系列的比重关系绘制。

Excel 2016添加了旭日图的绘制功能。旭日图可以表达清晰的层级和归属关系，也就是用于展现有父子层级维度的比例构成情况。

1.6.6 Excel 2016新型图表

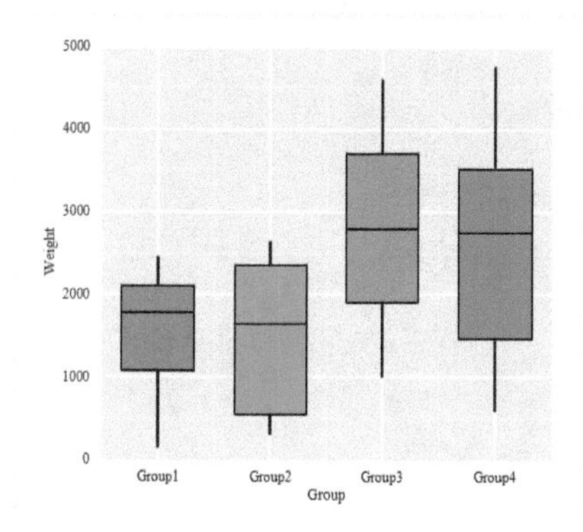

新型图表类型

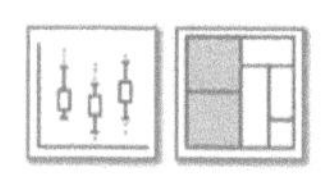

注解 Excel 2016添加了箱形图、树状图等新型图表。箱形图常见于科学论文图表，瀑布图、树状图和漏斗图常见于商业图表。

箱形图是一种用作显示一组数据分散情况资料的统计图，其绘制须使用常用的统计量，能提供有关数据位置和分散情况的关键信息。

树状图适合比较层次结构内的比例，但是不适合显示最大类别与各数据点之间的层次结构级别。树状图通过使用一组嵌套矩形中的大小和色码来显示大量组件之间的关系。

1.6.7 地图系列图表

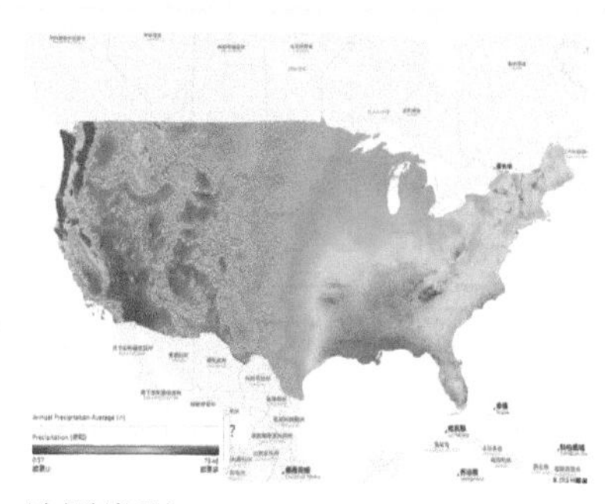

地图类型

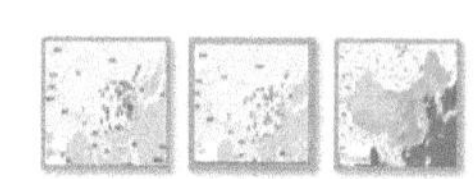

注解 Excel 2013版本拥有Map Power的地图绘制功能，Power Map全称Power Map Preview for Excel 2013，是微软在Excel 2013中推出的一个功能强大的加载项，结合Bing地图，支持用户绘制可视化的地理和时态数据，并用3D方式进行分析。

Map Power可以绘制三维地图，又可以绘制二维地图，包括簇状柱形图、堆积柱形图、气泡图、热度图和分档填色图，同时还可以实现动态效果并创建视频。

国外专家Nathan Yau总结了在数据可视化的过程中，一般要经历的四个过程，如图1-6-1所示。不论是商业图表还是科学图表，要想得到完美的图表，在这四个过程中都要反复进行思索。

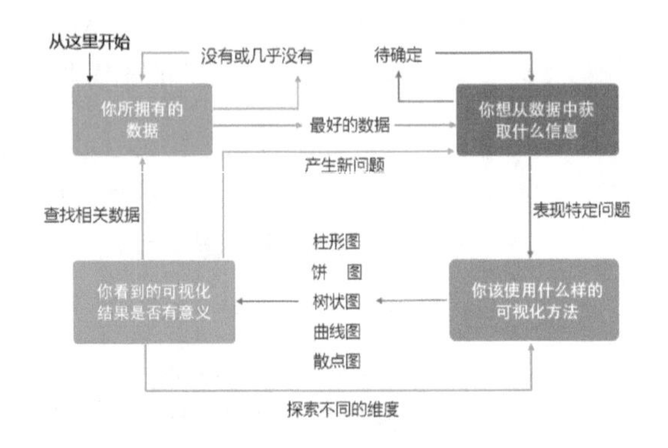

图1-6-1 数据可视化的探索过程

- 你拥有什么样的数据？（What data do you have?）
- 你想从数据中获取什么信息？（What do you want to know about your data?）
- 你该使用何种数据可视化方法？（What visualization methods should you use?）
- 你看到怎样的可视化结果，且这个结果是否有意义？（What do you see and does it makes sense?）

其中，图表类型的选择过程尤为重要。国外专家Andrew Abela整理总结了一份图表选择的指南图示，如图1-6-2所示。他将图表类型分成4大类：

- 比较
- 分布
- 构成
- 联系

其中，不等宽柱形图可以通过Excel 数据设置间接地实现；散点图矩阵（表格或内嵌图表的表格）可以使用E2D3加载项实现。Excel的曲面图绘制效果不如Matlab或Mathematica，所以一般不要使用Excel绘制曲面图。Excel 2016添加了瀑布图、直方图等新功能，更加扩大了Excel 图表制作的选择范围。

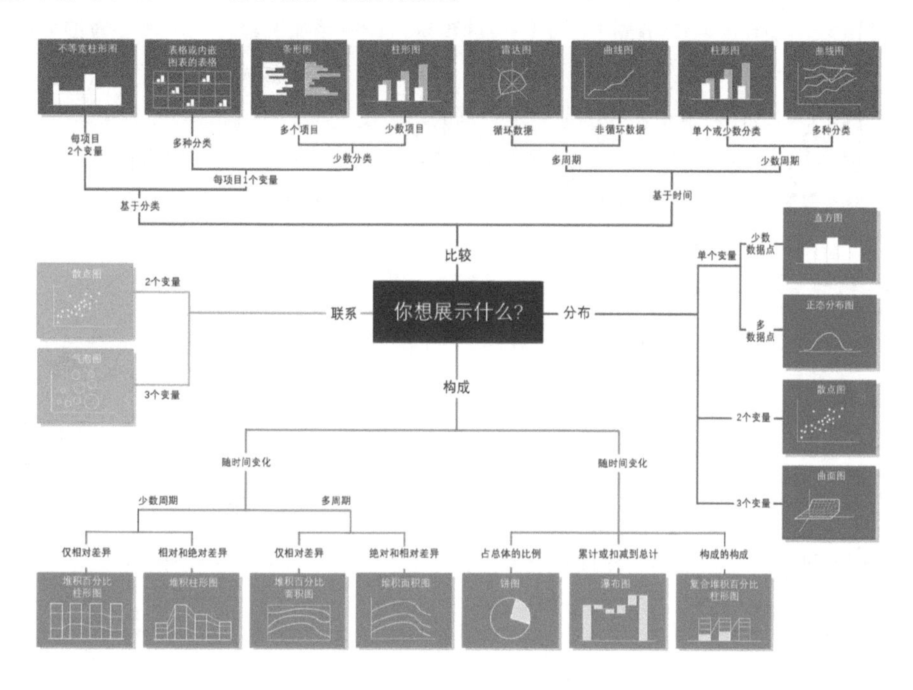

图1-6-2 数据可视化的图表选择指南

在科学图表中，散点系列图表、折线图、柱形图等图表最为常见；在商业图表中，折线图、面积图、柱形图、条形图和饼状图最为常见。

1.7 图表的快捷操作技巧

1.7.1 图表数据的快捷键操作

- 【Ctrl + Shift + Space】快捷键可以用于快速选择数据。选择数据源的第一行，按下

【Ctrl + Shift + Space】快捷键，能自动扩展选择到整个有效的数据源。

- 【Ctrl + Shift + ↑】或【↓】快捷键也可以用于快速选择数据。选择数据最前面的相关单元格，使用【Ctrl + Shift + ↓】，能自动往下扩展选定到最后一行的数据源。【Ctrl + Shift + ↑】快捷键是用于数据的向上选定。
- 【F4】键，又称“重复”键，它的功能就是重复执行最近的一次操作。在图表元素的调整过程中，【F4】键能快速地复制上一次图表元素设定的格式。

1.7.2 图表格式的快捷复制

图表模板的使用可以快速实现不同数据、相同图表元素的多数据系列图表的绘制。以图1–7–1多数据系列面积图为例：

- 根据数据系列1“Iron”绘制面积图，并设定好相关的图表元素格式。选定图表区域，右键单击选择“另存为模板（S）”命令，如图1–7–2（a）所示。
- 选择数据系列2“Soybean”数据，选择“插入”选项卡“图表”组中的“ ”按钮，打开“插入图表”对话框选择“模板”，如图1–7–2（b）所示。这样生成的图表与“Iron”具有相同的图表格式。

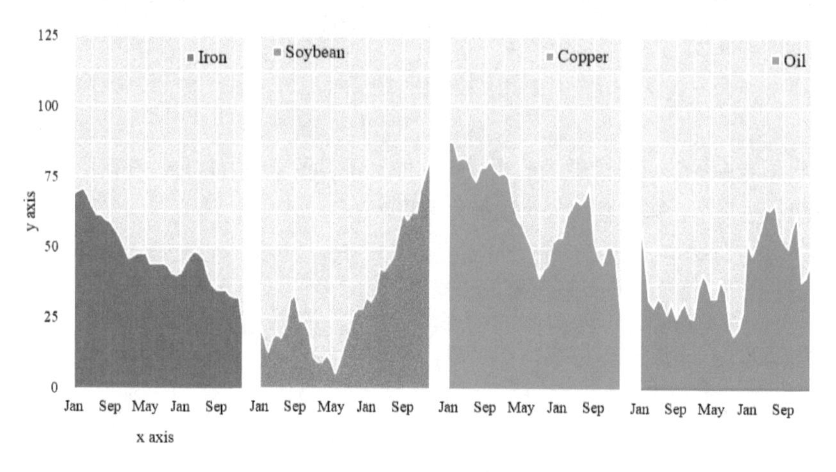

图1–7–1 多数据系列面积图

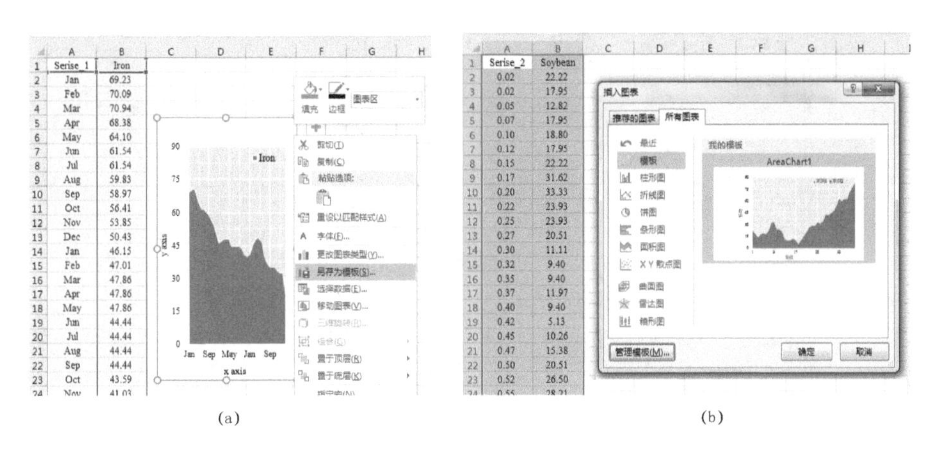

图1-7-2 图表模板的设定与应用过程

另外一种快速实现图表格式快捷复制的方法是：选中一个已经设置好格式的图表，按下组合键【Ctral+C】复制，选中另一个未做任何格式设置的同类型图表，单击“开始”选项卡下的“粘贴选择性粘贴”命令，弹出“选择性粘贴”对话框，选择“格式”，即可应用所复制图表的格式。、

1.7.3 照相机的使用

照相机可以使单元格或单元格区域链接到图形对象，对该工作表单元格中数据所做的更改将自动显示在图形对象中，这样可以更加直观地显示两个表之间的动态变化。

要在形状、文本框或图表元素中显示工作表里单元格的内容，你可以将形状、文本框或图表元素链接到包含要显示数据的单元格。使用“照相机”命令，还可以通过链接单元格区域到图片来显示单元格区域的内容。

由于单元格或单元格区域链接到图形对象，对该工作表单元格中数据所做的更改将自动显示在图形对象中。

打开Excel新建文档，单击最左上角Office图标，选择“Exce选项（I）→自定义功能区”，将选择项填为“不在功能区中的命令”，下拉滑动条，单击“照相机 ”，单击

“添加”按钮，最后单击“确认”按钮，如图1-7-3所示。

图1-7-3 “Exce选项”对话框

选中Sheet1中单元格区域C25:G42，单击“照相机”按钮，此时，被选中的单元格区域周围出现闪烁的边框，鼠标变成“+”形状，然后切换到工作表Sheet1中其他单元格（可以是同一个Excel文档，也可是不同的文档），在单元格A1上单击鼠标，即可将工作表Sheet1中的内容拍成照片，并且周围出现8个控制点，可以像设置图片一样进行设定。如图1-7-4所示，左边是单元格设定的表格，右边是使用照相机拍摄的图片。

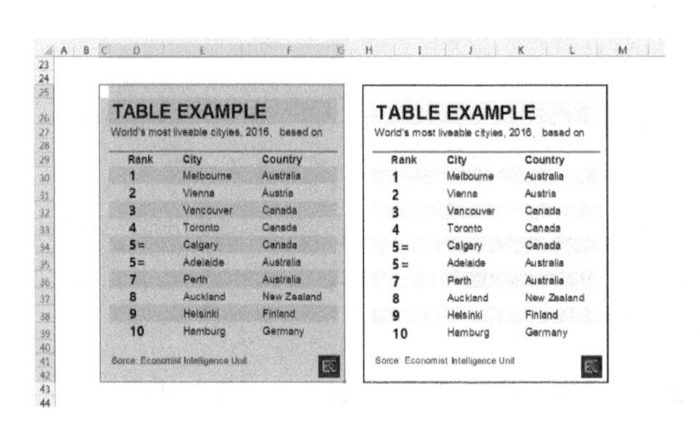
TABLE EXAMPLE

World's most liveable cityies, 2016, based on

Rank	City	Country
1	Melbourne	Australia
2	Vienna	Austria
3	Vancouver	Canada
4	Toronto	Canada
5=	Calgary	Canada
5=	Adelaide	Australia
7	Perth	Australia
8	Auckland	New Zealand
9	Helsinki	Finland
10	Hamburg	Germany

Sorce: Economist Intelligence Unit

图1-7-4 “照相机”使用案例

如果修改原表格内的任何信息，图片也会同步变化。通俗地讲：照相机就像是一面Excel单元格的镜子。

1.8 图表的保存

一般都可以在图表绘制完成时，使用图表“导出”、“另存为”功能实现。大部分的绘图软件都具有图表导出功能，同时可以设定图表的导出格式、分辨率等。但是Excel作为最为常见的绘图软件，其中最大的短板就是本身不具备图表导出功能。对于Excel的图表导出，以下提供三个主要的思路和方法。

1.8.1 借助截图软件FastStone Capture

现在流行的QQ软件是自带截图功能的。打开QQ软件后，使用快捷键【Ctrl+Alt+A】就可以轻松截图，这是最快捷简单的方法。但是你无法设定分辨率，导出的图片清晰度很难保证。

现推荐一款可以设定截图分辨率的软件（FastStone Capture）。FastStone Capture是一款抓屏工具，体积小巧、功能强大。不但具有常规截图等功能，更有从扫描器获取图像，和将图像转换为PDF文档等功能。

在截图的时候，有一个小技巧可以帮助大家获得比较高清的图片：先使用【Ctrl+鼠标滑轮向前滚动】的方法放大图表，然后使用【Ctrl+Alt+A】快捷键截取图像。另外，使用这款截图软件可以设定不同的截图输出格式和分辨率DPI。

FastStone Capture 软件的下载官网：http://www.faststone.org/FSCaptureDetail.htm。

1.8.2 使用Excel插件XL Toolbox

国外的Excel插件XL Toolbox，具有图表导出的功能，可以设置图表导出参数包括：“文件类型File type”、“分辨率Resolution”、“色彩空间Color space”、“透明度Transparency”（由上到下）等，尤其分辨率可以设定成96-1200DPI，还可以导出EMF格式的矢量图。但是需要注意：XL Toolbox插件在Excel非正常关闭情况下可能发生异常，有时需要重新加载！（XL Toolbox插件下载官网：https://www.xltoolbox.net/）

1.8.3 借助图像处理软件

整体思路是先将Excel图表保存成PDF格式，再使用图片处理软件保存成TIFF或EPS等格式的图片。

第一步：将Excel图表保存成PDF格式有两种方法：一种是借助PowerPoint（PPT），一种是借助Adobe Acrobat软件。

（1）单个图表可以在Excel中存成PDF文件（选择图表后进行另存，在选项中选择图表）；如果是多个图表组合，则在Excel中复制单个图表，回到PowerPoint，但是不要直接粘贴，而是用选择性粘贴（paste special），然后选图片（增强型图元文件）（picture enhanced metafile）或者图片（Windows元文件）（picture windows metafile），再将所有图表组合，并另存为PDF文件。

（2）先安装Adobe Acrobat后，选中图表后使用"打印"功能，选择虚拟打印机"Adobe PDF"，把图表打印成PDF。通过这种方式获得的PDF格式图片，可以保持原有的矢量性质。

第二步：使用图片处理软件将PDF格式的图表，保存成TIFF或EPS等格式的图片，可以有如下两种情况：

（1）如果期刊要求TIFF等位图格式，单个PDF文件可以通过Adobe Illustrator、Photoshop或Adobe Acrobat 转存成TIFF文件，转存时可以指定为高分辨率（最高可达2400 dpi）；多个PDF文件也可以用Adobe Illustrator或Photoshop组合起来再存成TIFF，都可以任意指定分辨率。不同的是Illustrator文件输出成TIFF才指定分辨率，而Photoshop打开PDF文件时就会询问选择什么分辨率。

（2）如果其他要求是EPS等矢量图格式，那么通过PDF也可以实现转换。PDF文件是支持矢量图形的，这样即使期刊放大我们的图版也不会影响清晰度。如果期刊要求矢量图形需提供EPS文件，那可以用Adobe Illustrator、Photoshop或Adobe Acrobat或其他软件将PDF文件转存成EPS格式。

第2章

散点系列图表的制作

2.1 散点图

散点图在科学图表中的应用较为广泛，尤其在二维数据的关系分析中；而在商业图表中应用较少，如图2-1-1所示。散点图表示因变量随自变量而变化的大致趋势，据此可以选择合适的函数对数据点进行拟合。用两组数据构成多个坐标点，考察坐标点的分布，判断两变量之间是否存在某种关联或总结坐标点的分布模式。

单数据系列散点图的绘制可以参考1.5节图表绘制的基本步骤，如图2-1-1所示为多数据系列散点图。多数据系列散点图的绘制关键在于颜色主题的选择和数据系列的添加。

- 图（a）是使用R ggplot2 Set3的颜色主题，绘图区背景风格为R ggplot2版，数据标签大小为3；
- 图（b）是使用R ggplot2 Set1的颜色主题，绘图区背景风格为Matlab版，数据标签大小为3；
- 图（c）是仿制《经济学人》风格散点图，背景填充颜色是RGB（204, 221, 230），数据标记大小为3；
- 图（d）是仿制《商业周刊》风格的散点图，网格线为0.25磅的黑色实线，数据标签大小为3，数据点颜色的RGB值分别为（3,175,247）蓝色 、（255,135,27）桔色 、（206,219,44）青色；
- 图（e）是仿制《华尔街日报》风格的散点图，数据标签大小为4，背景填充颜色是RGB（236,241,248），数据标记大小为4，数据系列的填充颜色为白色，边框颜色分别为（3,174,80）绿色，（237,28,59）红色和（9,103,177）蓝色。
- 图（f）是仿制《华尔街日报》风格的散点图，数据标签大小为4，背景填充颜色是分别为分别为（176,204,175）淡绿色，（230,211,151）淡土黄色和（254,215,177）淡桔色。边框颜色分别为（9,129,84）绿色，（190,156,46）土黄色和（251,131,45）桔色。

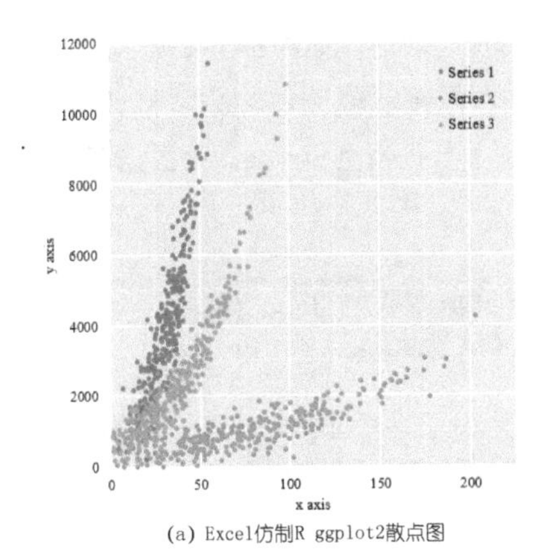

(a) Excel仿制R ggplot2散点图

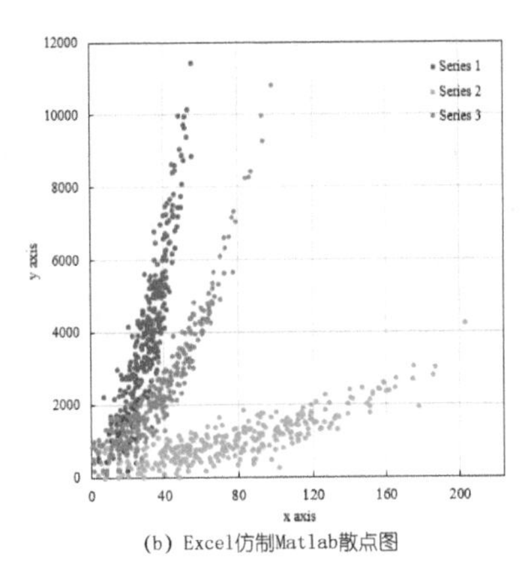

(b) Excel仿制Matlab散点图

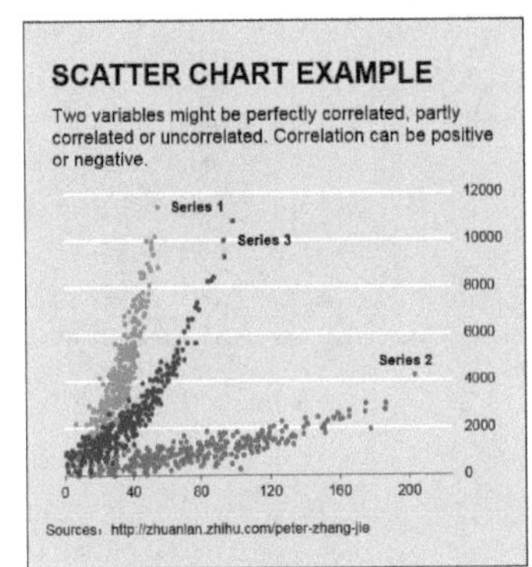

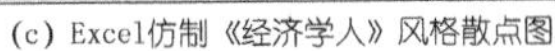

(c) Excel仿制《经济学人》风格散点图

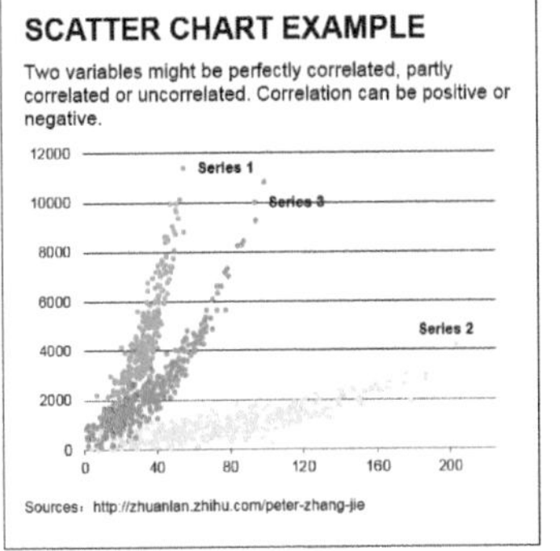

(d) Excel仿制《商业周刊》风格散点图

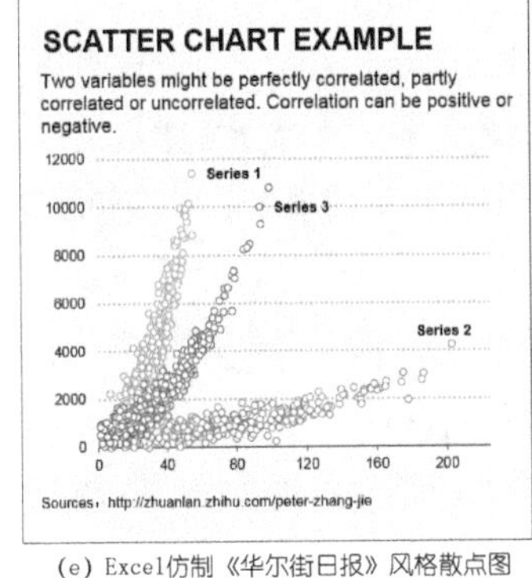

(e) Excel仿制《华尔街日报》风格散点图

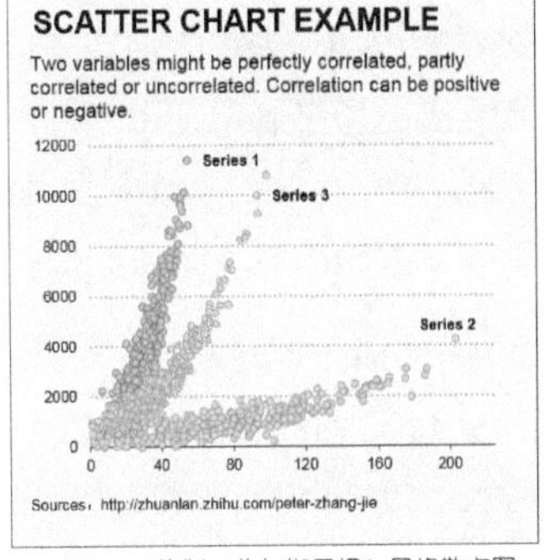

(f)Excel仿制《华尔街日报》风格散点图

图2-1-1 Excel不同风格的仿制散点图

多数据系列图表的绘制一般需要使用“数据添加”功能，如图2-1-2所示。先选用数据系列Series 1的数据绘制散点图 1 ；然后选择图表右击弹出 2 “选择数据源”对话框；单击“添加”按钮弹出 3 “编辑数据系列”对话框，选择数据系列Series 2的数据源；新添加的数据系列就会在图表中显示，如 4 所示。

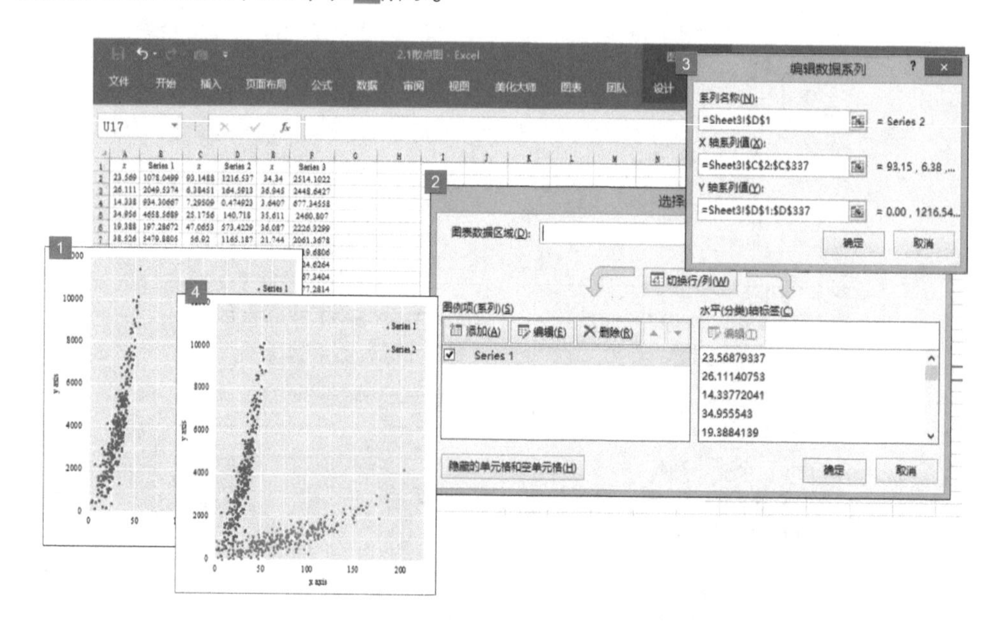

图2-1-2 数据系列添加过程

对于表示多维数据的两两关系时，可以使用散点图矩阵。散点图矩阵是散点图的高维扩展，它从一定程度上克服了在平面上展示高维数据的困难，在展示多维数据的两两关系时有着不可替代的作用。R ggplot2中就有介绍散点图矩阵的绘制函数。但是如果使用Excel绘制散点图矩阵，则需要绘制的散点图总数太多。

在Excel 2016“插入”选项卡的“加载项”组中的E2D3，可以实现散点图矩阵的绘制。E2D3（Excel to D3.js）是Excel 2016的一个加载项，它是一个Excel与D3.js接通使用的工具（可参考https://github.com/e2d3 ）。它可以通过“应用商店”，添加到“我的加载项”，然后选择符合标准格式的数据，可以自动生成D3.js类型的图表。需要注意的是：“我的加载项”里的绘图工具都需要联网才能使用。Excel E2D3绘制的散点图矩阵如图2-1-3所示（http://bl.ocks.org/mbostock/3213173）。

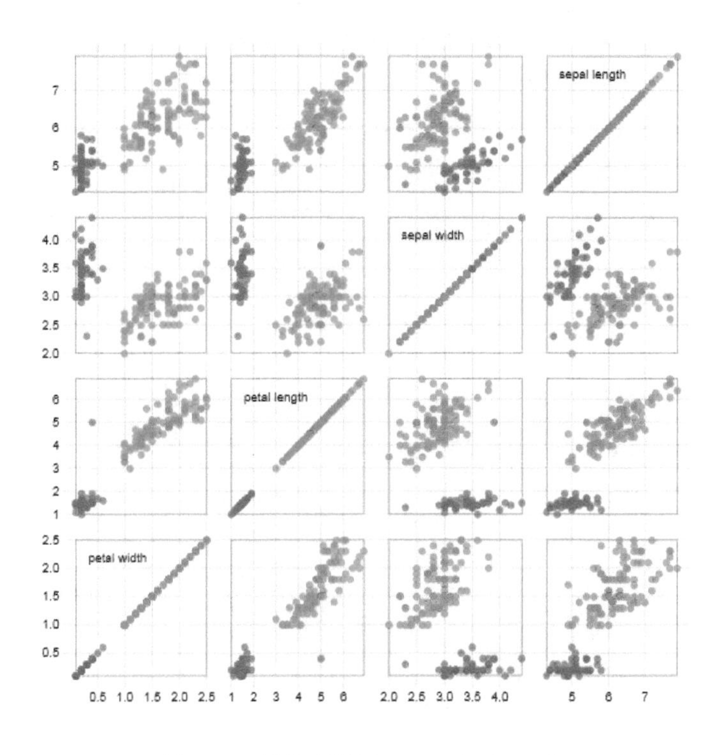

图2-1-3 散点图矩阵（Scatterplot Matrix）

2.2 带趋势线的散点图

在本章中，2.2节和2.3节主要涉及回归分析方法的数据可视化。散点图的绘制比较简单，更加重要的工作是根据绘制的散点图分析两个变量之间的关系，观察和解释散点图中变量之间的相关模式。

Excel是专业的数据处理软件，其实也可以像Matlab、R和Python一样做相关系数求解、回归分析和数据拟合，同时直接显示在图表中。Excel 2016可以通过添加散点图的趋势线，解决一元回归分析的数据可视化问题，实现线性回归分析和非线性回归分析。在实验设计与数据分析中，多项式拟合应用最为广泛。

本节将以图2-2-1为例讲解一元多项式拟合的数据分析与可视化，作图思路为：在散点图的基础上添加与设定趋势线，具体步骤如下。

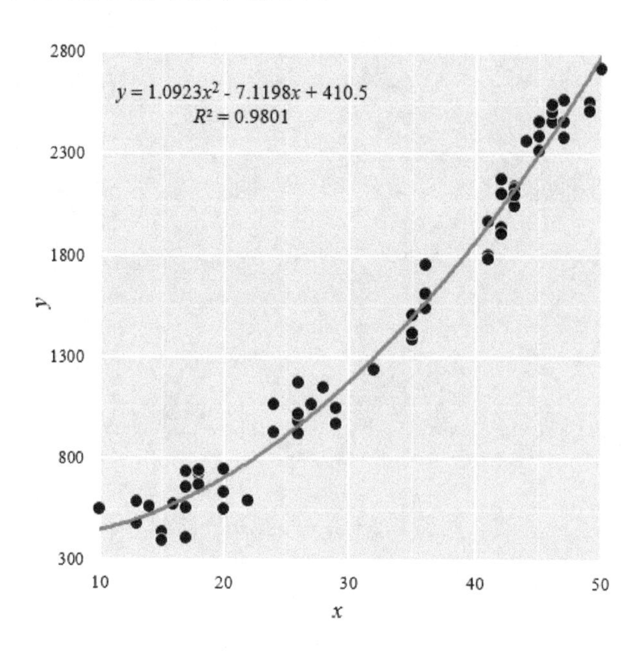

图2-2-1 带趋势线的散点图

第一步：设定图表的基本要素。将绘图区背景、网格线、图例和坐标轴等图表元素按1.4节的方法设定，数据点的大小为6号，"填充"颜色为黑色RGB（51, 51, 51），数据点边框设置：宽度为0.75磅，颜色为纯白色RGB（255, 255, 255），如图2-2-2 1 所示。

第二步：添加数据的趋势线。选中图表，选择“添加图表元素→趋势线”命令，如图2-2-2 2 所示，弹出如图2-2-2 3 所示的“趋势线选项”编辑框。在“趋势线选项”编辑框中，选中“多项式”单选项，设置“顺序”为2（表示采用二次多项式拟合数据）；再勾选“显示公式”和“显示R平方值”复选框，将显示的文本设定为9号、纯黑RGB（0, 0, 0）、“Times New Roman”字体，将其中的字母x、y和R调整为斜体，效果如图2-2-2 4 所示。

第三步：调整趋势线的格式。选择蓝色趋势线，在“线条选项”中，将线条“颜色”调整为蓝色RGB（55, 126, 184），“宽度”调整为1.5磅，“短画线类型调整为第一种实线类型，最终效果如图2-2-1所示。

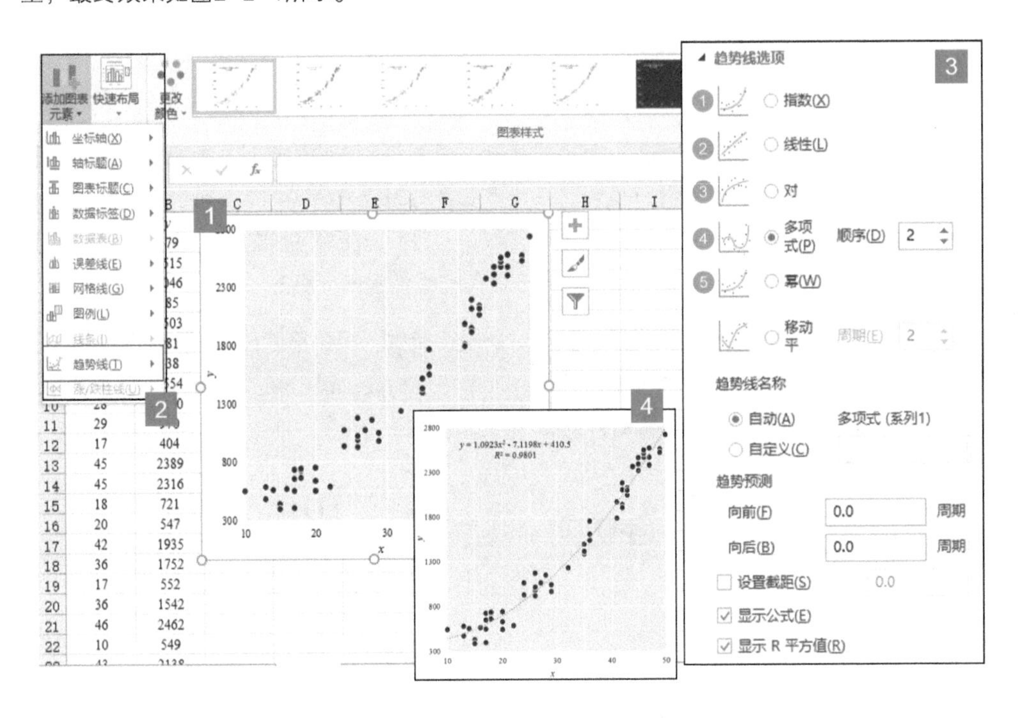

图2-2-2 带趋势线散点图的制作流程

使用Excel对相同数据绘制不同风格的带趋势线散点图，如图2-2-3所示。

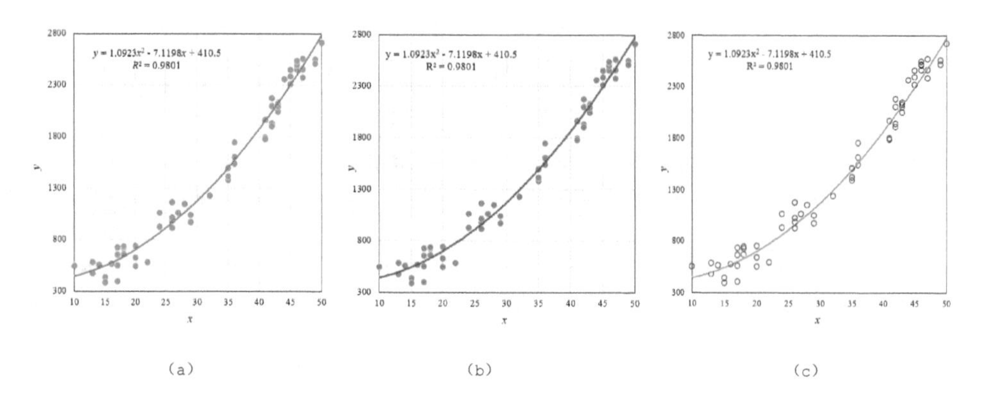

（a）　　　　　　（b）　　　　　　（c）

图2-2-3 不同风格的带趋势线散点图

回归分析（Regression Analysis）是对具有因果关系的影响因素（自变量）和预测对象（因变量）所进行的数理统计分析处理。只有当变量与因变量确实存在某种关系时，建立的回归方程才有意义。按照自变量的多少，可分为一元回归分析和多元回归分析；按照自变量和因变量之间的关系类型，可分为线性回归分析和非线性回归分析。

作为自变量的因素与作为因变量的预测对象是否有关，相关程度如何，以及判断这种相关程度的把握性多大，就成为进行回归分析必须解决的问题。进行相关分析，一般要求算出相关关系，以相关系数的大小来判断自变量和因变量的相关程度。

$$\rho_{xy}=\frac{\operatorname{Cov}(X,Y)}{\sqrt{D(X)}\cdot\sqrt{D(Y)}}=\frac{\sum_{i=1}^{n}\left(x_i-\bar{x}\right)\left(y_i-\bar{y}\right)}{\sqrt{\sum_{i=1}^{n}\left(x_i-\bar{x}\right)^2\ \sum_{i=1}^{n}\left(y_i-\bar{y}\right)^2}}$$

式中，Cov（X, Y）为X、Y的协方差，D（X）、D（Y）分别为X、Y的方差。

数据之间的相关系数可以通过Excel数据分析工具箱求解。在Excel 2013的“数据”选项卡中单击“数据分析”按钮，在弹出的“数据分析”对话框中有许多数据分析工具，如图

2-2-4所示，其中包括“相关系数”、“方差分析”、“回归分析”等。

> 注意：Excel 2013的默认版本不显示“数据分析”工具，需要选择“文件→加载项→Excel加载项”命令，进入“加载宏”窗口，选择添加“分析工具箱”，这样才会出现“数据分析”工具以供使用。

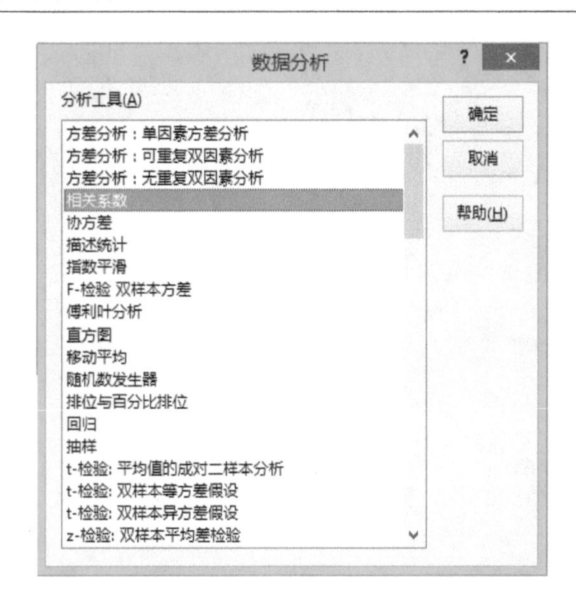

图2-2-4 Excel数据分析工具箱

求得数据的相关系数后，再通过观察散点图数据点的分布情况，选择合适的一元回归模型。根据图2-2-2 3 显示可知，Excel 2013存在5种回归分析模型，比较常用的是多项式回归、线性回归和指数回归模型。

1. 指数回归模型：$y=ae^{bx}$，如图2-2-5（a）所示。
2. 线性回归模型：$y=ax+b$，如图2-2-5（b）所示，线性回归模型是最简单的回归模型，高中数学课程就讲解过系数a和b的求解公式。
3. 对数回归模型：$y=\ln x+b$，如图2-2-5（c）所示。

④ 多项式回归模型：$y=a_1x+a^2x^2+\cdot\cdot\cdot+a_nx^n+b$，其中$n$表示多项式的最高次项，如图2-2-1所示；

⑤ 幂回归模型：$y=ax^b$，如图2-2-5（d）所示。

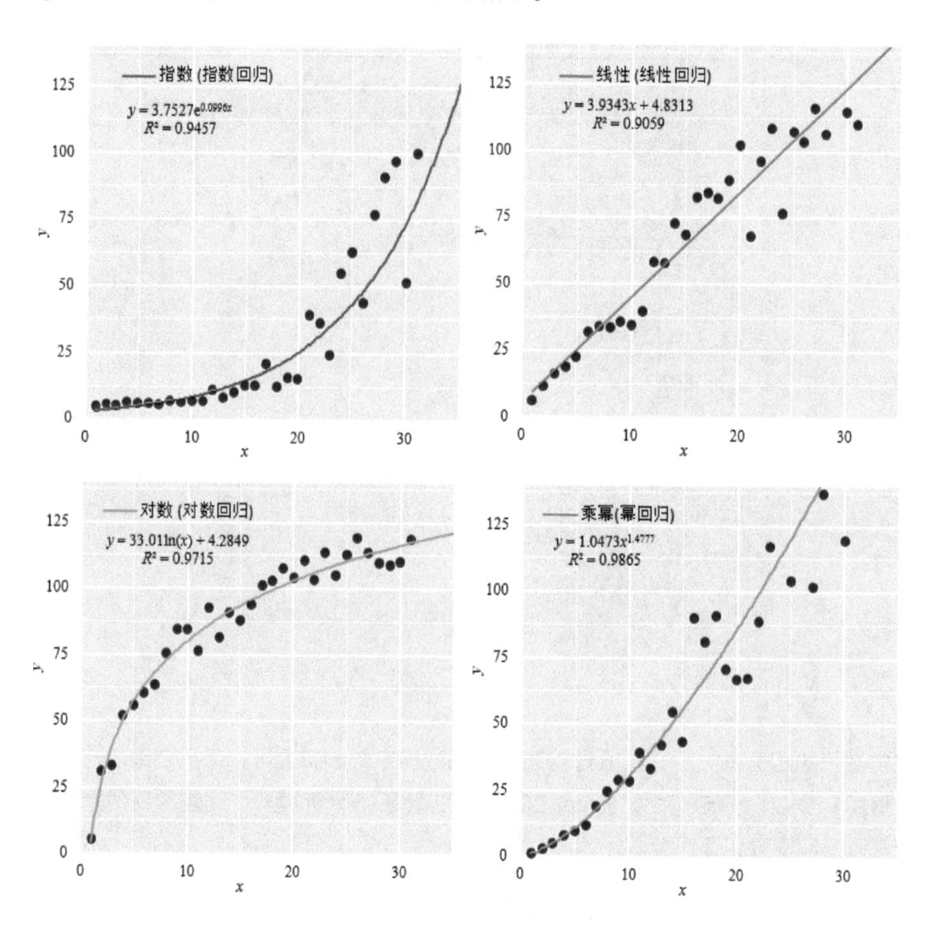

图2-2-5 一元回归模型的数据可视化

为了对比不同回归模型的数据拟合效果，需要计算R。在统计学中对变量进行回归分析，采用最小二乘法进行参数估计时，R平方为回归平方和与总离差平方和的比值，表示总离差平方和中可以由回归平方和解释的比例，这一比例越大越好，模型越精确，回归效果越显著。R平方介于0~1之间，越接近1，回归拟合效果越好，一般认为超过0.8的模型拟合优度比较高。

附：对于多元线性回归分析模型，一般难以进行数据可视化。其中，二元线性回归分析结果可以使用Matlab或Python做三维曲面图展示数据拟合结果。但是Excel 2016可以使用数据分析工具箱中的“回归”工具实现多元线性回归分析。

2.3 带多条趋势线的散点图

在添加单条趋势线的基础上，可进行多条趋势线添加的数据类型有两种。

1 多数据系列的分类拟合：在多数据系列散点图上，分别选定数据系列的数据点，对每个数据系列添加趋势线，如图2-3-1所示。

2 单数据系列的分段拟合：将单数据系列按照x轴或y轴变量分段成多个数据系列，然后分别对每个数据系列添加数据趋势线，如图2-3-2所示。

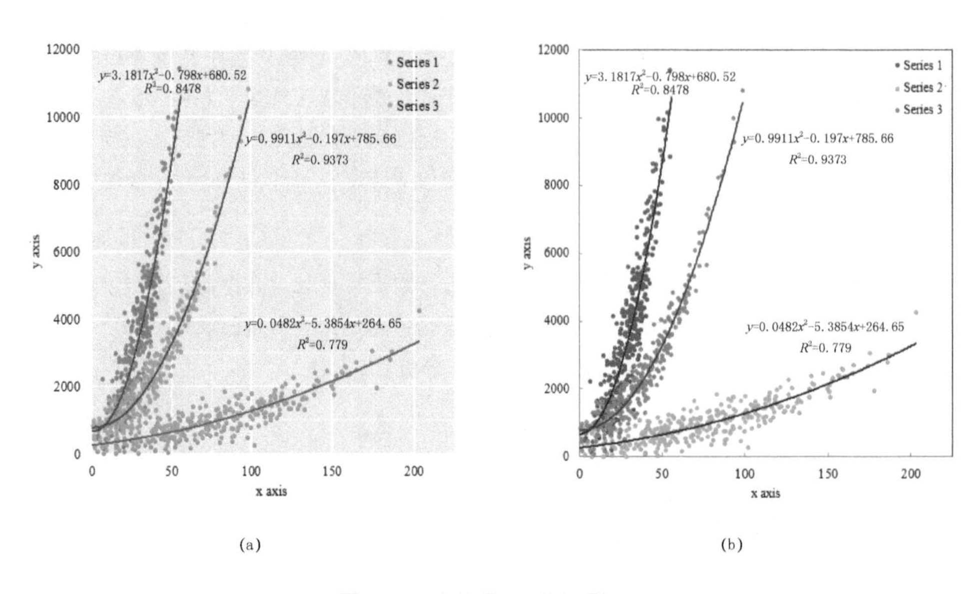

图2-3-1 多数据系列的数据拟合

如果散点图的数据点分不同的阶段拟合数据，就需要绘制不同阶段对应的趋势线，其实就是分段函数的数据拟合，如图2-3-2所示。带多条趋势线散点图的制作重点在于表现趋势线，而不是散点数据，所以绘制图表时要强调趋势线。作图思路为：将单数据系列的原始数据排布成多数据系列的格式；先绘制成多数据系列散点图，然后分别对每个数据系列添加和设定趋势线。具体步骤如下。

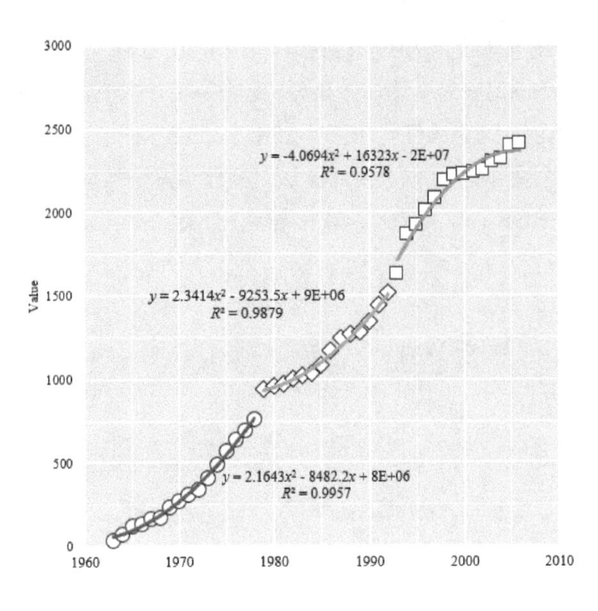

图2-3-2 带多条趋势线的单数据系列散点图

第一步：设定图表的基本要素。带多条趋势线散点图的制作关键是原始数据的布局。图表的原始数据如图2-3-3所示，第A、C和E列为水平轴的数据，第B、D和F列为垂直轴的数据，分别为图2-3-3中红色、绿色和橙色三段趋势线的散点原始数据。通过数据源的设定将数据可视化成散点图，将绘图区背景、网格线、图例和坐标轴等图表元素按1.4节的方法设定，数据点的大小为6号，如图2-3-4（a）所示。

第二步：调整数据点的格式。将蓝色、绿色和红色对应的数据点分别调整为“数据标记类型”大小为11的圆形○、12的菱形◇、10的方形□，填充颜色都为RGB（255, 255, 255）的纯白色，边框颜色都为RGB（0, 0, 0）、宽度为0.25磅的纯黑色，效果如图2-3-4（b）所示。

第三步：添加数据的趋势线。选中圆圈类型的数据点，在右键菜单中选择“添加趋势线”命令，弹出“趋势线选项”编辑框。在“趋势线选项”编辑框中，选中“多项式”单选项，将“顺序”设为2（表示采用二次多项式拟合数据）；再勾选“显示公式”和“显示R平方值”复选框，将显示的文本设定为9号、纯黑RGB（0, 0, 0）、“Times New Roman”字体，将其中的字母x、y和R调整为斜体，效果如图2-3-4（c）所示。选择趋势线，在“线条选项”中，将线条“颜色”调整为红色RGB（228, 26, 28），“宽度”调整为2磅，“短画线类型”调整为第一种实线类型。依次用此方法对菱形和方块类型的数据点添加趋势线，趋势线的颜色分别为绿色RGB（77, 175, 74）、橙色RGB（255, 127, 0），效果如图2-3-2所示。

	A	B	C	D	E	F
1	Year1	Value1	Year2	Value2	Year3	Value3
2	1963	34.926685	1979	937.91871	1993	1626.8511
3	1964	70.559952	1980	959.91657	1994	1864.5465
⋮	⋮	⋮	⋮	⋮	⋮	⋮
14	1975	564.57868	1991	1442.7782	2005	2393.5787
15	1976	633.61829	1992	1513.1618	2006	2411.645
16	1977	692.21094				
17	1978	758.36892				

图2-3-3 原始数据

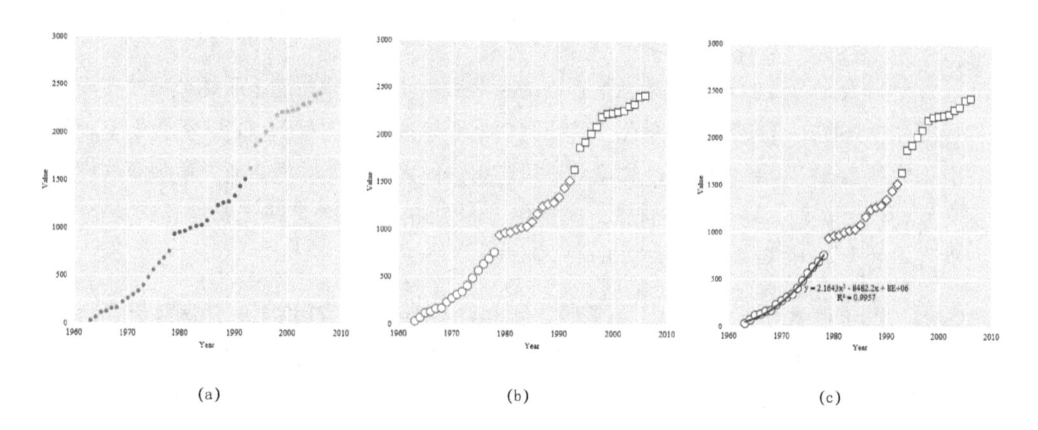

图2-3-4 带多条趋势线散点图的制作过程

2.4 密度散点图

散点图还可以用于展示数据的二维特征分布，尤其可以应用于数据的聚类分析结果展示。聚类分析就是根据在数据中发现的描述对象及其关系的信息，将数据对象分类成不同的组别。其目标是，组内的对象互相之间是相似的（相关的），而不同组中的对象是不同的（不相关的）。组内的相似性越大，组间差别越大，聚类效果越好。其中，应用最广泛的聚类方法是K均值聚类算法：

http://scikit-learn.org/stable/auto_examples/cluster/plot_kmeans_digits.html

图2-4-1就是根据样本的两个特征Feature1和Feature2，绘制得到的3个类别的图表。在科学论文图表中使用柱形图绘制一维数据的聚类分析结果，采用散点图绘制二维数据的聚类分析结果。通常散点图都会采用不同标记类型的数据点来表示。

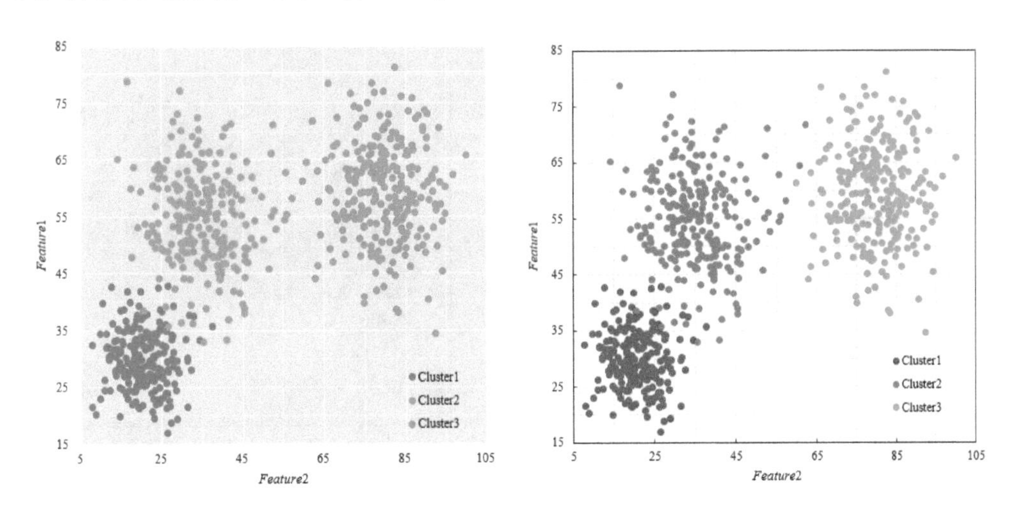

图2-4-1 不同类别显示的散点图

在R软件的ggplot2包中，可以通过设定散点图中数据点的透明度，观察数据的分布密度，密度越大的区域，颜色越深。在二维数据聚类分析中，采用密度散点图来观察数据的分布特点，从而选择合适的聚类方法。本节以图2-4-2和图2-4-3为例使用Excel仿制ggplot2风格的密度散点图。

作图思路：改变散点的颜色和透明度，使用R ggplot2 Set1的颜色主题方案，使用的数据点颜色的RGB值分别为：红色（228, 26, 28）■、蓝色（55, 126, 184）■和绿色（77, 175, 74）■；数据点的大小设定为8号圆形。

1. 图2-4-2的数据点边框设定为：宽度为0.25磅，颜色为纯白色RGB（255, 255, 255）。将所有数据点填充颜色的"透明度"设定为30%，边框颜色的"透明度"设定为80%。

2. 红色、蓝色、绿色数据点的"边框"、"颜色"的RGB值分别设定为：（107, 19, 20）■、（38, 80, 108）■、（22, 80, 22）■。将所有数据点填充颜色的"透明度"设定为30%，边框颜色的"透明度"设定为0%。

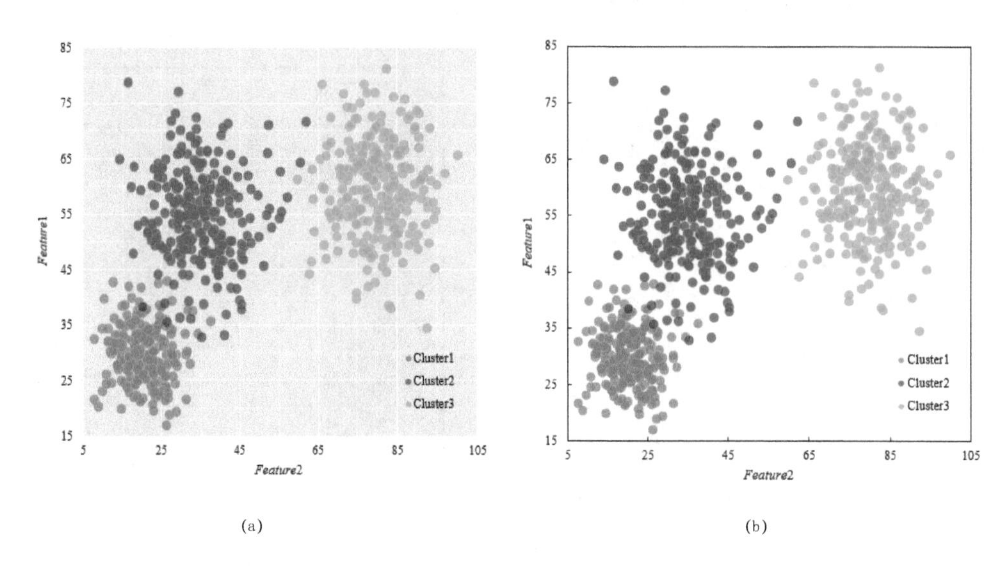

图2-4-2 密度散点图

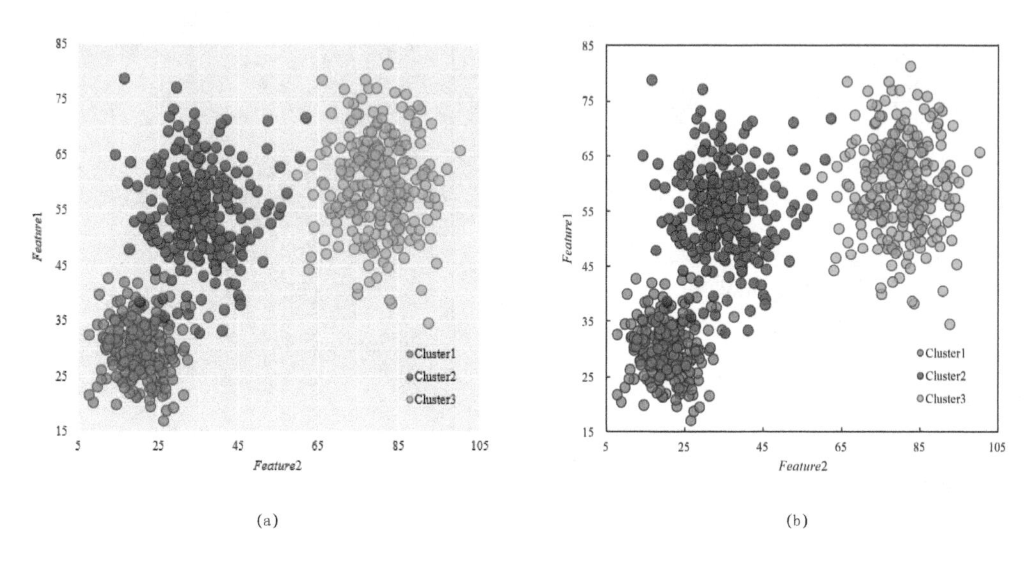

图2-4-3 密度散点图

当数据点重叠很严重的时候，用散点图观察变量之间的关系就有些费劲，需要采用新的方式去看观测点主要集中在哪个区域。对于高密度的散点图，在R语言中可以使用hexbin包中的hexbin（）函数将二元变量的封箱放到六边形单元格中；也可以使用IDPmisc包中的iplot（）函数通过颜色来展示点的密度；还可以使用ggplot2中的qplot（）函数来画图，使用半透明颜色来解决图形重叠的问题。下面将从R语言绘制密度图的基本原理出发，继续讲解高密度散点图的制作方法。

首先通过Excel函数可以生成10000个服从高斯分布的随机数据点，数据点的具体生成公式如下：

NORMINV（probability, mean, standard_dev）

式中，probability：必需参数，对应于正态分布的概率；mean：必需参数，分布的算术平均值；standard_dev：必需参数，分布的标准偏差。采用前面讲述的密度散点图的制作方法绘制高密度散点图，如图2-4-4所示。

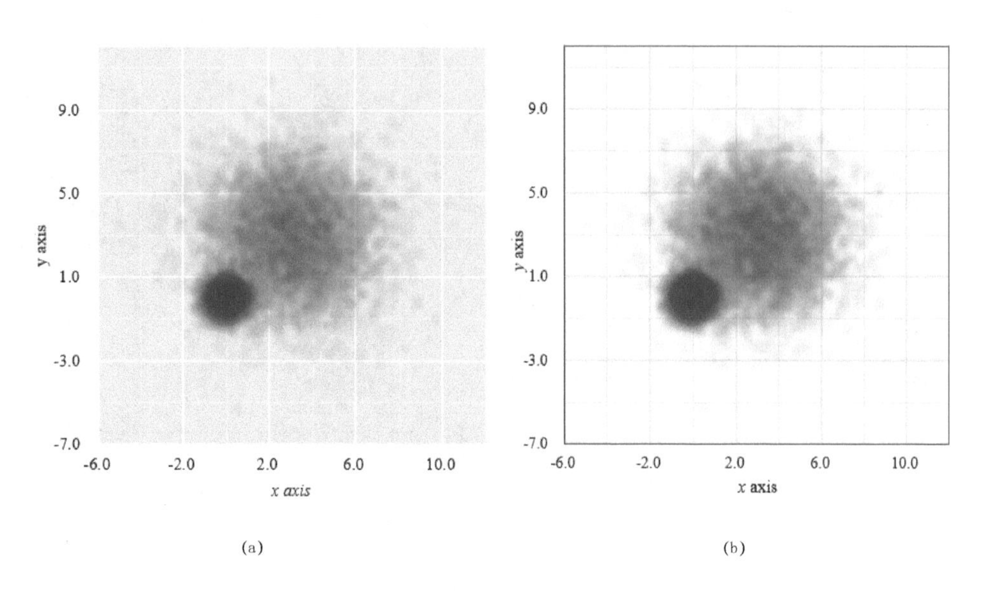

图2-4-4 高密度散点图

2.5 带数据标签的散点图

在以前的Excel 版本中，没有通过控件操作就能给所有的数据点添加数据标签的功能。直到Excel 2013版发行，这个添加数据标签的历史问题终于得到解决。在Excel 2013数据标签对话框里增加了一个“单元格中的值”选项，你可以通过一个序列，指定来自其他位置的引用。带数据标签的散点图能很好地展示不同样本的二维特征数据，所以对于高维数据的处理，使用主成分分析或因子分析降维到二维特征后，能使用带数据标签的散点图展示最后的分析结果。

本节以图2-5-1为例讲解散点图中数据标签的设定。作图思路：基于单数据系列散点图，添加散点的数据标签。具体步骤如下。

图2-5-1 带数据标签的散点图

第一步：设定图表的坐标轴标签位置。图表的原始数据如图2-5-2所示，第3列"Lable"为数据点的数据标签。将图表设定为R ggplot2风格，如图2-5-2 1 所示。分别将*x*和*y*轴的"设置坐标轴格式"中"标签位置"修改为"低"，"线条"修改为"无线条"，结果如图2-5-2 2 所示。

第二步：设置数据点的格式。将数据点的格式设定为：数据标签大小为10号，透明度为10%的橘色（255, 127, 0），数据点边框设定为：宽度为0.25磅，颜色为纯白色RGB（255, 255, 255）。效果如图2-5-2 2 所示。

第三步：添加数据点的标签。选中 2 中的任意数据点，在右键菜单选择"添加数据标签"命令，此时添加的数据标签其实是数据的Y值；双击图表中的任意数据标签，可以得到如图2-5-2 3 所示的"设置数据标签格式"编辑框，取消勾选"Y"值和"显示引导线"复选框，选中"标签位置"中的"居中"单选项；最后选择"单元格中的值"，此时会弹出如

图2-5-2 4 所示的“数据标签区域”对话框，选择对应的数据标签连续单元格，就会出现如图2-5-1所示的数据标签；再将数据标签设定为9号、纯黑RGB（0, 0, 0）、“Times New Roman”字体。

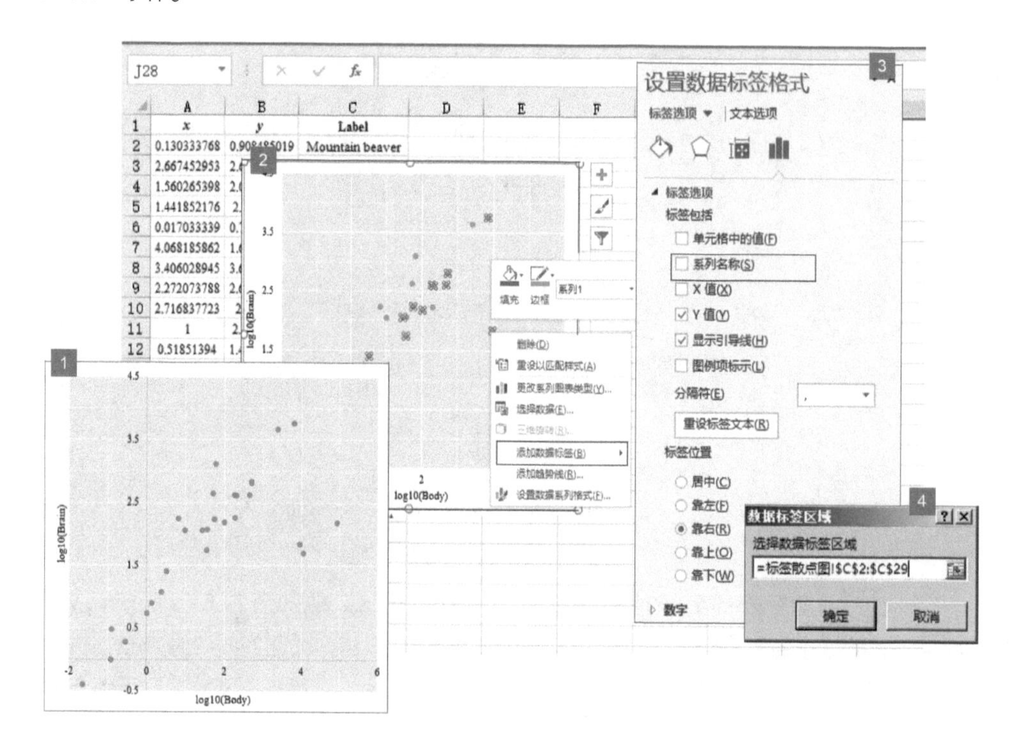

图2-5-2 带标签散点图的制作过程

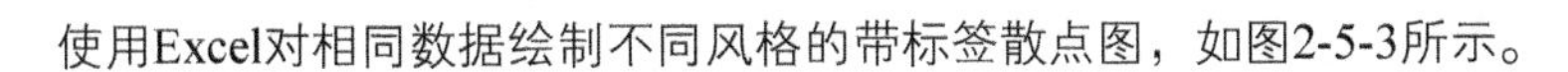

使用Excel对相同数据绘制不同风格的带标签散点图，如图2-5-3所示。

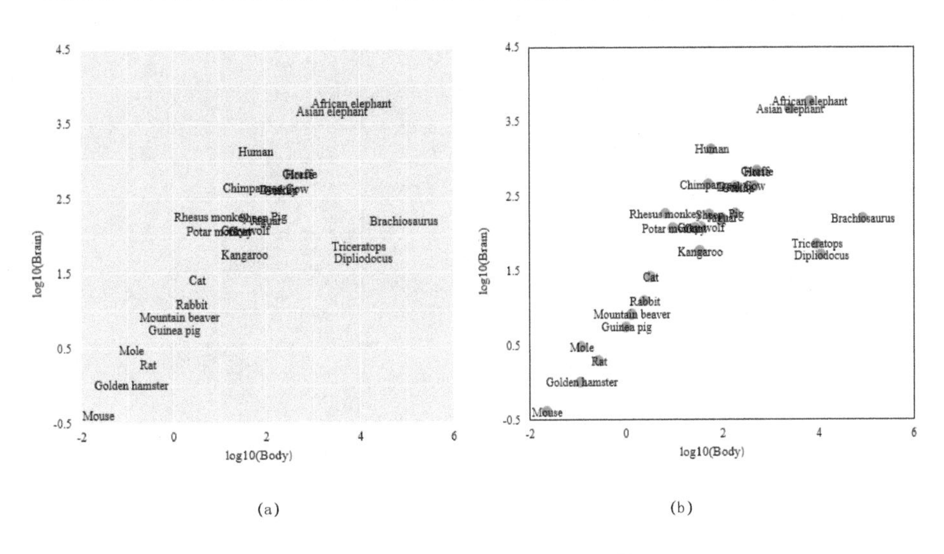

图2-5-3 不同风格的带标签散点图

2.6 滑珠散点图

滑珠散点图跟条形图所表达的内容基本一致，《ggplot2：数据分析与图形艺术》这本书中介绍了滑珠图的绘制方法。当横坐标标签太长无法很好地显示信息时，改用纵坐标可以完整地显示数据的类别标签，从而可以使用Excel滑珠散点图或条形图演示数据。但是滑珠散点图在科学论文图表中使用很少，而在商业图表应用中比较常见。下面就以图2-6-1为例，仿照ggplot2风格绘制Excel滑珠散点图。

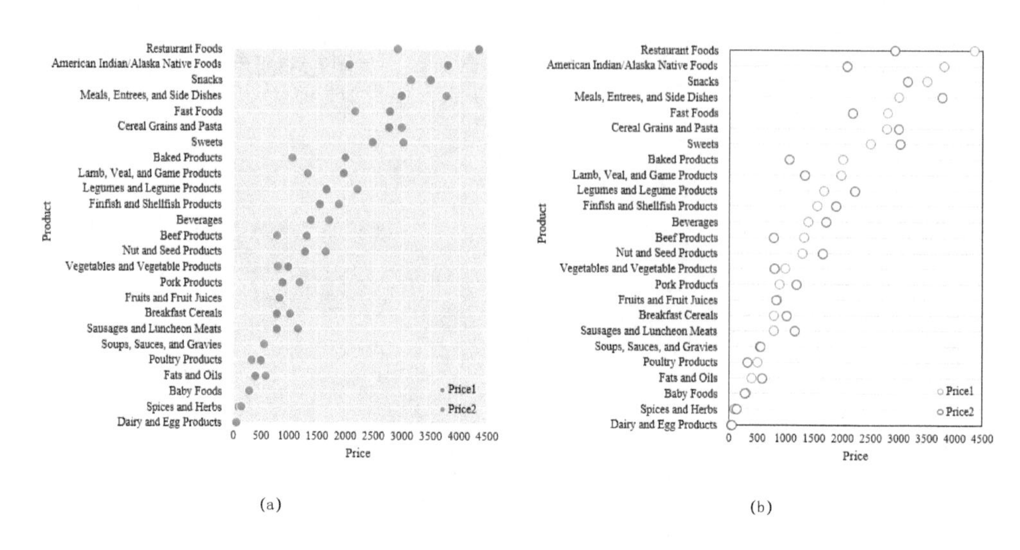

图2-6-1 滑珠散点图

图2-6-1（a）的滑珠散点图的作图思路：添加辅助数据系列，借助次坐标系，使用条形图和散点图的组合图表。具体步骤如下。

第一步：设定图表的基本要素。图表的原始数据如图2-6-2所示，A列为数据系列Price的y坐标标签，B、C列分别为数据系列Price1、Price2的x坐标数值。添加的辅助数据为D、E列，D列实现条形图的绘制，D列的数值=MAX（$B$2:$C$26）*1.5，E列为辅助y轴数值，初始值为0.5，然后以1逐步递增。选择A1:D26单元格区域绘制条形图，如图2-6-2 1 所示。

第二步：更改系列图表类型。选择任意条形数据系列，在右键菜单中选择“更改系列图表类型”命令，从而弹出“更改图表类型”对话框，如图2-6-2 2 所示，修改数据系列的图表类型：Price数据系列的图表类型都为散点图。重新选定图表，编辑数据系列，Price1的“x轴系列值”= B2:B26，“y轴系列值”=E2:E26；Price2的“x轴系列值”= C2:C26，“y轴系列值”=E2:E26。次要纵坐标的范围修改为[0, 25]，主要、次要单位分别设定为1、0.5，结果如图2-6-2 3 所示。

第三步：调整网格线格式。选择“Bar”数据系列，颜色填充设置为“无”。绘图区背景填充颜色为RGB（229, 229, 229）的灰色。添加“主轴主要水平网格线”、“次轴主要水平网格线”、“次轴次要水平网格线”，“主轴主要水平网格线”和“次轴主要水平网格线”设定为0.5磅的RGB（255, 255, 255）白色线条。将次轴标签设置为“无”。

第四步：调整数据系列的数据点颜色。数据点“填充”颜色的RGB值分别为（248, 118, 109）■、（0, 191, 196）■，数据点标记“大小”为8，“边框”为0.25磅的白色RGB（255, 255, 255），最后如图2-6-1所示。

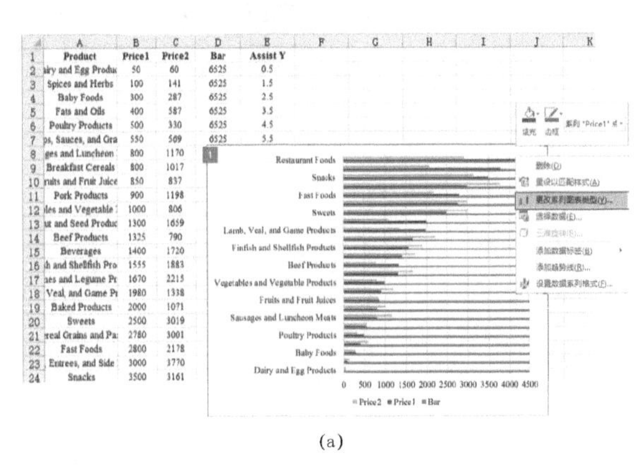

(a)

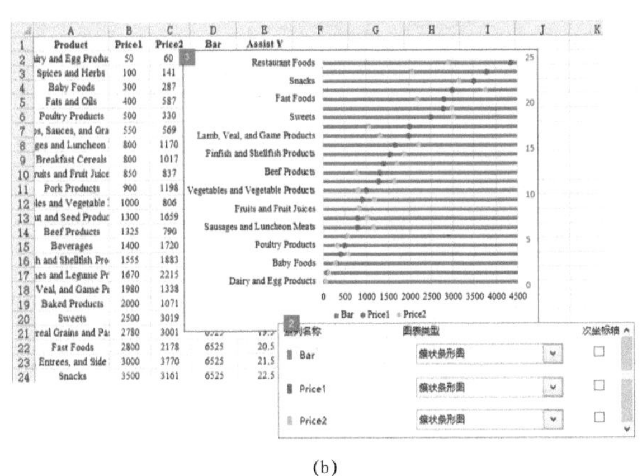

(b)

图2-6-2 滑珠散点图的绘制过程

商业图表类型的滑珠散点图如图2-6-3所示。图（a）是《经济学人》的滑珠散点图，图（b）是根据图2-6-2的绘图方法仿制的滑珠散点图。

- 条形数据系列“Bar”的填充为“无”，边框为0.25磅的青色RGB（0, 130, 185）；
- 散点数据系列“Price”数据标记大小为7，填充颜色为白色，边框宽度为1.75磅，边框颜色RGB值分别为蓝色（0, 56, 115）、红色（185, 0, 0）。
- 水平坐标轴“标签位置”设置为“高”。

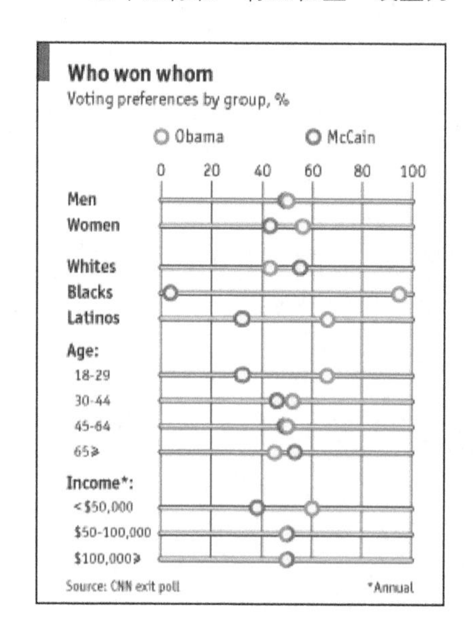

(a)《经济学人》

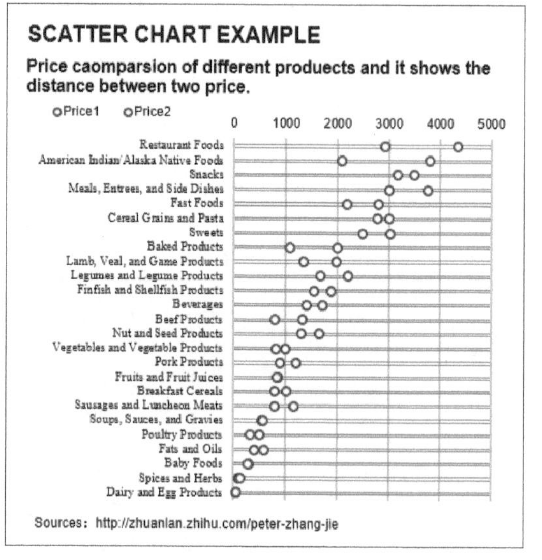

(b) Excel仿制《经济学人》

图2-6-3 商业图表类型的滑珠散点图

对于两个数据系列的滑珠散点图，为了突出两个数据系列数值之间的差距，更适合使用图2-6-4（a）类型的图表。图2-6-4（b）是使用Excel仿制的《经济学人》的滑珠散点图。图（b）绘制的关键在于辅助数据系列的构建，如图2-6-5所示。堆积条形图的数据由Bar1、2、3提供，其中以D2、E2、F2为例：

D2=MIN（B2:C2）

E2 =ABS（B2-C2）

F2=MAX（$B$2:$C$26）*2-MAX（B2:C2）

然后选择A1: F26颜色绘制堆积条形图，再更改数据系列图表类型，结果如图2-6-5所示的滑珠散点图。

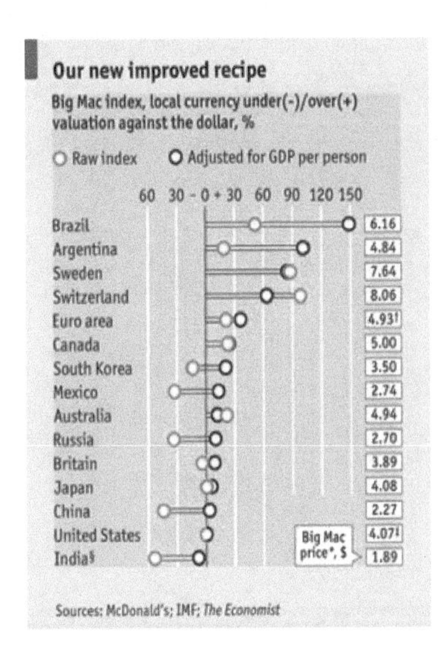

(a)《经济学人》图表

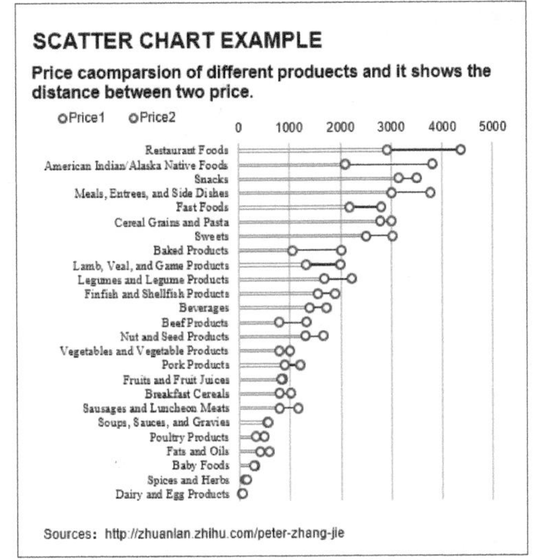

(b) Excel仿制《经济学人》图表

图2-6-4 商业图表类型的滑珠散点图

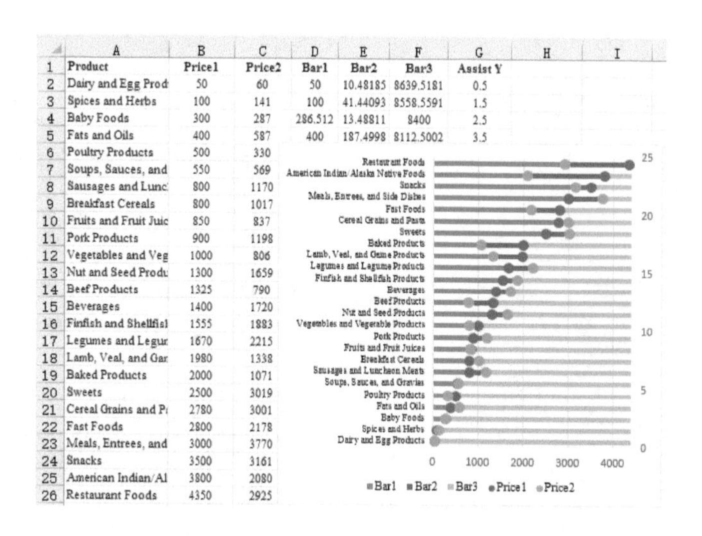

	A	B	C	D	E	F	G	H	I
1	Product	Price1	Price2	Bar1	Bar2	Bar3	Assist Y		
2	Dairy and Egg Prod	50	60	50	10.48185	8639.5181	0.5		
3	Spices and Herbs	100	141	100	41.44093	8558.5591	1.5		
4	Baby Foods	300	287	286.512	13.48811	8400	2.5		
5	Fats and Oils	400	587	400	187.4998	8112.5002	3.5		
6	Poultry Products	500	330						
7	Soups, Sauces, and	550	569						
8	Sausages and Lunc	800	1170						
9	Breakfast Cereals	800	1017						
10	Fruits and Fruit Juic	850	837						
11	Pork Products	900	1198						
12	Vegetables and Veg	1000	806						
13	Nut and Seed Produ	1300	1659						
14	Beef Products	1325	790						
15	Beverages	1400	1720						
16	Finfish and Shellfisl	1555	1883						
17	Legumes and Legur	1670	2215						
18	Lamb, Veal, and Gar	1980	1338						
19	Baked Products	2000	1071						
20	Sweets	2500	3019						
21	Cereal Grains and P	2780	3001						
22	Fast Foods	2800	2178						
23	Meals, Entrees, and	3000	3770						
24	Snacks	3500	3161						
25	American Indian/Al	3800	2080						
26	Restaurant Foods	4350	2925						

图2-6-5 新滑珠散点图的绘制方法

2.7 带平滑线的散点图

2.7.1 带平滑线的单数据系列散点图

所谓“巧妇难为无米之炊”，在进行数据可视化的时候也会出现这个问题。有时候实验数据就只有寥寥数个，但是你却需要将它们绘制成图表，展示数据规律，这很难表现出数据的美感。所以，数据量极少的散点数据图是很难绘制的。下面将以图2-7-1为例，讲解带平滑线的单数据系列散点图的绘制方法。

图2-7-1（a2）的作图思路：带平滑线散点图的重点在于数据点，所以在绘制图表时需要强调数据点标记，从而使用点画线类型的平滑线。具体步骤如下。

第一步：使用R ggplot2背景风格；选择圆心数据点，将“标记”调整为“数据标记类型”大小为9的圆心○，填充颜色为RGB（255, 127, 0）的橙色，边框颜色都为RGB（255, 255, 255）、宽度为0.25磅的纯黑。

第二步：选定平滑线，将“线条”调整为宽度为1.25磅、颜色为橙色RGB（255, 127, 0）的、“短画线类型”为第6种点画线类型（Dash long line）。

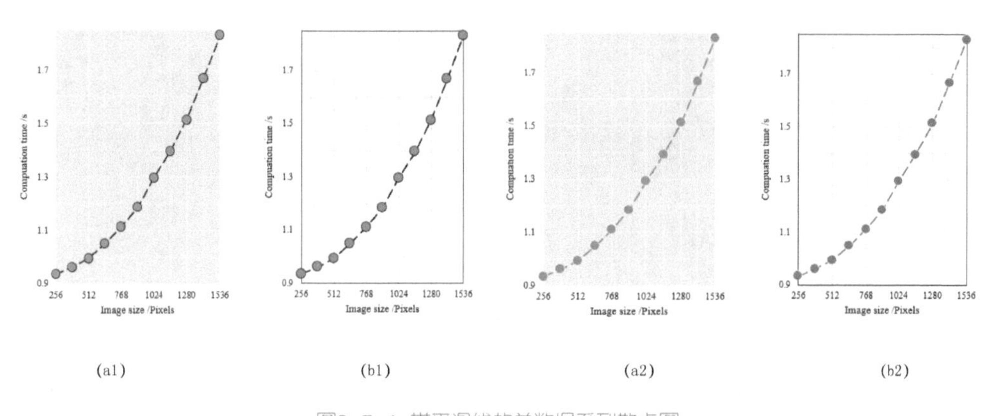

图2-7-1 带平滑线的单数据系列散点图

2.7.2 带平滑线的多数据系列散点图

在同一实验条件下，只改变其中一个实验因素（类似于自变量），测试不同的实验水平对实验结果（类似于因变量）的影响，这是常见的实验方案。通常都需要将数据转换成图表，使用多数据系列的带平滑线的散点图可视化数据，如图2-7-2所示。

- 图（a）系列的颜色主题方案是R ggplot2 Set3；图（b）系列的颜色主题方案是Python seaborn default。相对来说，这种颜色主题比较朴实，更加适合在科学论文中应用。
- 图（1）系列只是用数据标记的颜色区分数据系列；图（2）系列使用数据标记的颜色和类型区分数据系列，考虑到部分学术期刊是黑白印刷的，所以在科学论文图表中更多使用图（2）系列。
- 图（2）系列图表使用的数据标记格式是：大小为9磅的菱形◇、圆形○、三角形△，大小为8磅的方形□；数据标记边框和平滑线颜色均为0.25磅的纯黑色。

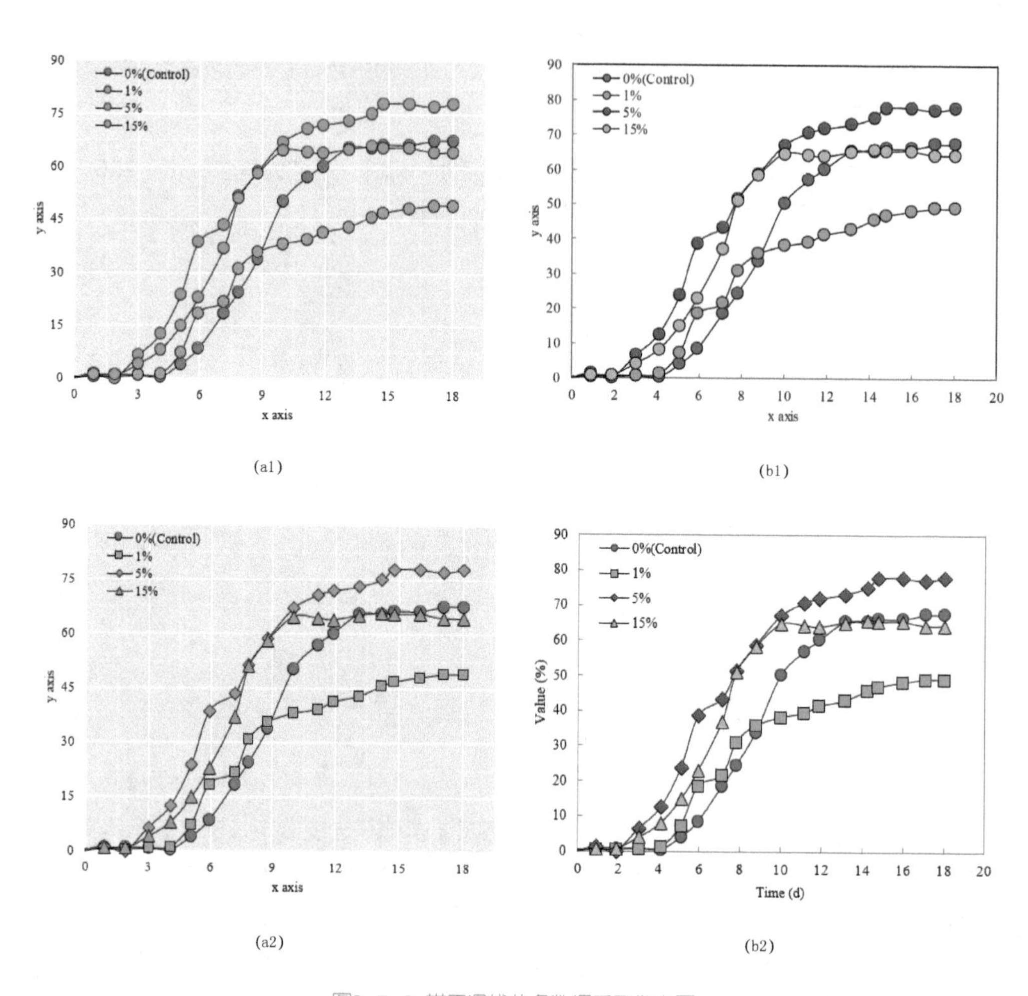

图2-7-2 带平滑线的多数据系列散点图

2.8 带平滑线且带误差线的散点图

在实验设计中，在同一实验条件下，只改变其中一个实验因素，测试不同的实验水平对实验结果的影响。为保证实验数据的真实可信，还需要在同一实验条件下进行多次实验。在图表绘制时还需要在图表中展示同一条件下实验的标准误差：average+standard deviation。

在Excel中求数据平均值（average）的计算公式如下：

AVERAGE（number1, [number2], ...）

式中，number1为必需参数，要计算平均值的第一个数字、单元格引用或单元格区域；number2, ...为可选参数，要计算平均值的其他数字、单元格引用或单元格区域，最多可包含 255 个。

在Excel 中求数据标准差（standard deviation）的计算公式如下：

STDEVA（value1, [value2], ...）

式中，value1 是必需的，后续值是可选的。 对应于总体样本的1到255个值，也可以用单一数组或对某个数组的引用来代替用逗号分隔的参数。

图2–8–1（a）的作图思路：先计算实验数据的均值和标准差，然后绘制散点图，添加误差线。具体步骤如下。

第一步：设定图表的基本要素。图表的原始数据如图2–8–2所示，第B、C列使用实验数据计算得到的每次实验条件下的平均值，第D、E列为对应的每次实验条件下的标准差。选定第A、B、C列数据源，使用Excel自动生成散点图。选中数据系列，在右键菜单中选择“添加图表元素→误差线→标准误差（S）”命令，如图2–8–2 1 所示。

第二步：调整误差线格式和类型。删除水平误差线，如图2–8–2 2 所示。保留垂直误差线，选中垂直误差线，调出如图2–8–2 3 所示的“设置误差线格式”编辑框：设置误差线方向为“正负偏差”，末端类型为“无线端”，误差量为“自定义”，接着弹出如图2–8–2 4 所示的“自定义错误栏”对话框，选择标准误差的数据列，单击“确定”按钮，效果如图2–8–2 5 所示。

第三步：调整数据标记和误差线的格式。图表的风格设定为R ggplot2。数据标记的大小为8，边框为0.25磅的黑色，误差线为0.75磅的黑色实线。数据标记的填充分别为（248, 118, 109）的方形□、（0, 116, 109）的圆形○，最终效果如图2–8–1（a）所示。

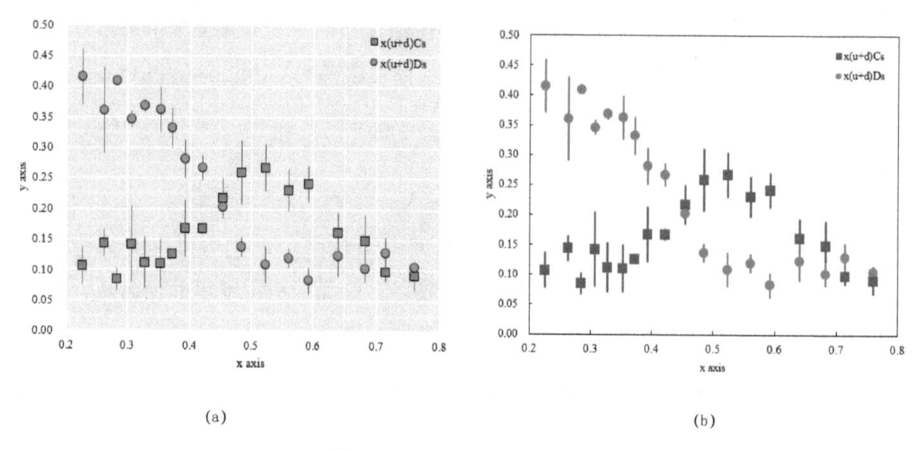

图2-8-1 带误差线的散点图

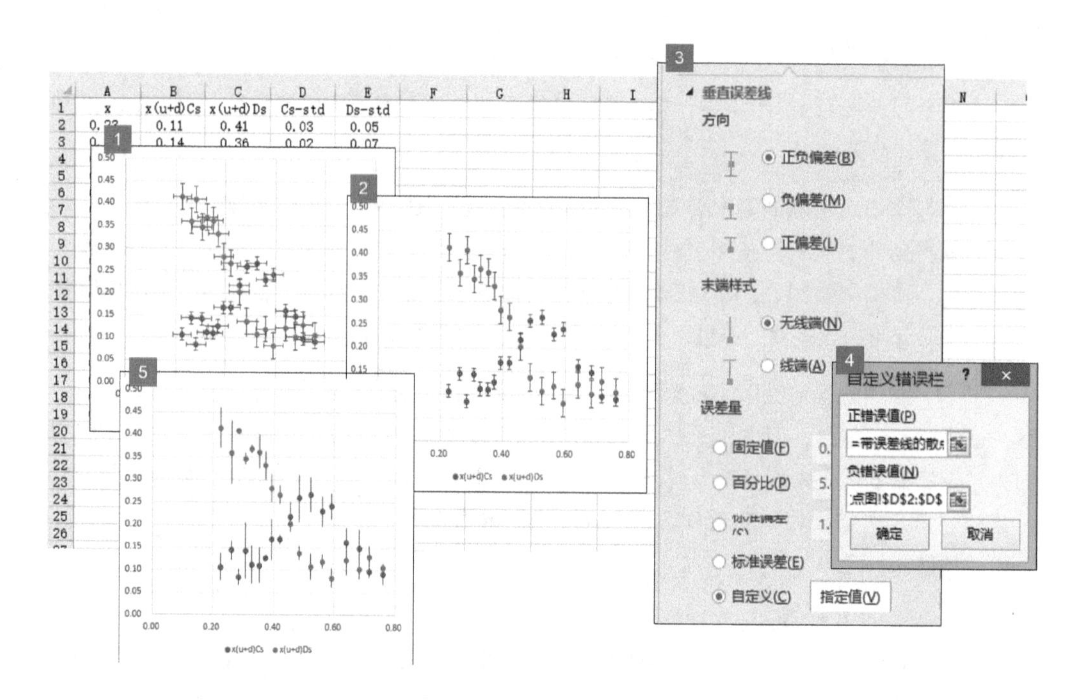

图2-8-2 带误差线散点图的绘制过程

在同一实验条件下，只改变其中一个实验因素（类似于自变量），测试不同的实验水平对实验结果（类似于因变量）的影响，这是常见的实验方案。这种实验数据通常用带平滑线且带误差线的散点图来表示，本节将以图2-8-3为例讲解带平滑线且带误差线的散点图的制作过程。作图思路：在误差线散点图上，添加数据平滑线。具体改变部分如下：

- 使用R ggplot2 Set4的颜色主题方案；
- 选定垂直误差线，将末端类型设置为“线端”；
- 选定平滑线，将“线条”宽度调整为0.25磅、“短画线类型”为第6种点画线类型（Dash long line）。

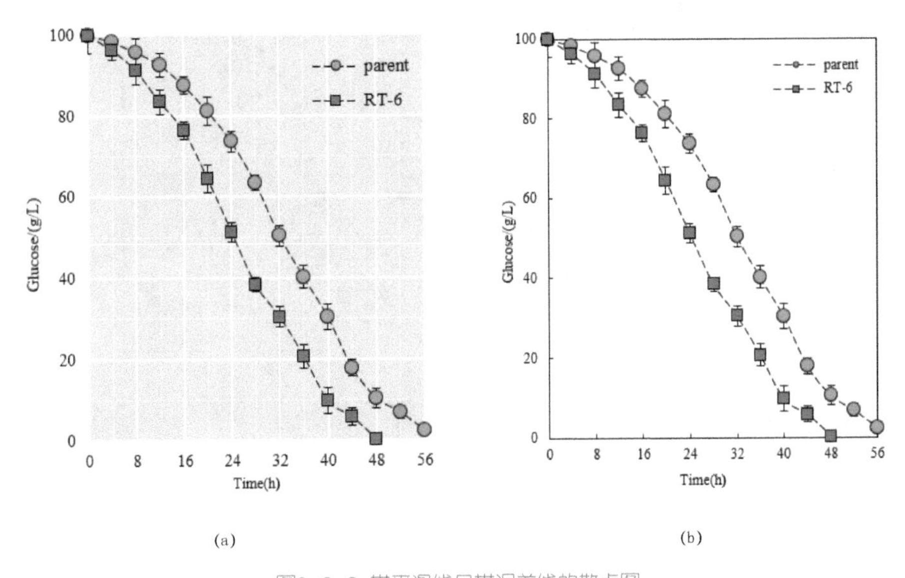

图2-8-3 带平滑线且带误差线的散点图

2.9 双纵坐标的带平滑线的散点图

有时候，同一个自变量因素，却影响两个因变量因素，这个时候想要将数据绘制成图表，就需要使用双纵坐标的带平滑线的散点图。Excel里可以绘制双纵坐标、双横坐标和双纵横坐标3种特殊类型，其中双坐标轴的带平滑线的散点图，如图2-9-1所示。

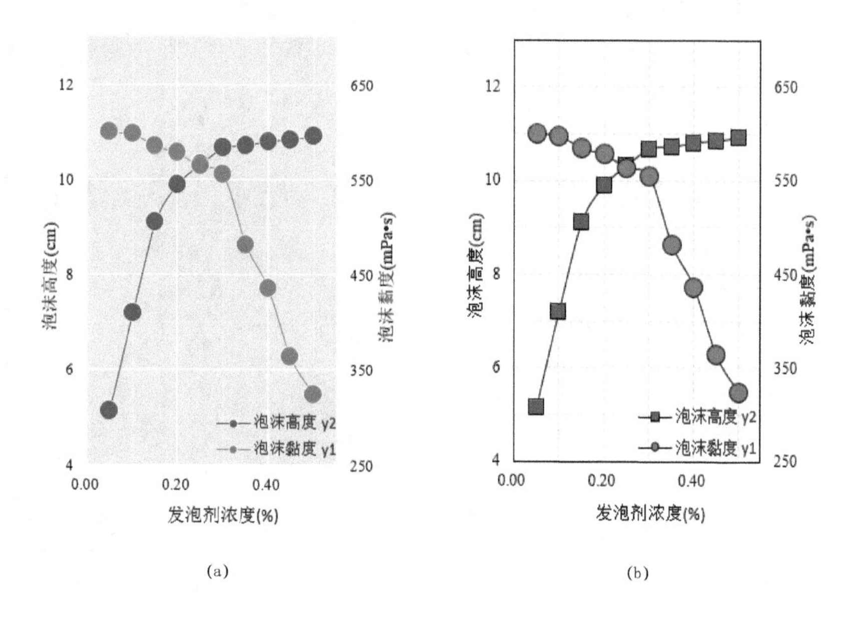

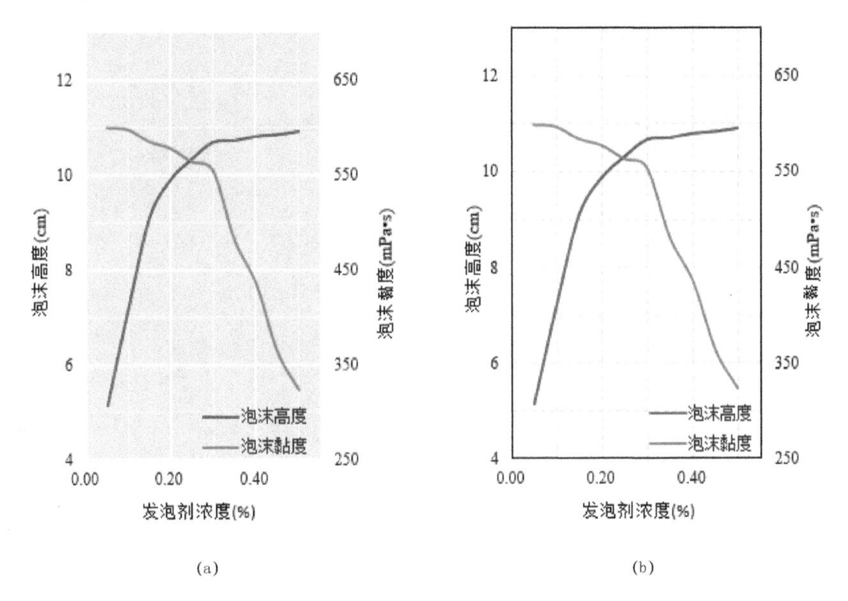

图2-9-1 双纵坐标的带平滑线的散点图

图2-9-1（a）的作图思路：使用Excel先绘制两条平滑线，通过设置数据系列坐标轴的隶属，使两条平滑线隶属于两个不同的纵坐标轴。具体步骤如下。

第一步：设定图表的基本要素。原始数据如图2-9-2所示，第A列为公共的横坐标数据，第B、C列为属于两个不同纵坐标轴的数据。选定数据源，使用Excel自动生成带平滑线的散点图，选用R ggplot2 Set1的颜色主题方案，结果如图2-9-2 1 所示。

第二步：添加曲线的双纵坐标。选定任意平滑线或数据点，在右键菜单中选择“更改系列图标类型”命令，从而弹出如图2-9-2 2 所示的“自定义组合”对话框，将泡沫黏度y1设为“次坐标”选项。这样就能使泡沫黏度y1隶属于右纵坐标轴（次坐标轴），泡沫高度y2隶属于左纵坐标轴（主坐标轴）。

第三步：调整平滑线和数据点的格式。分别选定蓝色、红色圆形数据点，将“标记”调整为“数据标记类型”、大小都为11的圆形○；边框颜色都为纯白色RGB（0, 0, 0）、宽度为0.25磅。“线条”宽度为0.25磅。先调整蓝色数据点的格式，效果如图2-9-2 3 所示。双纵坐标的带平滑线的散点图最终效果如图2-9-1所示。

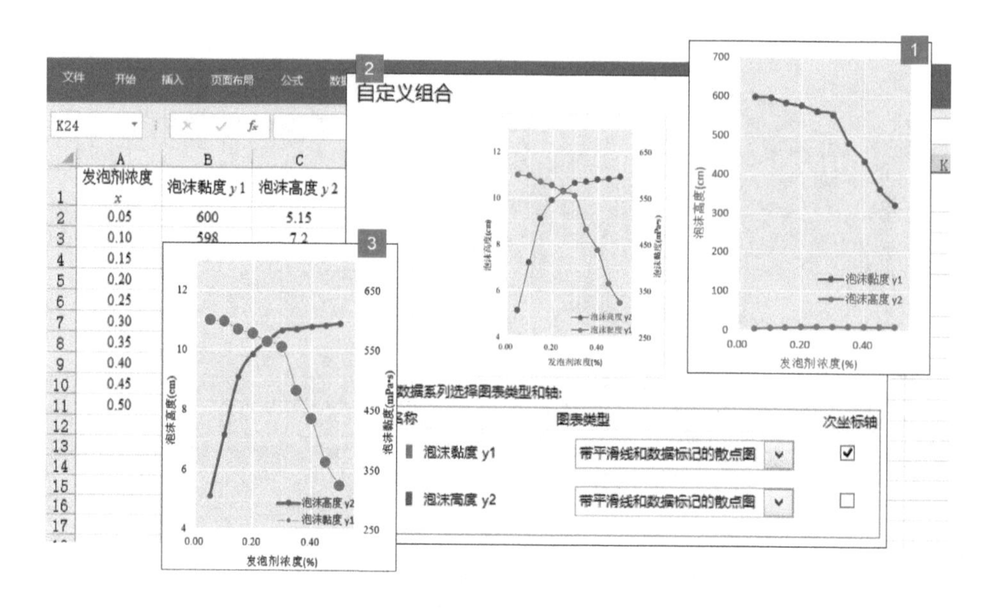

图2-9-2 双纵坐标的带平滑线散点图的制作过程

2.10 带平滑线但无数据标记的散点图

2.10.1 单数据系列平滑线散点图

在Excel 散点图系列中，有两种线型图表：带平滑线条而没有数据标记的散点图和带直线而没有数据标记的散点图。散点图的x和y轴都为与两个变量数值大小分别对应的数值轴。通过曲线或折线两种类型将散点数据连接起来，可以表示x轴变量随y轴变量数值的变化趋势。

在绘制曲线图时，一般使用如图2-10-1（a）所示的带平滑线条而没有数据标签的散点图，因为平滑线能较好地显示数据变化的规律，而且展示的绘图效果更加美观。单数据系列的带平滑线的散点图如图2-10-1所示，图（a）为R ggplot2的绘图风格，图（b）为Excel简洁版绘图风格，常见于科学论文图表中。

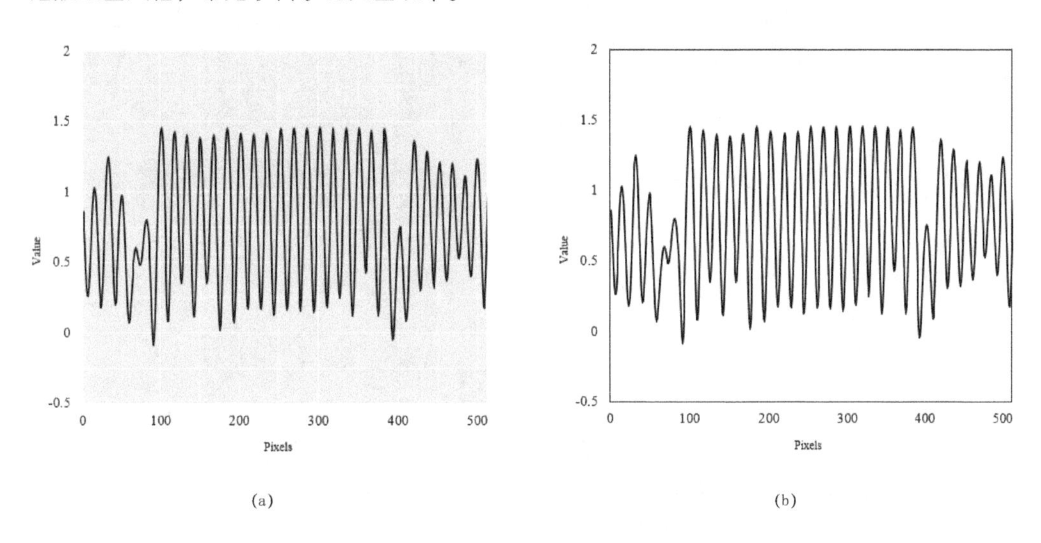

图2-10-1 不同效果的带平滑线但无数据标记的散点图

在单数据系列散点图中，使用渐变线可以实现曲线阈值分割的效果，如图2-10-2所示。图2-10-2（a）的作图思路：基于图2-10-1，添加辅助线作为阈值分割线，再使用渐变线处理平滑线实现曲线的颜色分割。具体步骤如下。

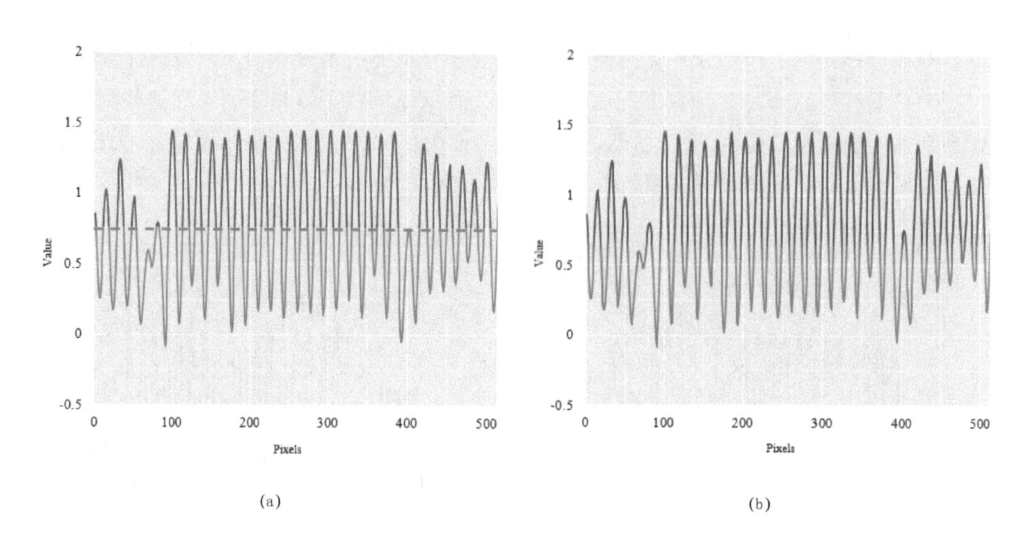

图2-10-2 带平滑线但无数据标记的散点图

第一步： 添加辅助曲线。设定原始数据（0, 0.75）和（512, 0.75），其中0.75是该曲线选定的阈值。使用这两点可以做出一条水平曲线，将水平曲线调整为颜色是RGB（55, 126, 184）的蓝色，线条宽度1.5磅，短画线类型为第4种短画线。

第二步： 调整平滑线的格式。选定平滑线，将线条宽度设定为1.25磅。选择“设置数据系列格式”中的“渐变线”，选择“线性”类型，方向为“线性向上 ”，如图2-10-3（a）所示。设置“渐变光圈”为4种颜色，如图2-10-3（b）所示，第1、2种颜色为RGB（77, 175, 74）的蓝色，第3、4种颜色为RGB（228, 26, 28）的红色。调整4种颜色渐变的位置，如图2-10-2（c）所示，将第2种蓝色和第3种红色的位置调整到55%和56%。颜色阈值分割比例的计算公式如下：

颜色阈值分割比例=（数据最大值–参考线数值）/（数据最大值–最小值）

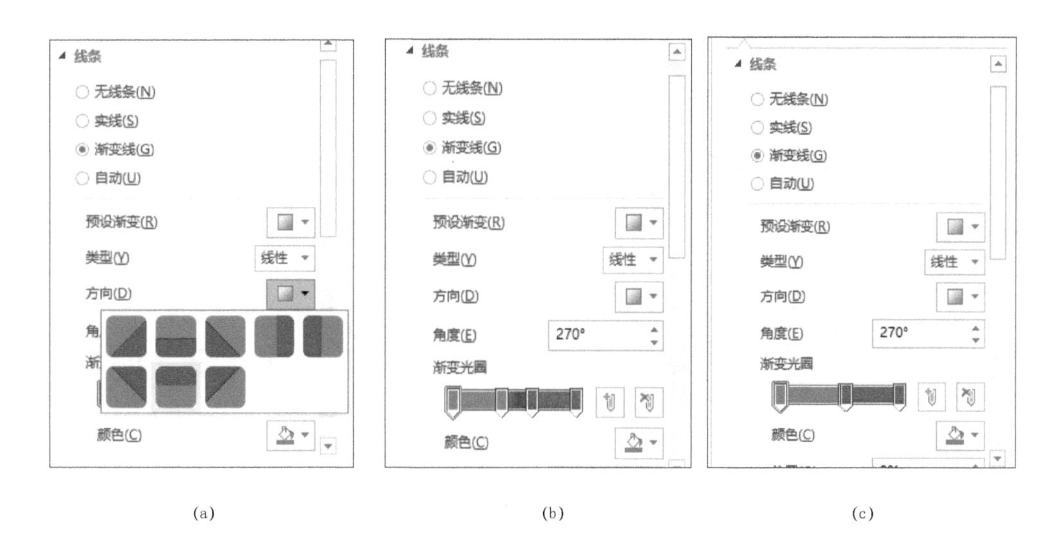

图2-10-3 线条的渐变设定

2.10.2 多数据系列平滑线散点图

多数据系列曲线的总数不要太多，一般3条左右曲线是比较合适的。如果曲线数目太多，反而会影响数据的清晰表达。另外需要注意的是：在小尺寸图表中不宜使用任何网格线，以免影响数据的清晰表达。

图2-10-4（a）使用R ggplot2 Set3的颜色主题方案，（b）使用R ggplot2 Set1的颜色主题方案，绘图区背景使用灰色虚线水平和垂直主要网格线。

图2-10-5是小尺寸图表系列，考虑到期刊应尽量减少文章的版面和篇幅，所以往往使用较小的图表表达完整的数据信息。

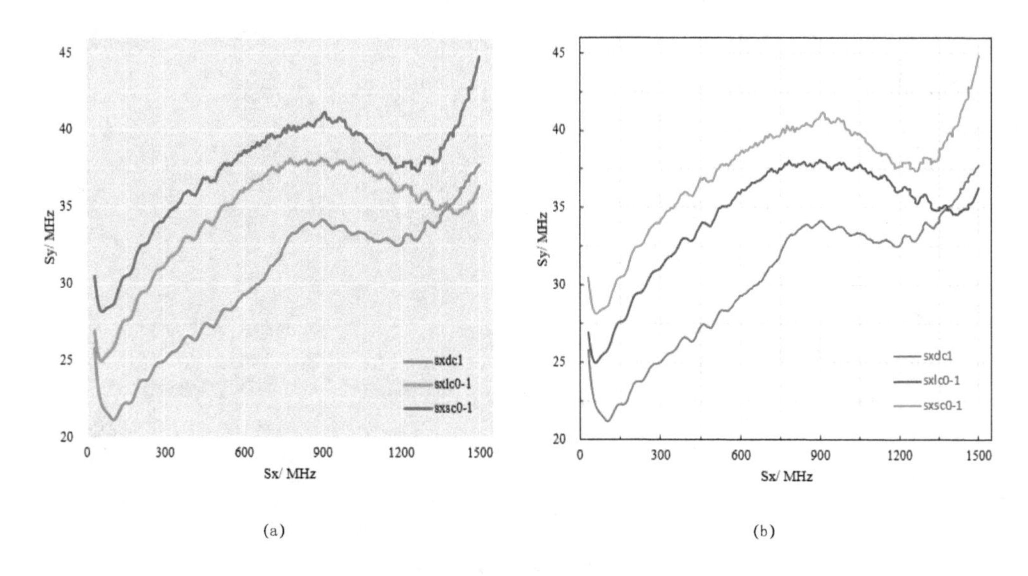

图2-10-4 多数据条例带平滑线但无数据标记的散点图

使用Excel 对相同数据绘制不同风格的平滑曲线图，图(a1)~(c1)系列是R ggplot2风格，图(a2)~(c2)系列是科学论文图表中常用的图表风格，去除图表的背景元素，而只保留数据系列。

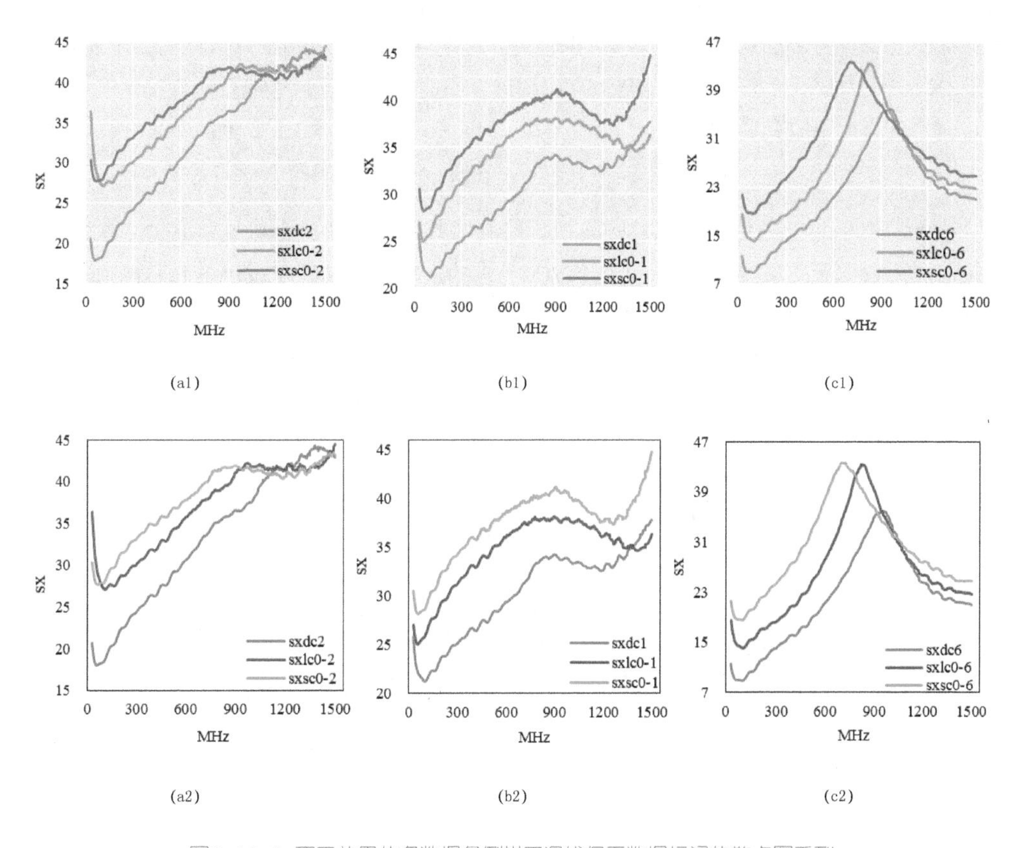

图2-10-5 不同效果的多数据条例带平滑线但无数据标记的散点图系列

2.11 气泡图

气泡图是散点图的变换类型，是一种通过改变各个数据标记大小，来表现第3个变量数值变化的图表。由于视觉上难以分辨数据标记大小的差异，一般会在数据标记上添加第3个变量的数值作为数据标签。气泡图与散点图相似，不同之处在于，气泡图允许在图表中额外加入一个表示大小的变量。实际上，这就像以二维方式绘制包含3个变量的图表一样。气泡由大小不同的标记（指示相对重要程度）表示，在Excel中由气泡的面积或宽度控制。

Hans Rosling把气泡图用得神乎其技，他是瑞典卡罗琳学院全球公共卫生专业教授。有关他利用数据可视化显示200多个国家200年来的人均寿命和经济发展的TED视频非常火（TED | Search）。其本人非常幽默，由他主持的BBC纪录片《BBC：统计学的快乐》非常值得一看，这些都是初步了解数据可视化的好材料，如图2-11-1和图2-11-2所示。

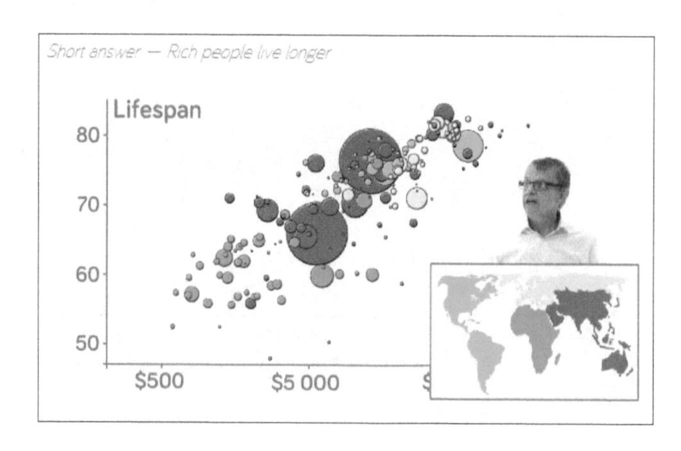

图2-11-1 不同国家的人均寿命气泡图（图片来源http://www.gapminder.org/answers/how-does-income-relate-to-life-expectancy/）

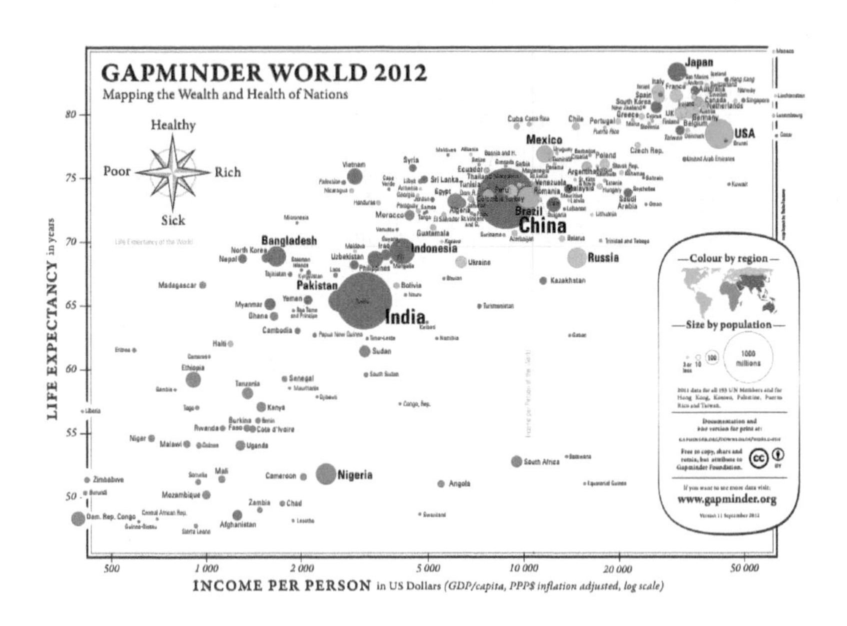

图2-11-2 不同国家的人均收入气泡图（来源：http://www.gapminder.org）

从图2-11-2可以看出，气泡图的数据点通常会通过添加数据标记，显示数据点所代表的系列名称，同时使用颜色表示数据点的数据系列类别。所以气泡图通常可以用于三维离散数据的展示。其中气泡图数据标记的添加可以参考2.5节带数据标记的散点图。如图2-11-3所示展示了3种不同风格的单系列数据气泡图：在“设置数据系列格式”中选择“气泡宽度”单选项，并将气泡大小缩放为30。

1. 图（a）气泡的填充颜色是Tableau 10 Medium颜色主题方案的红色，透明度为30%，气泡边框颜色是纯白色；
2. 图（b）气泡的填充颜色是R ggplot2 Set3颜色主题方案的蓝色，透明度为0%，气泡边框颜色是黑色RGB（89, 89, 89）；
3. 图（C）气泡的填充颜色是“依数据点着色”，使用R ggplot2 Set3颜色主题方案，气泡边框颜色是纯白色。

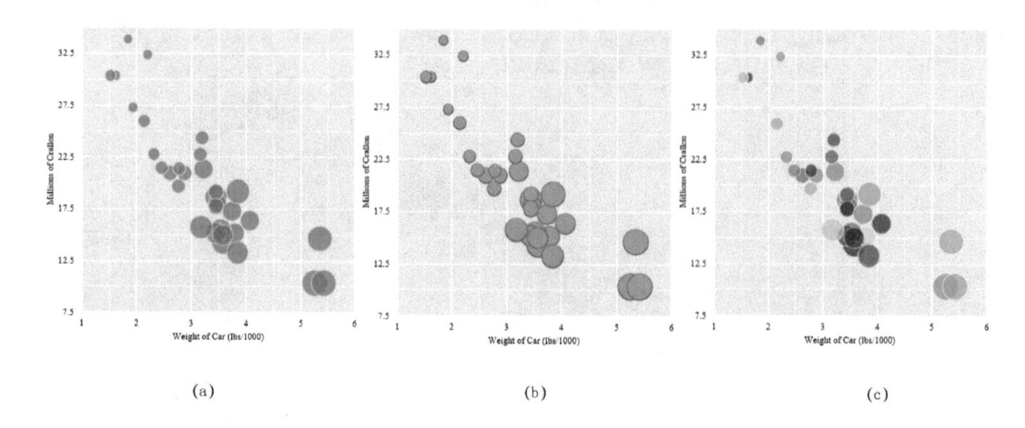

图2-11-3 不同风格的单数据系列气泡图

第3章 柱状系列图表的制作

3.1 簇状柱形图

3.1.1 单数据系列柱形图

柱形图用于显示一段时间内的数据变化或显示各项之间的比较情况。相对于散点图系列，Excel中柱形图控制柱状图的两个重要参数是："设置系列数据格式"中的"系列重叠（O）"和"分类间距（W）"。"分类间距"控制同一数据系列的柱形宽度，数值范围为[0%, 500%]；"系列重叠"控制不同数据系列之间的距离，数值范围为[-100%, 100%]。对相同的单数据系列，使用Excel绘制的专业图表和商业图表如图3-1-1所示："分类间距"的数值为40%，同时添加数据标签（柱形数值）。

- 图（a）的绘图区背景风格为R ggplot2版，柱形填充颜色为R ggplot2 Set3 的红色RGB（248, 118, 109），柱形系列的边框为0.25磅的黑色，数据标签的位置为"数据标签内"；
- 图（b）的绘图区背景风格为R ggplot2版，柱形填充颜色为黑色RGB（51, 51, 51），柱形系列的边框为0.25磅的黑色，数据标签的位置为"数据标签外"；
- 图（c）是Excel仿制的简洁风格的Matlab柱形图，柱形填充颜色为青色RGB（0, 191, 196），柱形系列的边框为0.25磅的黑色，数据标签的位置为"数据标签外"；
- 图（e）是仿制《华尔街日报》风格的柱形图，背景填充颜色是RGB（236, 241, 248），柱形填充颜色为绿色RGB（0, 173, 79）；
- 图（e）是仿制《经济学人》风格的柱形图，柱形的填充颜色为蓝色RGB（2, 83, 110），背景填充颜色为白色；
- 图（f）是仿制《商业周刊》风格的柱形图，选中深灰和浅灰交替横条作为绘图区的背景：深灰RGB（215, 215, 215），浅灰RGB（231, 231, 231），柱形的填充颜色为蓝色RGB（2, 83, 141）。

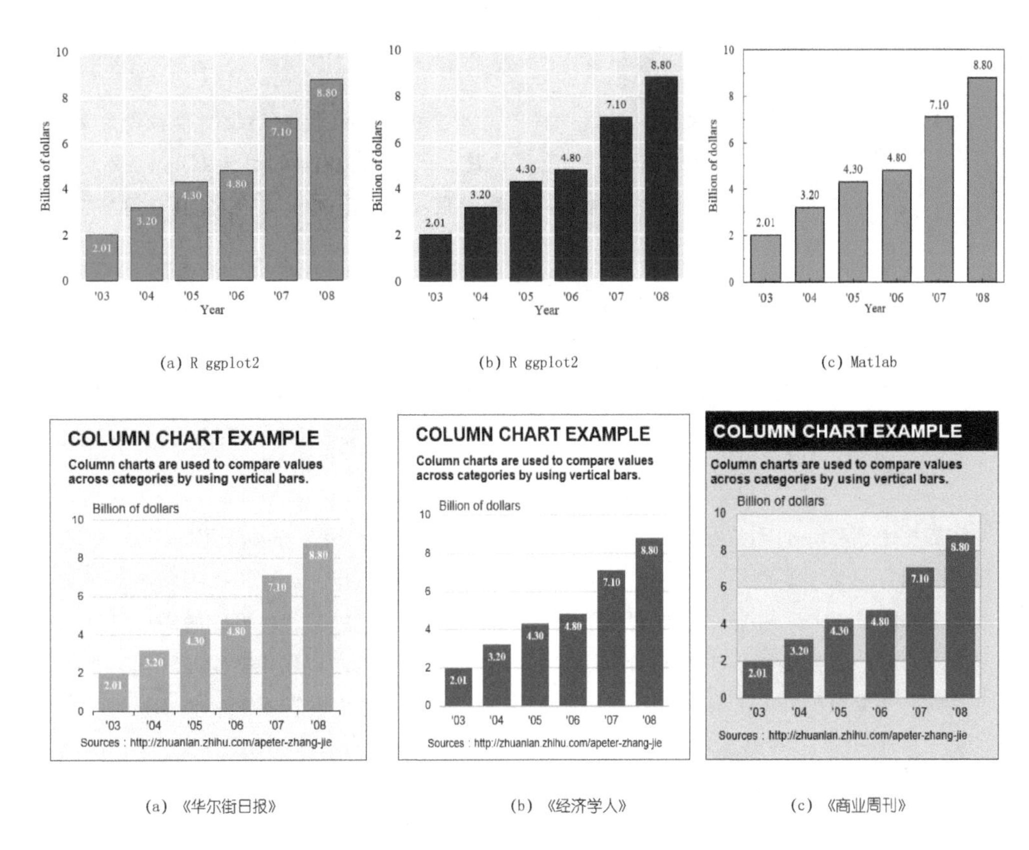

(a) R ggplot2　　(b) R ggplot2　　(c) Matlab

(a) 《华尔街日报》　　(b) 《经济学人》　　(c) 《商业周刊》

图3-1-1 Excel仿制的不同风格柱形图

注意：

柱形图R ggplot2 的网格线背景绘制方法不同于散点图，因为柱形图、折线图和面积图的x轴为第一个变量的文本格式，y轴为第二个变量的数值格式；而散点图的x和y轴分别对应两个变量的数值格式。

柱形图的主要水平轴和次要网格线通过“设置坐标轴格式”中“刻度线标记”的“标记间隔”和“标签间隔”两个参数控制。当两个间隔的数值相等时，主要和次要网格线均匀排列。柱形图R ggplot2的背景风格具体设定方法为柱形图绘图区的背景调整为灰色RGB

（229, 229, 229）后，再添加和处理网格线。

1 添加主要垂直轴和次要网格线：将“设置坐标轴格式”中的次要单位设定为主要单位的一半。选定主轴主要垂直网格线，调整为1.00磅的白色RGB（255, 255, 255）实线；选定主轴次要垂直网格线，调整为0.25磅的灰色RGB（242, 242, 242）实线；

2 添加主要水平轴和次要网格线：选择水平轴数据标签，将“设置坐标轴格式”中的“刻度线标记”的“标记间隔”和“标签间隔”都设定为相等的数值（比如3、5等）。再选定主轴次要水平网格线，修改为1.00磅的白色RGB（255, 255, 255）实线，选定主轴主要水平网格线，修改为0.25磅的灰色RGB（242, 242, 242）实线。

在数据分析中，有时候柱形数据较多，柱形图的“分类间距”一般设定为0%。频率分布直方图的可视化就要使用这种柱形图。数据较多的柱形图风格，如图3-1-2和图3-1-3所示，有别于图3-1-1。注意：在数据量不同时，需要选择合适的簇状柱形图的图表风格。当数据量较小时，宜采用图3-1-1的绘图风格；当数据量较大时，宜采用3-1-2和图3-1-3的绘图风格。数据系列1和2是使用相同的数据，设定不同箱形宽度统计得到的频率分布图，其箱形宽度分别为0.1、0.02。

- 图3-1-2（1）系列的数据“分类间距”调整为0.00%，填充颜色为红色RGB（248, 118, 109），边框为0.25磅的纯白色；
- 图3-1-2（2）系列的数据“分类间距”调整为10%，填充颜色为红色RGB（248, 118, 109），边框为0.25磅的纯黑色。需要注意的是，*y*轴的最小值设定为-5000，以实现R ggplot2柱形图腾空悬立的效果；
- 图3-1-2（3）系列的数据“分类间距”调整为0.00%，填充颜色为蓝色RGB（78, 141, 185），边框为0.25磅的纯白色。使用的背景是纯白色的简洁风格，这种图表常见于科学论文图表中。

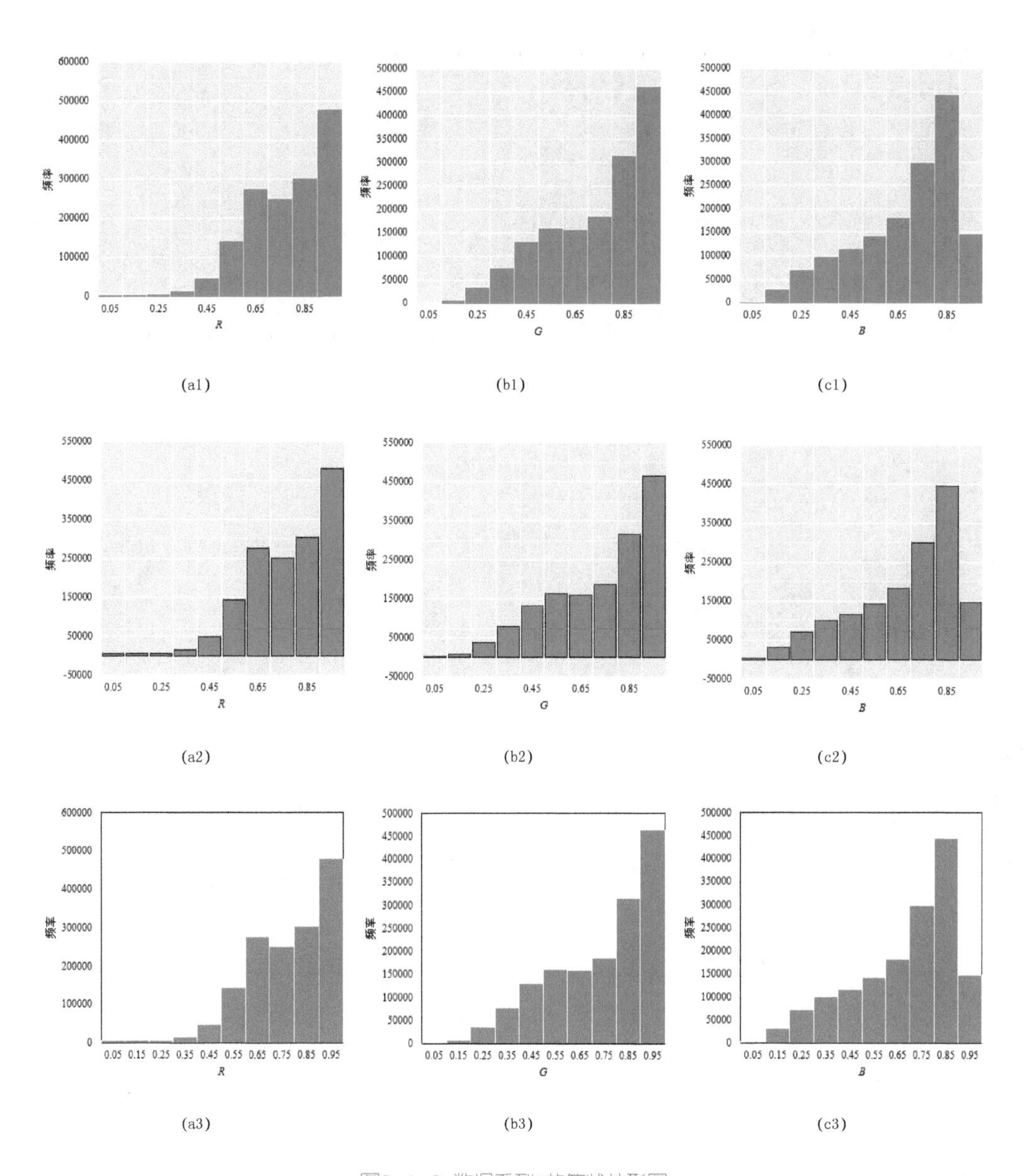

图3-1-2 数据系列1的簇状柱形图

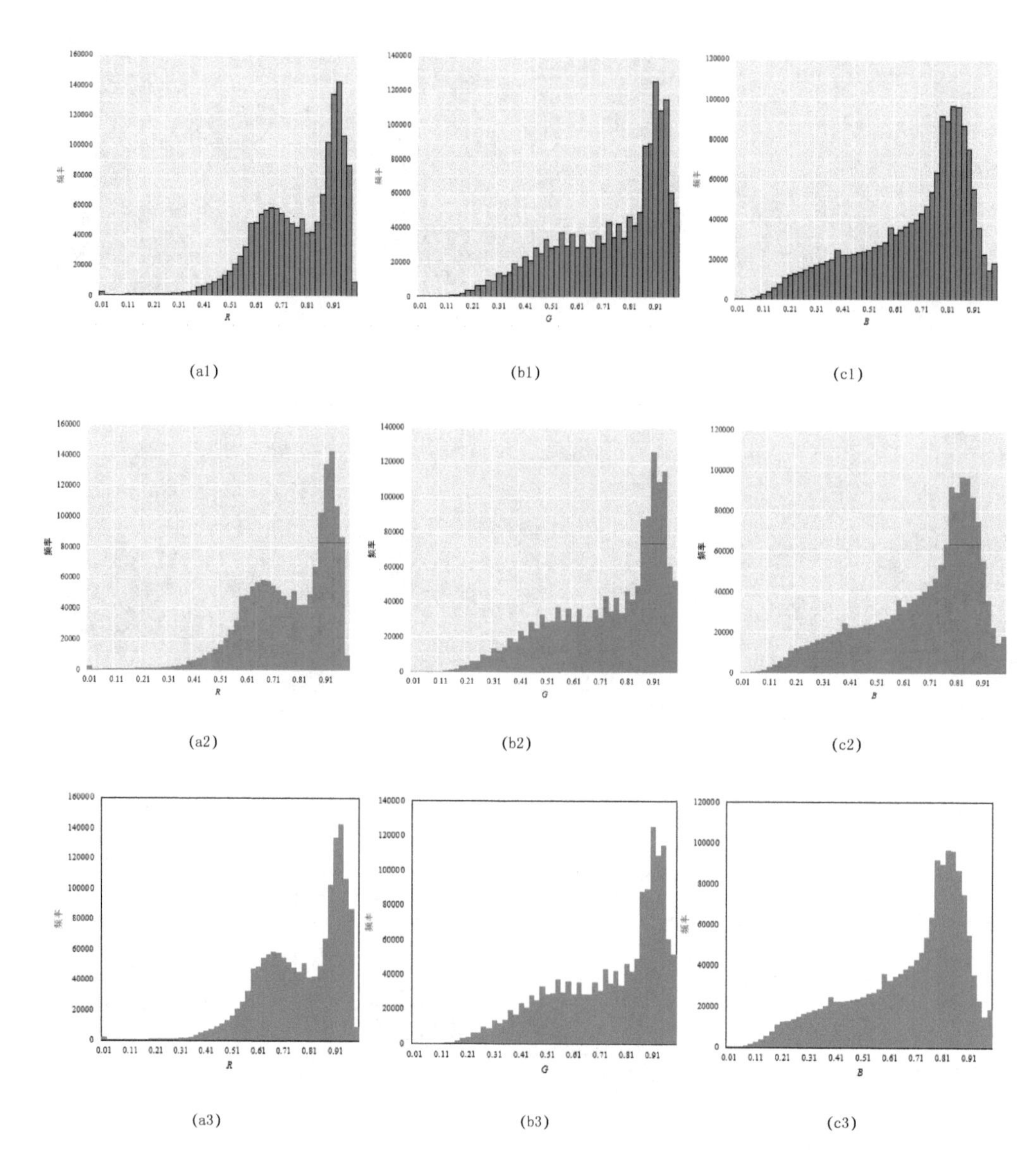

(a1) (b1) (c1)

(a2) (b2) (c2)

(a3) (b3) (c3)

图3-1-3 数据系列2的簇状柱形图

3.1.2 多数据系列柱形图

在多组实验数据需要进行比较时，就应该使用多数据系列的簇状柱形图，如图3-1-4所示。

1. 调整柱状数据的格式。选定柱状数据系列，将“系列重叠”调整为-10%，“分类间距”调整为54%。

2. 选定红色柱状数据系列，将颜色填充为红色RGB（248, 118, 109），边框为0.25磅的纯黑色RGB（0, 0, 0）；选定蓝色柱状数据系列，将颜色填充为青色RGB（0, 191, 196），边框为0.25磅的纯黑色RGB（0, 0, 0）；

3. 分别依次选定两种柱状数据系列，右击选择“添加数据标签”，在“设数据标签格式”中只选择“标签”中的“值”，并将“标签位置”设定为“数据标签外”。

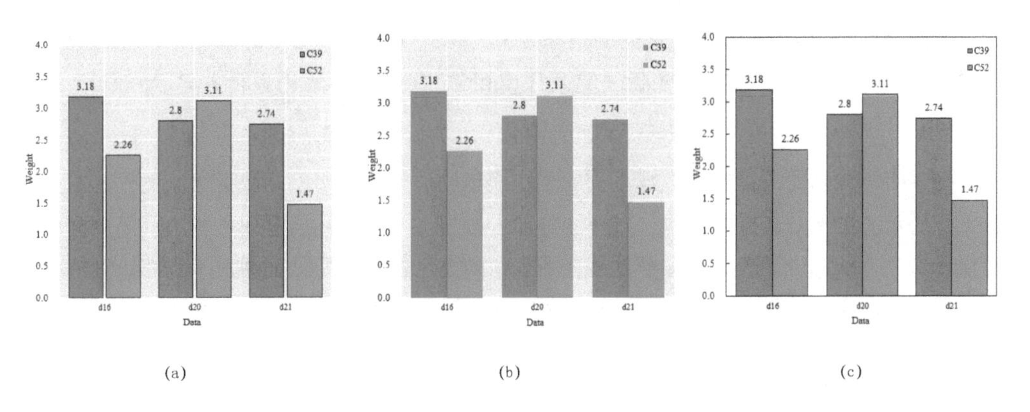

图3-1-4 双数据系列的簇状柱形图

图3-1-5展示了多数据系列的簇状柱形图。柱状数据系列的“系列重叠”为-13%，“分类间距”调整为51%；数据系列的边框为0.25磅的纯黑色RGB（0, 0, 0）。图（a）选用R ggplot2 Set3作为颜色主题方案，图（b）选用Tableau 10 Medium作为颜色主题方案。

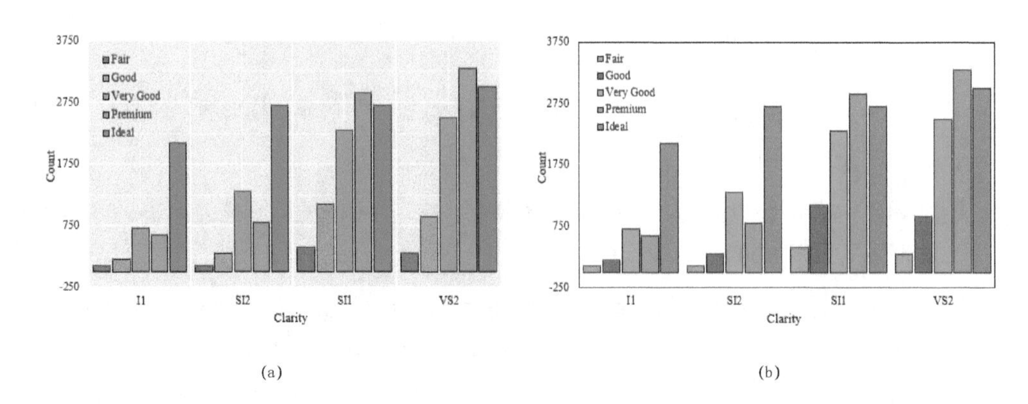

图3-1-5 多数据系列的簇状柱形图

图3-1-6 展示了多数据系列的簇状柱形图。柱状数据系列的“系列重叠”为100%，“分类间距”调整为0%；数据系列的边框为0.25磅的纯黑色RGB（0, 0, 0），柱形数据系列的填充颜色透明度为30%。图（a）选用R ggplot2 Set3作为颜色主题方案，图（b）选用Tableau 10 Medium作为颜色主题方案。

图3-1-6绘制的关键在于数据系列的层次显示的调整。使用原始数据绘制的柱形图如图3-1-7所示。由于“选择数据源”、“图例项（系列）”中的数据系列名称决定了数据系列的显示次序，从上往下表示了数据系列在图表中的先后显示。通过如图3-1-7红色方框所标注的次序控制按钮▲▼，可以调整数据系列的次序，从而修改图表中数据系列的显示。

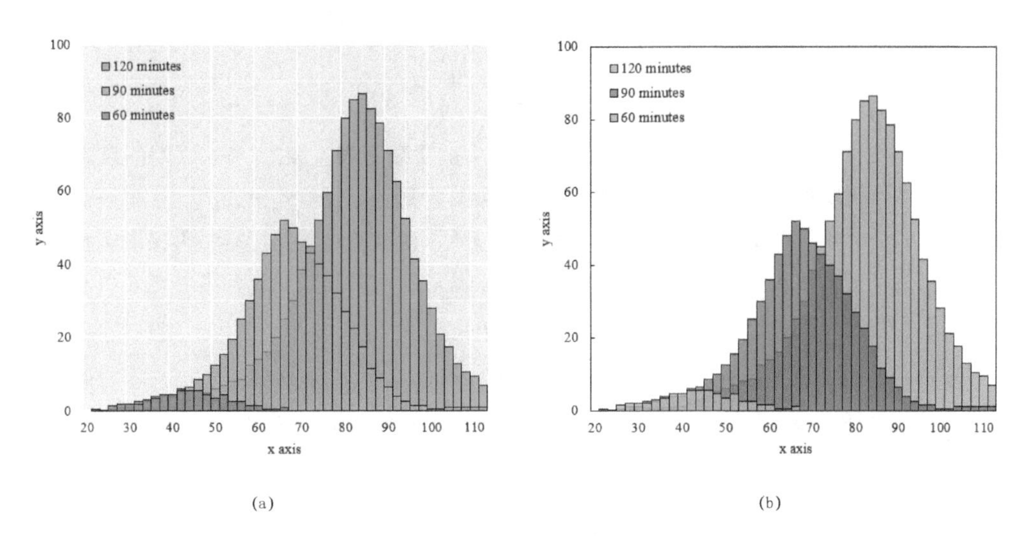

图3-1-6 多数据系列的簇状柱形图

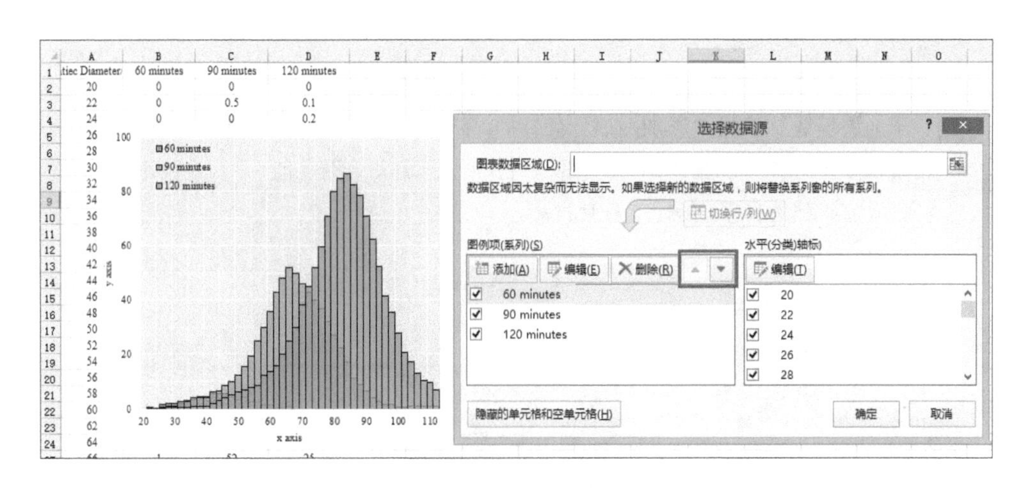

图3-1-7 数据系列的层次显示调整方法

3.2 带误差线的簇状柱形图

带误差线的簇状柱形图是一种实验数据可视化的重要图表，跟2.7节带平滑线且带误差线的散点图有点类似，只是数据系列从散点图转变成柱形图。在实验设计中，在同一实验条件下，只改变其中一个实验因素，测试不同的实验水平对实验结果的影响；为保证实验数据的真实可信，还需要在同一实验条件下进行多次实验。在图表绘制时还需要在图表中展示同一条件下实验的标准误差：average+ standard deviation。

单数据系列的带误差线的簇状柱形图如图3-2-1所示。*x*轴为基线，表示各个数据的类别，纵轴表示其y轴数值，刻度一般从0开始。各柱形均标记了误差范围，并需要在文中做出解释。图（a）的具体绘制方法如下：

1. 第A列为横坐标数据，第B列为纵坐标数据，第C列为标准误差，选用第A和B列首先生成柱形图，并选定数据系列，将“分类间距”调整为54%；
2. 选定柱状数据系列，填充颜色为绿色RGB（0, 187, 87），透明度为30%，边框为0.25磅的纯黑色RGB（0, 0, 0）；
3. 添加误差线。选择“添加图表元素”的“误差线”、“标准误差”，选定垂直误差线，右击选择“设置错误栏格式”，使用“自定义（指定值）”，将其“正（负）错误值”都选择第C列标准差数据。

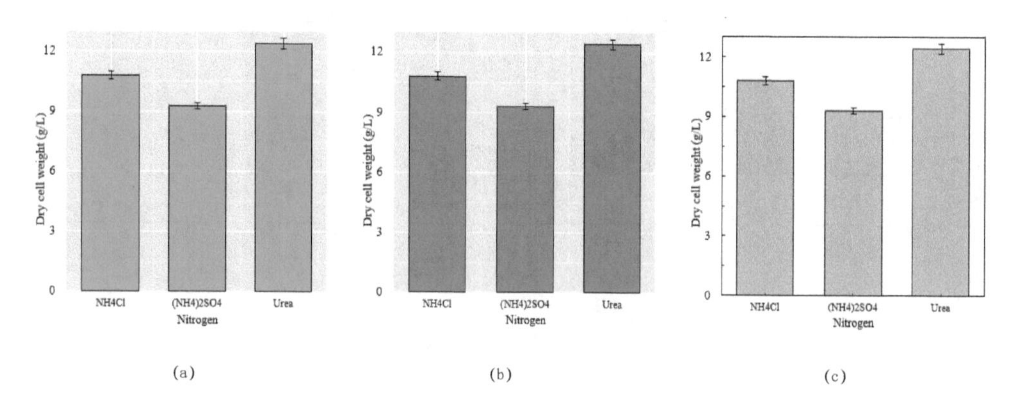

图3-2-1 带误差线的单数据系列簇状柱形图

多数据系列的带误差线的簇状柱形图如图3-2-2所示。x横轴为基线，表示各个数据类别，y纵轴表示其检测数值，刻度从0开始；同一类型中两个亚组用不同颜色表示，并有图例说明，表示不同年份；各直条宽度一致，各类型之间间隙相等。

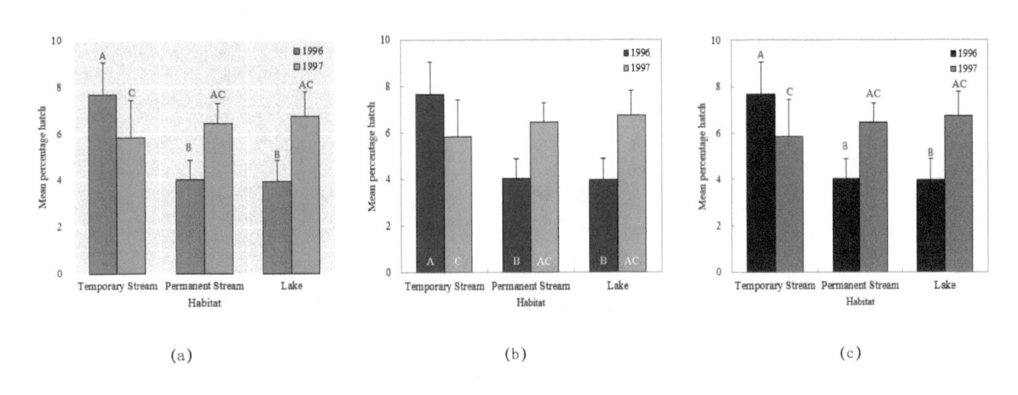

图3-2-2 带误差线的多数据系列簇状柱形图

图3-2-2（a）的作图思路是：在多数据系列柱形图上，先添加误差线，再使用自定义添加指定的数据标签。原始数据如图3-2-3所示，第A列是x轴类型数据，第B、C是y轴类型数据，第D、E列是误差线数据、第F、G列是柱形数据的标签，具体绘制方法如下：

第一步：生成簇状柱形图。选用第A~C列数据生成柱形图，使用R ggplot2 Set3的颜色主题。选定柱状数据系列，将“系列重叠”调整为0%，“分类间距”调整为110%。

第二步：添加误差线。选用第D、E列数据作为误差线数据。只是使用“正偏差”误差线，通过“自定义”选用“误差量”，图表如图3-2-3所示。

第三步：分别依次选定两种柱状数据系列，右击选择“添加数据标签”，在“设数据标签格式”中选择“自定义”，选用第F、G列作为数据标签，图表如图3-2-2（a）所示。

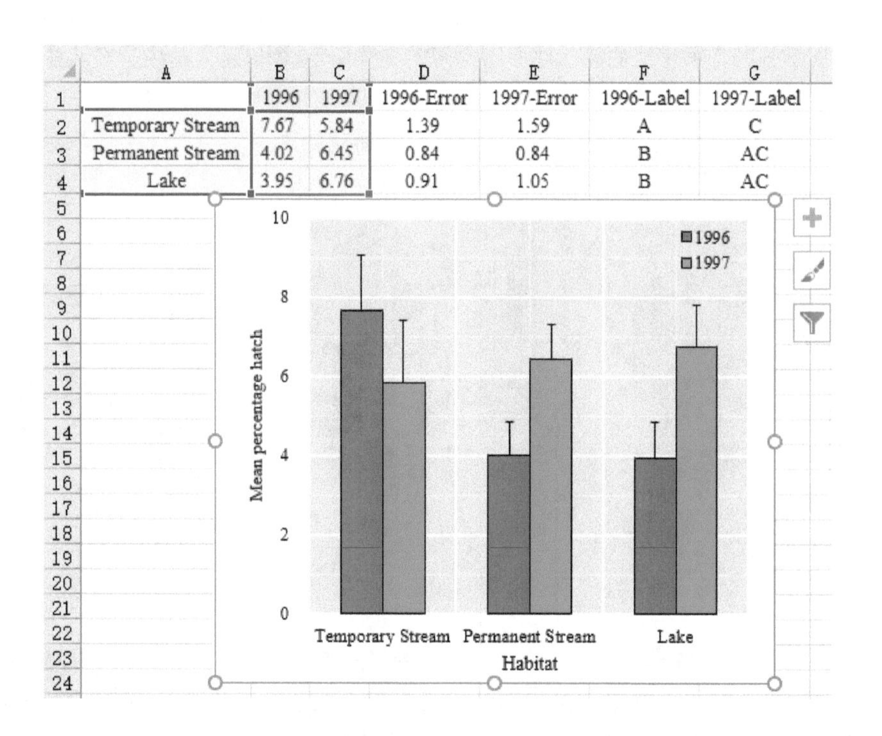

图3-2-3 多数据簇形图的原始数据

需要注意的是：带误差线的簇状柱形图的*y*轴纵坐标一般都要从0开始，否则做出来的图可能会使差异失真，本来很小的差异可能变得比较大。但是如果*y*轴数值从0开始，有时候存在特大数值，又会使其他数据的差异难以观察清晰，如图3-2-5 3 所示（其中柱形图的原始数据如 1 所示）。使用截断的方法可以在坐标轴从绝对零点开始的情况下，合理解决特大数值的问题，同时也能使数值间的细微差异明显呈现，如图3-2-4所示。

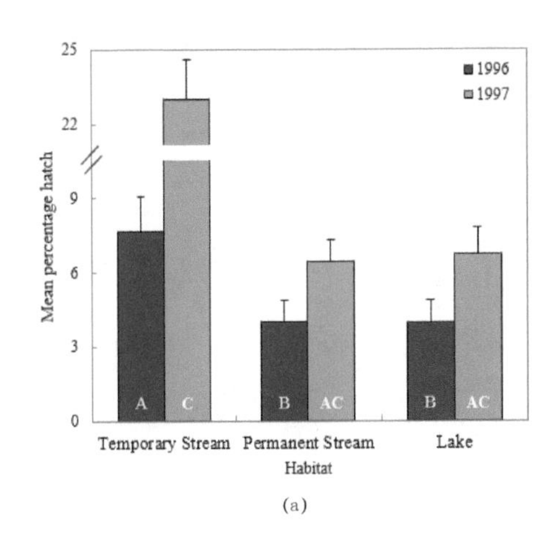

(a)

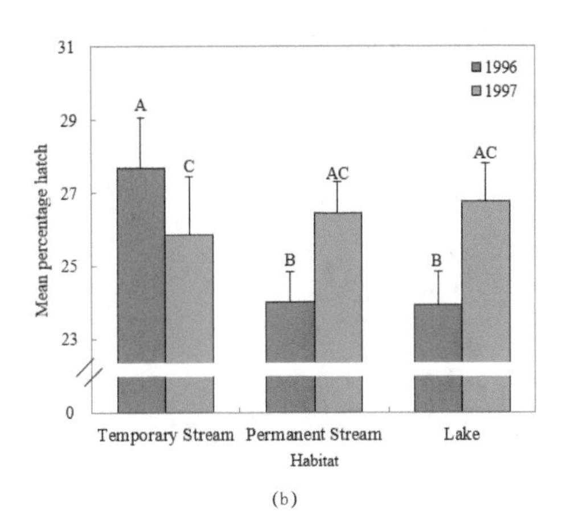

(b)

图3-2-4 截断柱形图

图3-2-4（a）的作图思路：利用辅助数据实现特大值的绘制，设置*y*轴坐标轴数字格式。具体绘图方法如下：

第一步：计算辅助数据。原始数据中的特大数值如图3-2-5 1 中的红色方框单元格C2所示。绘图数据基本与原始数据相同，只需要大于截断阈值的数值处理，如图3-2-5 2 的红色方框单元格C7所示，具体计算公式如下：

C7=C2-22+12

其中，22是指截断阈值，12是新图表3-2-5 4 设定的阈值截断开始的*y*轴坐标。根据绘图数据绘制的新柱形图如图3-2-5 4 所示。

第二步：设置纵坐标轴的数字格式。选定图3-2-5 4 的*y*坐标轴，设置坐标轴格式，选择数字自定义，可以进行如：[条件1]格式1；[条件2]格式2；格式3；这样2个条件和除此之外的总共3个显示方法，如图3-2-5 5 所示。从而可以得到如图3-2-5 6 所示的截断柱形图。

第三步：添加辅助图形。选定图表，再选择“插入”选项卡“形状”命令里的矩形，并设置成白色填充，可以实现柱形的横断效果；重新选定图表，再选择插入直线段，可以实现

y轴的双破折线效果（注：选定图表，再选择添加文本框或形状等元素，元素会跟选定的图表自动组合）。

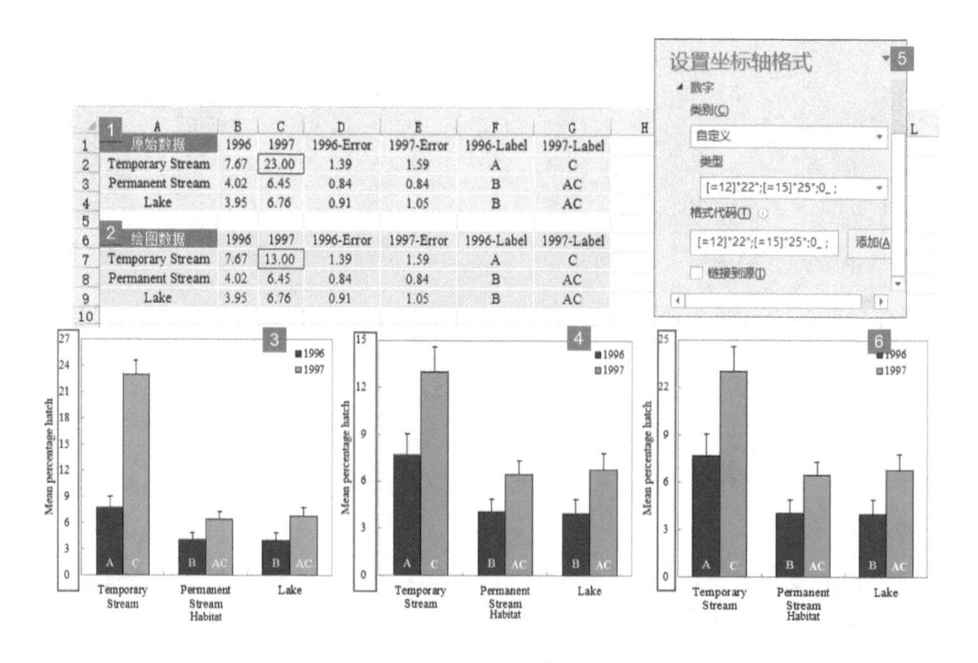

图3-2-5 截断柱形图的绘制方法

图3-2-4(b)绘图的原始数据如图3-2-6所示，计算方法与图3-2-4(a)有所不同。由于坐标轴格式的数字自定义只能改变两个数值的显示，但是图3-2-4（b）需要改变多个y轴数值，所以要采用新的数字自定义方式，如下面的方法所示。

原始数据	1996	1997	1996-Error	1997-Error	1996-Label	1997-Label
Temporary Stream	27.67	25.84	1.39	1.59	A	C
Permanent Stream	24.02	26.45	0.84	0.84	B	AC
Lake	23.95	26.76	0.91	1.05	B	AC

图3-2-6 原始数据

第一步：直接选用原始数据绘制柱形图，如图3-2-7所示。

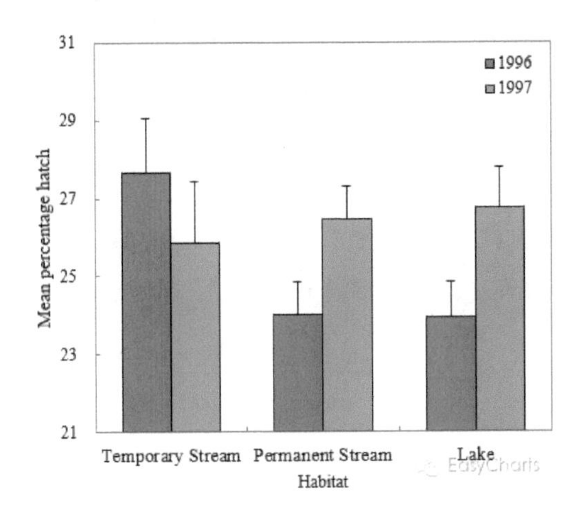

图3-2-7 未截断的柱形图

第二步：选择纵坐标轴，设定数字格式为：[<23]0,;G/通用格式。最终结果如图3-2-8所示。

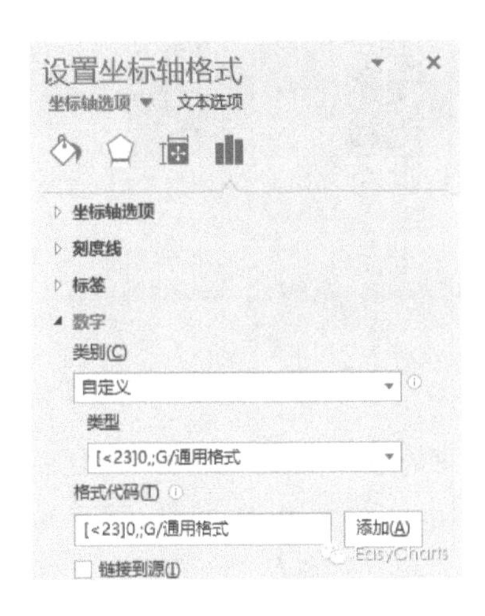

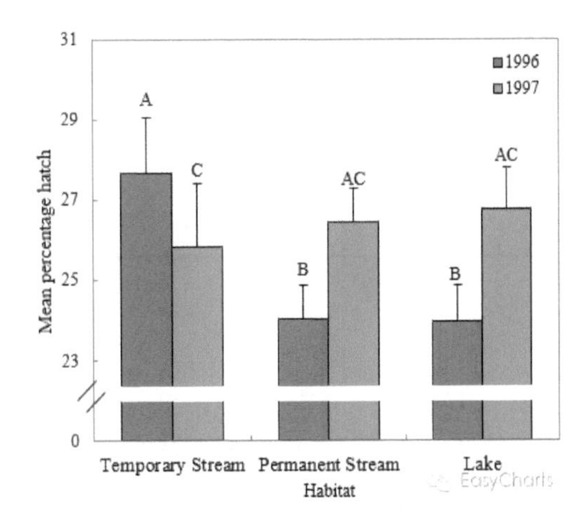

图3-2-8 截断柱形图

3.3 堆积柱形图

堆积柱形图和三维堆积柱形图表达相同的图表信息。堆积柱形图显示单个项目与整体之间的关系，它比较各个类别的每个数值所占总数值的大小。堆积柱形图以二维垂直堆积矩形显示数值，如图3-3-1所示。

图3-3-1柱状数据系列的“系列重叠”为100%，“分类间距”为17%。图（a）使用R ggplot2 Set3的颜色主题方案，图（b）使用Tableau 10 Medium的颜色主题方案。

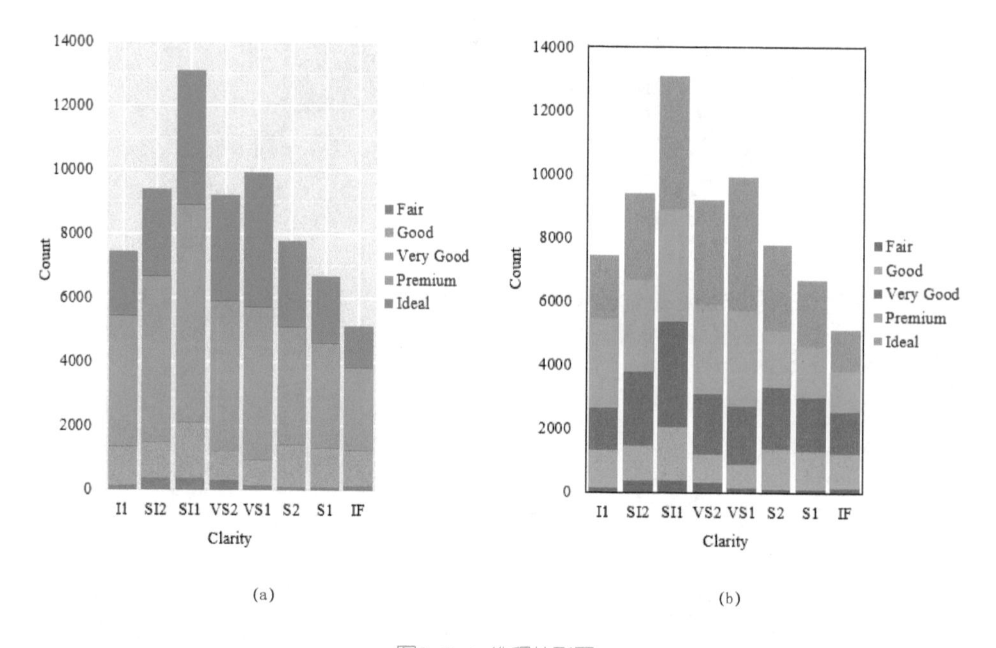

图3-3-1 堆积柱形图

百分比堆积柱形图和三维百分比堆积柱形图表达相同的图表信息。这些类型的柱形图比较各个类别的每一数值所占总数值的百分比大小。百分比堆积柱形图以二维垂直百分比堆积矩形显示数值，如图3-3-2所示。

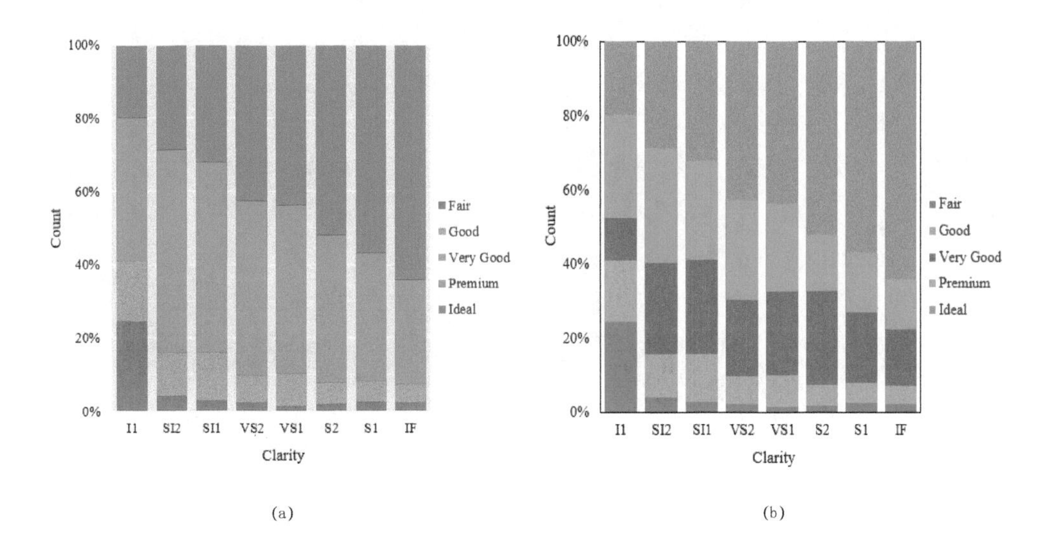

图3-3-2 百分比堆积柱形图

3.4 带x轴阈值分割的柱形图

3.4.1 x轴单阈值分割的柱形图

将柱形图的数据系列按x轴阈值分割，可以分成不同颜色的部分，将这种图表命名为带x轴阈值分割的柱形图，包括x轴单阈值和多阈值两种类型。x轴单阈值分割的柱形图如图3-4-1所示。

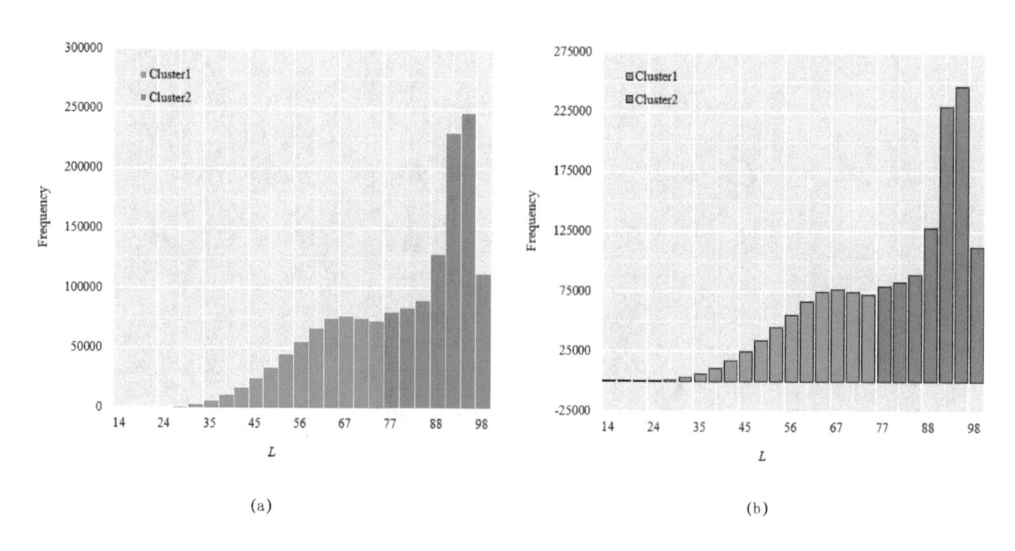

图3-4-1 不同效果的带x轴阈值分割柱形图

图3-4-1（a）的作图思路：根据x轴阈值对y轴数值分割成两个部分：<=阈值Threshold、>Threshold，再使用堆积柱形图绘制数据，如图3-4-2所示。具体步骤如下：

第一步：计算辅助数据系列。A、B列为原始数据；单元格C2为设定的阈值Threshold；D、E列对应图3-4-2堆积柱形图中的绿、红色柱形数据系列，其中D、E列的计算以单元格D2、E2为例：

D2=IF（A2<=$C$2,B2,0）

E2 =IF（A2>$C$2,B2,0）

第二步：绘制堆积柱形图。选定D、E列数据绘制堆积柱形图，再通过“数据源的选择”，选择A列作为水平轴标签。选用R ggplot2 Set3颜色主题方案，并将图表设置成R ggplot2风格。

第三步：调整柱形数据的格式。选定柱状数据系列，将“系列重叠”调整为100%，“分类间距”调整为0.00%，在“设置坐标轴格式→标签位置”中选择“低”，“数字类型”中选择保留1位小数的“数字”格式。

	A	B	C	D	E
1	*L*	Frequency	Threshold	<=Threshold	>Threshold
2	13.80115	9	75	9	0
3	17.31942	33		33	0
4	20.83769	125		125	0
5	24.35596	403		403	0
⋮	⋮	⋮		⋮	⋮
20	77.13005	79554		0	79554
21	80.64832	83534		0	83534
22	84.16659	89292		0	89292
23	87.68487	128349		0	128349
24	91.20314	229642		0	229642
25	94.72141	246755		0	246755
26	98.23968	112308		0	112308

图3-4-2 带*x*轴阈值分割柱形图的制作方法

3.4.2 *x*轴多阈值分割的柱形图

带*x*轴多阈值分割的多数据系列柱形图，其实就是根据数据系列的数值绘制不同颜色的柱形颜色，如图3-4-3所示。这种图的做法跟图3-4-1的制作方法相同，只是在数据的预处理和图表的颜色方案方面不同。

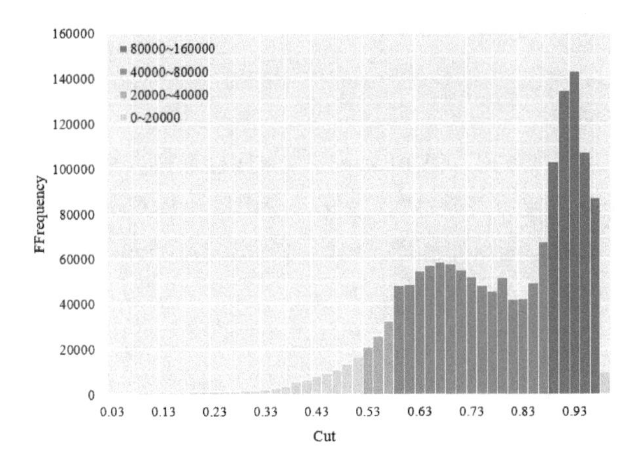

图3-4-3 带*x*轴多阈值分割的柱形图

图3-4-3多数据系列柱形图的原始数据如图3-4-4中的第A和B列数据，通过数据计算从而得到第C、D、E和F列数据。单元格C1、D1、E1和F1是设定的分类数据系列的阈值，可以自行设定。其中以单元格C3、D3、E3和F3为例：

C3=IF（AND（B3>$D$1,B3<=$C$1）,B3,0）

D3=IF（AND（B3>$E$1,B3<=$D$1）,B3,0）

E3=IF（AND（B3>$F$1,B3<=$E$1）,B3,0）

F3=IF（B3<=$F$1,B3,0）

	A	B	C	D	E	F
1	Cut	Frequency	160000	80000	40000	20000
2			80000~160000	40000~80000	20000~40000	0~20000
3	0.03	596	0	0	0	596
4	0.05	635	0	0	0	635
5	0.07	727	0	0	0	727
⋮	⋮	⋮	⋮	⋮	⋮	⋮
49	0.95	106729	106729	0	0	0
50	0.97	86885	86885	0	0	0
51	0.99	9677	0	0	0	9677

图3-4-4 原始数据

根据第C、D、E和F列数据，使用Excel绘制堆积柱形图。暂时选择的颜色主题方案是Tableau 10 Medium。颜色方案通过选定图表任意区域，单击Excel菜单栏中的“图表工具→设计→更改颜色”命令，选择单色配色方案，如图3-4-5所示。最终显示的图表效果如图3-4-3所示。

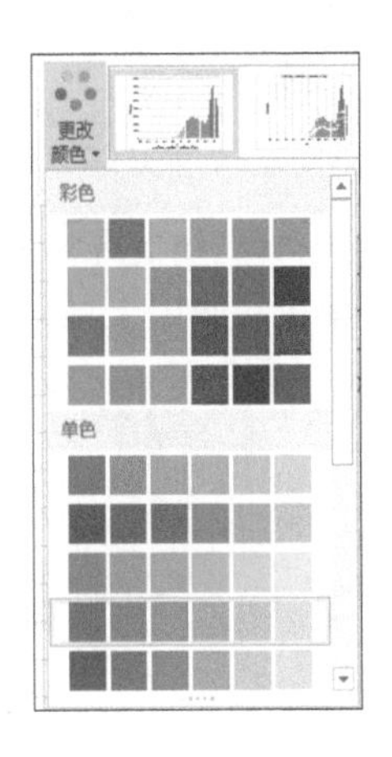

图3-4-5 颜色方案的更改

1 图3-4-6（a）是使用图3-4-3 Tableau 10 Medium的绿色单色主题，数据系列柱形的“边框”选定为0.25磅的黑色。

2 图3-4-6（b）是使用图3-4-3 Tableau 10 Medium的橙色单色主题，其中绘图区背景调整为白色RGB（255, 255, 255），网格线格式调整为0.75磅的灰色RGB（217, 217, 217），数据系列柱形的“边框”选定为0.25磅的黑色。

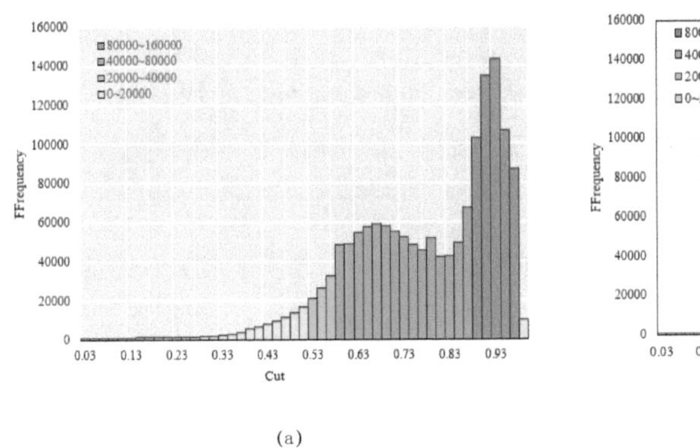

(a)

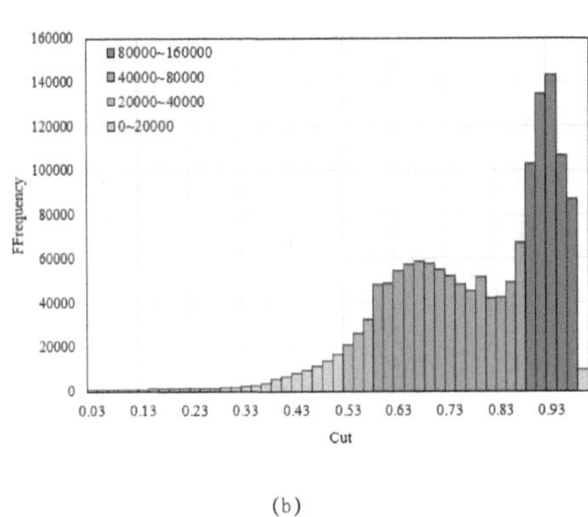

(b)

图3-4-6 不同效果的带x轴多阈值分割柱形图

3.5 带y轴阈值分割的柱形图

*R.Graphics.Cookbook*中描述了一种带y轴阈值分割的柱形图，如图3-5-1所示。本节就以图3-5-1为例讲解带y轴阈值分割柱形图的制作。

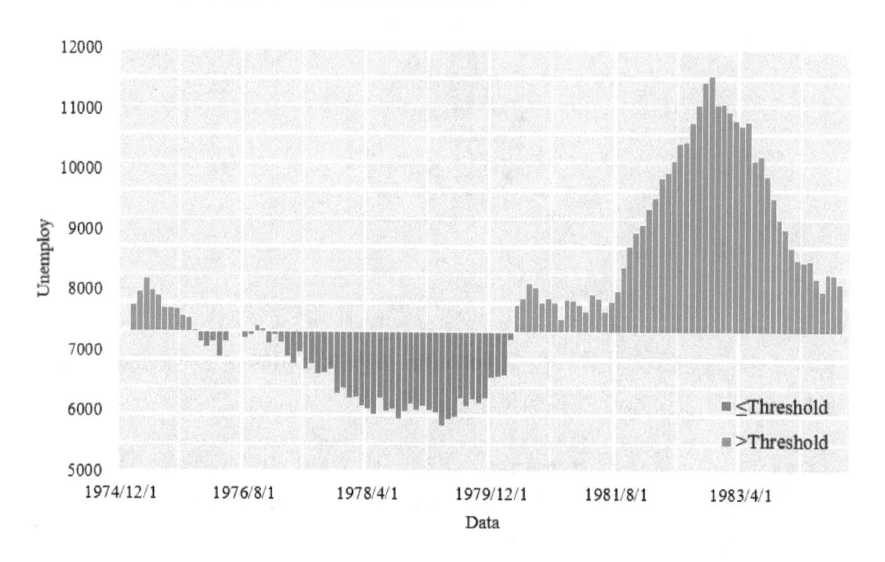

图3-5-1 带y轴阈值分割的柱形图

图3-5-1柱形图的作图思路：设定y轴阈值后，计算阈值分割数据，包括<=阈值Threshold、>Threshold以及辅助数据Assistant三列数据，使用堆积柱形图绘制数据，如图3-5-2所示。具体步骤如下：

第一步：计算辅助数据系列。第A、B列为原始数据；单元格C2为设定的阈值Threshold；第D、E、F列对应图3-5-2堆积柱形图中的黄、蓝、红色柱形数据系列，其中D、E、F列的计算以单元格D2、E2、F2为例：

D2=IF（B2<=$C$2,B2,$C$2）

E2=IF（B2<=$C$2,$C$2-B2,0）

F2=IF（B2>$C$2,B2-$C$2,0）

第二步： 绘制堆积柱形图。选定第D、E、F列数据绘制堆积柱形图，再通过“数据源的选择”，选择A列作为水平轴标签。选用R ggplot2 Set3颜色主题方案，并将图表设置成R ggplot2风格，效果如图3-5-2所示。

第三步： 调整柱形数据的格式。选定黄色数据系列，将颜色填充设定为“无填充”，另外两个柱形数据系列的填充颜色分别为红色RGB（248, 118, 109）的、（0, 191, 196）的蓝色；边框为0.25磅的白色实线。调整x轴标签的格式，“坐标轴类型”选择是“日期坐标轴”，“主要”单位为20，“次要”单位为10，数据标签的“对齐方向”、“文字方向”为“横排”。

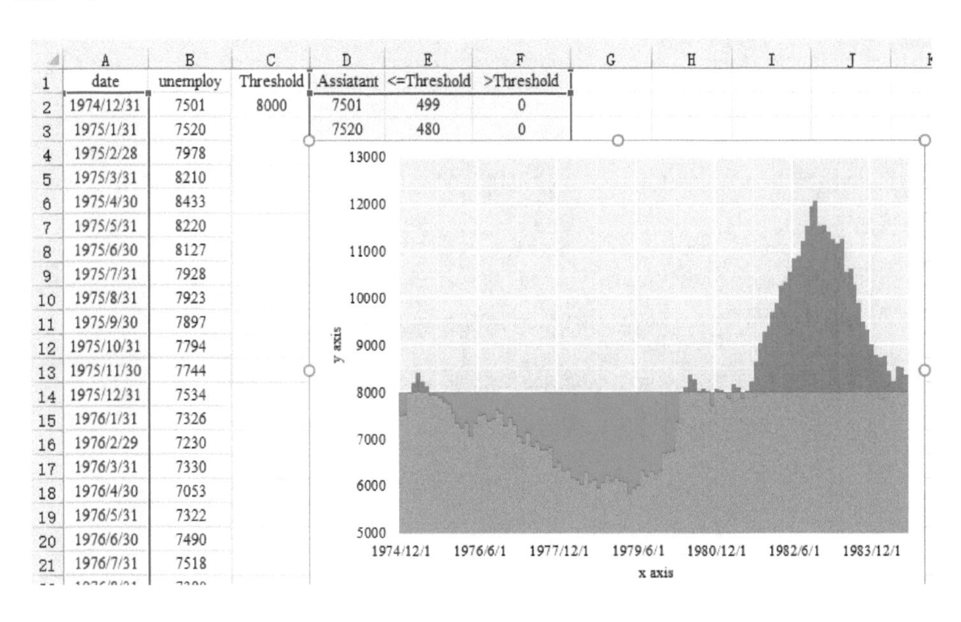

	A	B	C	D	E	F
1	date	unemploy	Threshold	Assiatant	<=Threshold	>Threshold
2	1974/12/31	7501	8000	7501	499	0
3	1975/1/31	7520		7520	480	0
4	1975/2/28	7978				
5	1975/3/31	8210				
6	1975/4/30	8433				
7	1975/5/31	8220				
8	1975/6/30	8127				
9	1975/7/31	7928				
10	1975/8/31	7923				
11	1975/9/30	7897				
12	1975/10/31	7794				
13	1975/11/30	7744				
14	1975/12/31	7534				
15	1976/1/31	7326				
16	1976/2/29	7230				
17	1976/3/31	7330				
18	1976/4/30	7053				
19	1976/5/31	7322				
20	1976/6/30	7490				
21	1976/7/31	7518				

图3-5-2 带阈值分割的柱形图的绘制方法

- 图3-5-3（a）：调整柱形数据系列的“边框”为“无”；柱形数据系列的填充颜色分别为RGB（252, 141, 98）的橙色、（252, 141, 98）的青色。

- 图3-5-3（b）：将绘图区背景颜色修改为纯白色；柱形数据系列的填充颜色RGB分别为（246, 112, 136）的红色、（56, 167, 208）的青色。

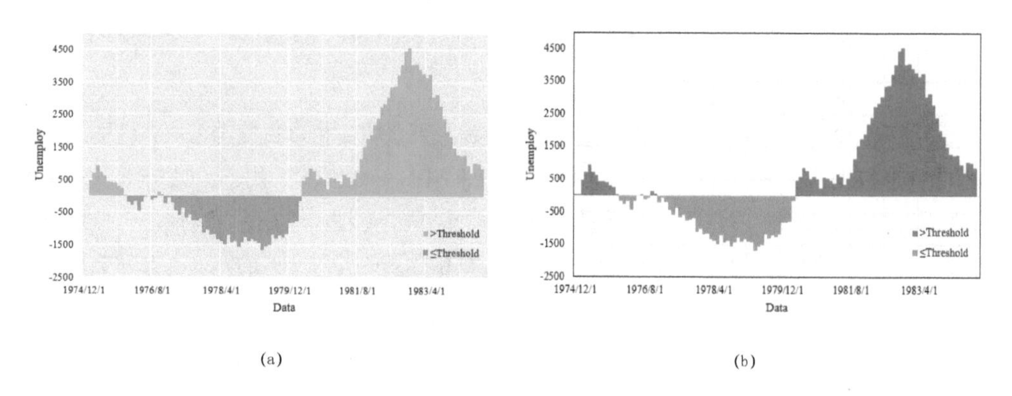

图3-5-3 不同效果的带阈值分割柱形图

如果y轴的阈值为0，那么可以使用柱形填充颜色的互补色轻易实现，如图3-5-4所示。具体步骤如下：

第一步：选用原始数据第A-B列，绘制簇形柱状图，图表使用R ggplot2 Set3颜色主题方案，“分类间距”设定为15%，如图3-5-5 1 所示。

第二步：设置数据系列格式，如图3-5-5 2 所示：选择“纯色填充”和“以互补色代表负值”，颜色分别选择红色和蓝色，最终结果如图3-5-5 3 所示。

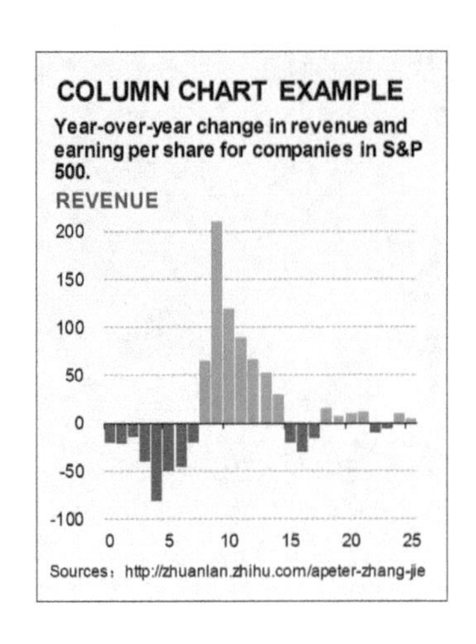

(a)

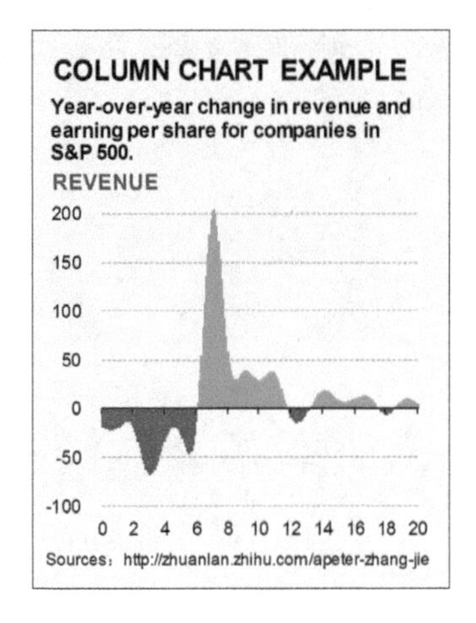

(b)

图3-5-4 利用互补色实现的带阈值分割柱形图

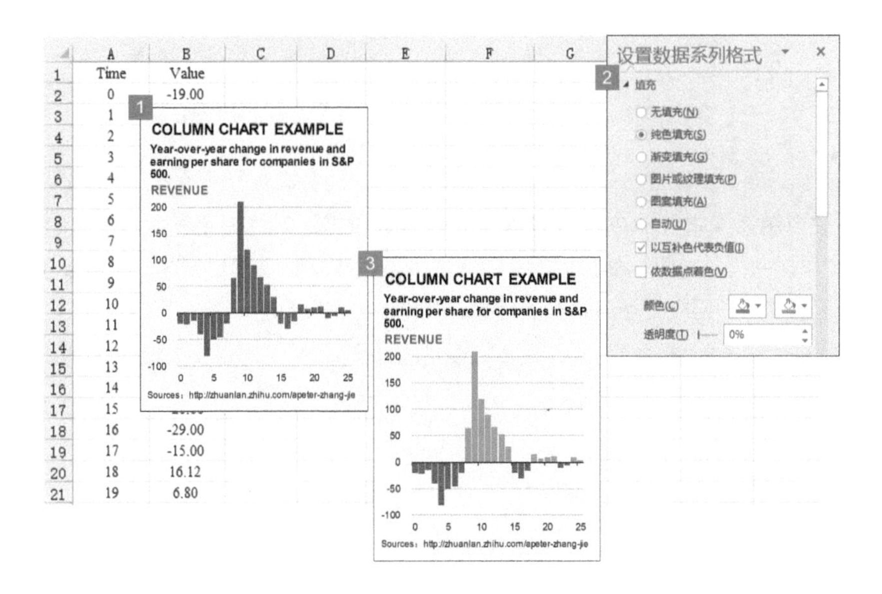

图3-5-5 带阈值分割柱形图的绘利过程

通过更改数据系列的图表类型，将数据系列从“堆积柱形图”改变为“堆积面积图”，结果如图3-5-6所示。

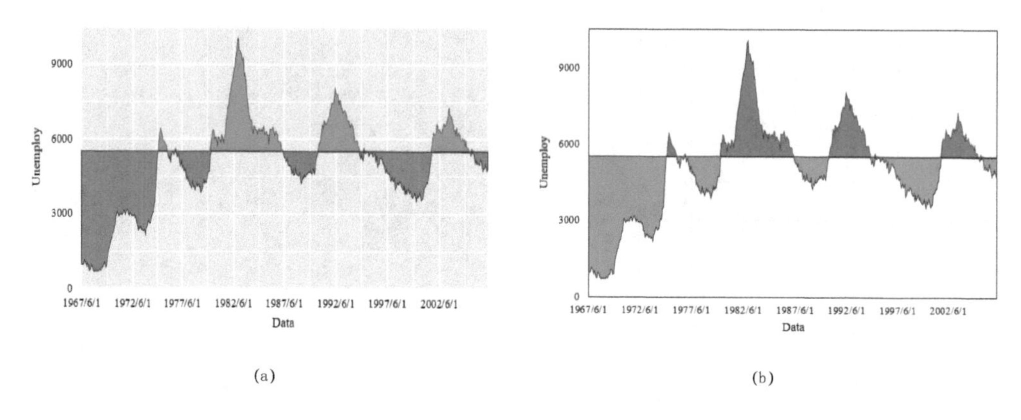

图3-5-6 不同效果的带阈值分割面积图

3.6 三维柱形图

三维柱形图其实跟图3-2-2 不同效果的多系列数据簇状柱形图表达的数据信息类似；当少于3个数据系列时，可以使用图3-2-2多系列数据簇状柱形图绘制图表；当多于3个数据系列时，可以使用三维柱形图表达数据信息，如图3-6-1所示。

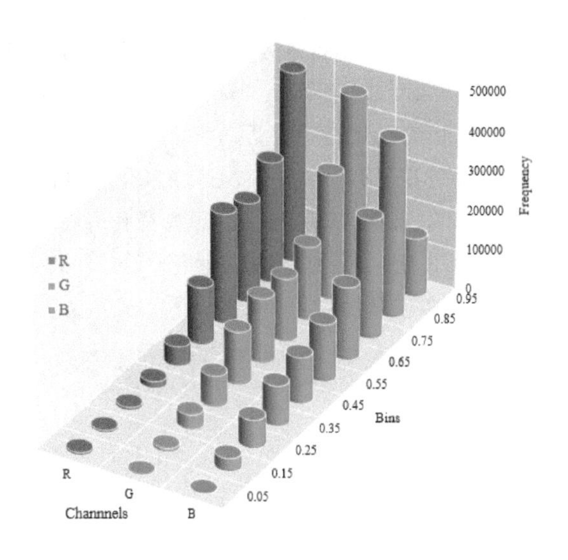

图3-6-1 三维柱形图

图3-6-1三维柱形图的作图思路：使用Excel自动生成三维柱形图，调整绘图区背景和柱状格式，特别是三维旋转的角度。具体步骤如下。

第一步：生成Excel默认三维柱形图。原始数据如图3-6-2所示，第A列数据为x轴数据标签，选择第B2:D12单元格，使用Excel自动生成默认的三维柱形图。右击，在快捷菜单中选择“选择数据”，使用第A列改变图表的“水平（分类）轴标签”，结果如图3-6-3（a）所示。

第二步：调整三维旋转。选择图表的任何区域，通过右击选择“三维旋转”，设置“X旋转”为120°，“Y旋转”为30°，“透视”为5°，取消勾选“直角坐标轴”复选框，设置“深度（原始深度百分比）”为150，结果如图3-6-3（b）所示。选择x轴坐标轴，“坐标轴位置”处勾选“逆序类别”复选框，效果如图3-6-3（c）所示。选择z轴坐标轴，调整主要和次要单位，“标签位置”选择为高；添加垂直轴、竖轴和水平轴主要网格线，结果如图3-6-3（d）所示。

第三步：调整柱形格式。选定柱形数据系列，"边框"调整为0.25磅的RGB（255, 255, 255）白色实线，结果如图3-6-3（e）所示；"柱体形状"修改为"圆柱图"，结果如图3-6-3（f）所示。选择R ggplot2 Set3颜色主题方案，依次调整柱形数据系列的颜色为：RGB（255, 108, 145），（0, 188, 87），（0, 184, 229）；设置背景墙格式，"填充"颜色RGB为透明度40%的（229, 229, 229）灰色；设置基底格式，"填充"颜色为透明度50%的RGB（255, 255, 255）白色；把所有网格线颜色修改成RGB（255, 255, 255）的白色。最后添加坐标轴标题，效果如图3-6-1所示。

	A	B	C	D
1	Bins	Channels		
2		R	G	B
3	0.05	5245	261	3161
4	0.15	5095	7614	31406
5	0.25	6564	35602	70702
6	0.35	15580	76604	99308
7	0.45	48154	131384	114909
8	0.55	143706	161553	142618
9	0.65	276634	158507	182615
10	0.75	251672	186118	299256
11	0.85	303584	315532	444908
12	0.95	480266	463325	147617

图3-6-2 原始数据

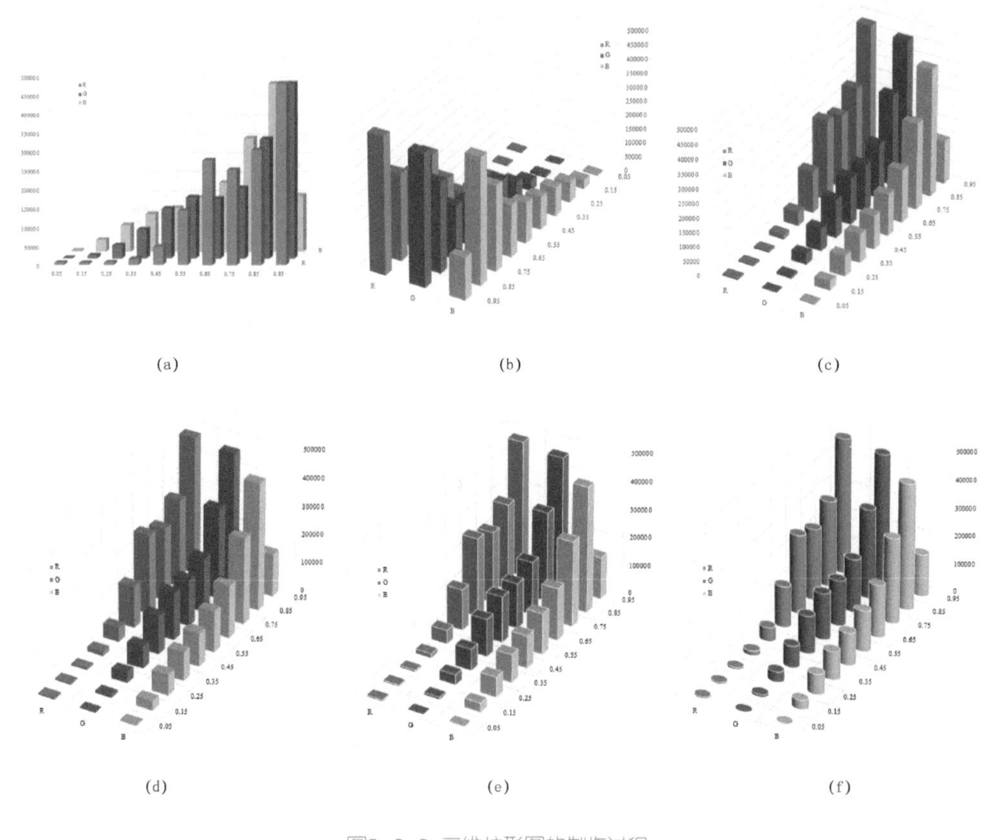

图3-6-3 三维柱形图的制作过程

图3-6-4（a1）和（b1）与图3-6-1的区别主要在于网格线和背景墙、基底的颜色，网格线为0.75磅的RGB（217, 217, 217）灰色实线，背景墙、基底的填充颜色为透明度0%的RGB（255, 255, 255）纯白色。

图3-6-4（a2）和（b2）使用直角坐标系。在图3-6-1的绘制过程中，选择图表的任何区域，通过右击选择“三维旋转”，设置“X旋转”为90°，“Y旋转”为30°，勾选“直角坐标轴”复选框，设置“深度（原始深度百分比）”为150。使用的颜色主题方案是

Tableau 10 Medium。

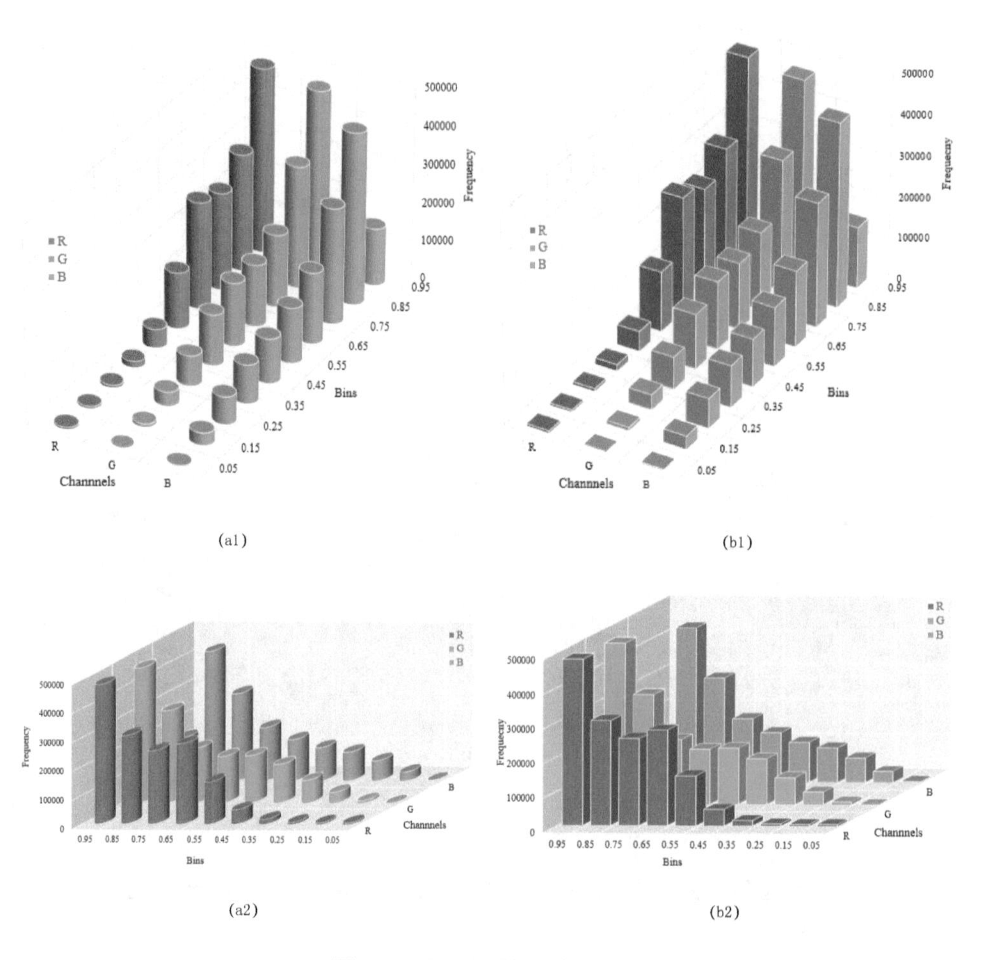

图3-6-4 不同效果的三维柱形图

3.7 簇状条形图

滑珠散点图跟条形图想表达的数据信息基本一致。簇状条形图也跟簇状柱形图类似，几乎可以表达相同大的数据信息。条形图的柱形变为横向，从而导致与柱形图相比，条形图更加强调项目之间的大小。尤其在项目名称较长及数量较多时，采用条形图可视化数据会更加美观。

但是在科学论文图表中，条形图使用较少，而商业图表中使用较多。条形图的控制要素也是3个：组数、组宽度、组限。Excel中条形图控制条形的两个重要参数也是："设置系列数据格式"中的"系列重叠（O）"和"分类间距（W）"。"分类间距"控制同一数据系列的柱形宽度，数值范围为[0%, 500%]；"系列重叠"控制不同数据系列之间的距离，数值范围为[-100%, 100%]。条形图的绘制方法与柱形图基本相同，图3-7-1展示了Excel仿制不同风格的条形图：

- 图（a）的绘图区背景风格为R ggplot2版，设置条形填充颜色为R ggplot2 Set3 的红色RGB（248, 118, 109），条形"分类间距"为30%，条形系列的边框为"无线条"，数据标签的位置为"数据标签内"；
- 图（b）是Excel仿制的简洁风格的Matlab条形图，条形填充颜色为RGB（57, 194, 94）绿色，，条形系列的边框为"无线条"，数据标签的位置为"数据标签内"；
- 图（c）是仿制《华尔街日报》风格的条形图，背景填充颜色是RGB（248, 242, 228），条形填充颜色为RGB（251, 131, 197）橙色，条形"分类间距"为50%；
- 图（d）是仿制《经济学人》风格的条形图，柱形的填充颜色为RGB（2, 83, 110）蓝色，背景填充颜色为RGB（206, 219, 231）蓝色，数据标签的添加通过辅助数据实现，如图3-7-2所示；
- 图（e）是仿制《华尔街日报》风格的条形图，条形填充颜色为RGB（0, 173, 79）绿色，条形"分类间距"为100%，但是淡蓝和深蓝交替的背景实现较为复杂；

- 图（f）是仿制《商业周刊》风格的条形图，柱形的填充颜色为RGB（237, 29, 59）■红色，背景填充颜色为纯白色，数据标签的添加通过辅助数据实现，如图3-7-3所示。

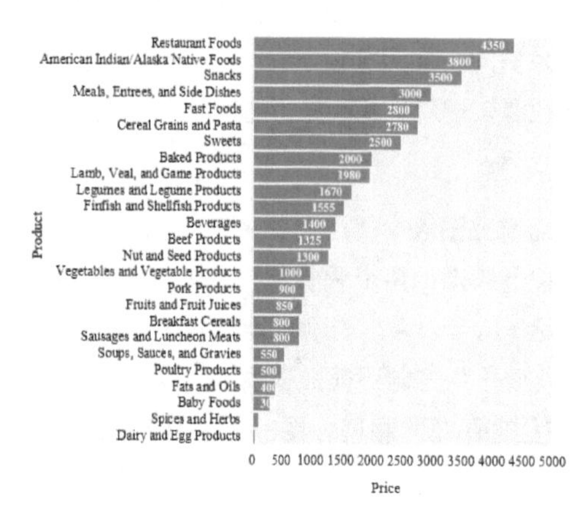

(a) R ggplot2风格

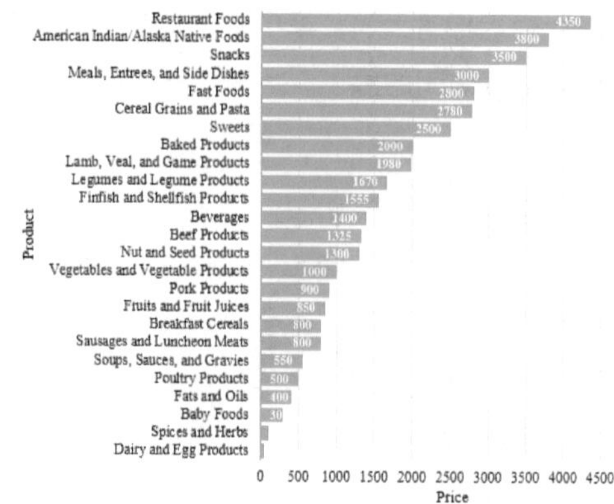

(b) Matlab风格

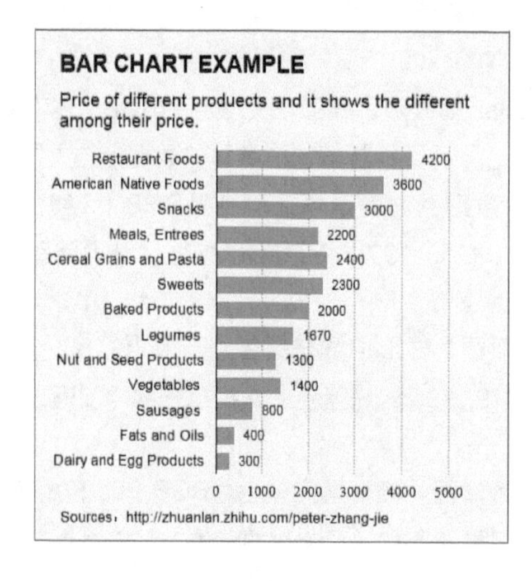

(c) 《华尔街日报》风格1

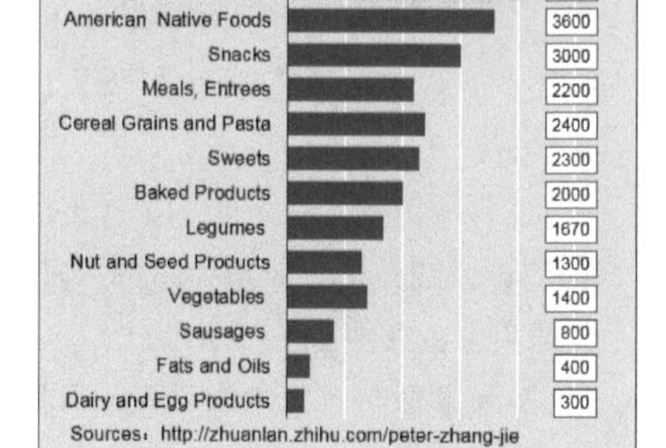

(d) 《经济学人》风格

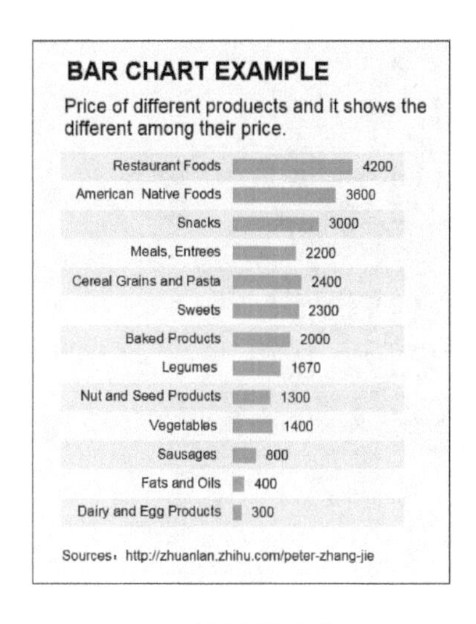

（e）《华尔街日报》风格2

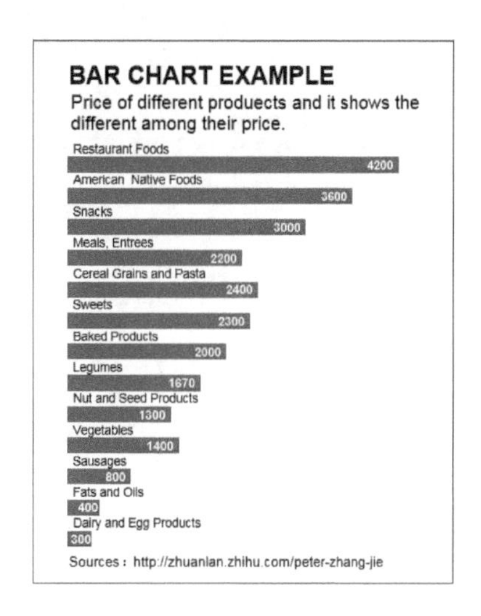

（f）《商务周刊》风格

图3-7-1 Excel仿制的不同风格条形图

图3-7-1（d）《经济学人》风格的条形图的绘制方法如图3-7-2所示，第A、B列为原始数据，第C列为辅助数据，D2单元格为辅助数值，根据数据标签所在位置的x轴数值决定，其中D列的计算以单元格D2为例：

D2=$D$2-B2

选择第A~C列绘制堆积条形图，数据系列2添加自定义数据标签第B列，同时设定数据标签位置为“数据标签内”，填充颜色为白色，边框颜色为深蓝色。

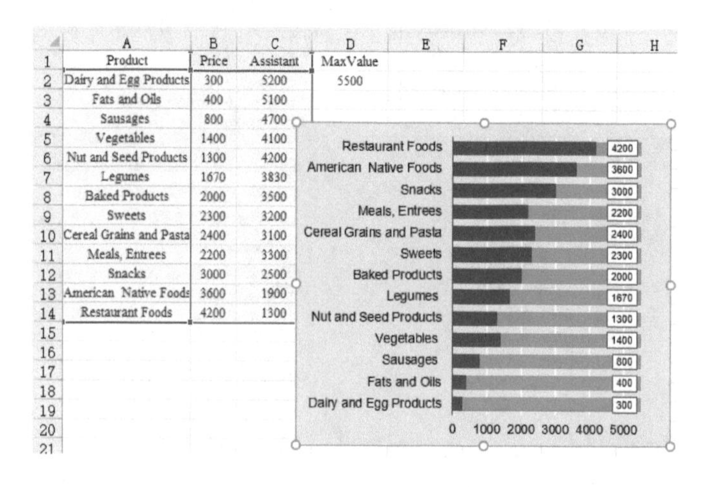

Product	Price	Assistant	MaxValue
Dairy and Egg Products	300	5200	5500
Fats and Oils	400	5100	
Sausages	800	4700	
Vegetables	1400	4100	
Nut and Seed Products	1300	4200	
Legumes	1670	3830	
Baked Products	2000	3500	
Sweets	2300	3200	
Cereal Grains and Pasta	2400	3100	
Meals, Entrees	2200	3300	
Snacks	3000	2500	
American Native Foods	3600	1900	
Restaurant Foods	4200	1300	

图3-7-2 《经济学人》风格的条形图的绘制方法

图3-7-1（f）《商务周刊》风格的条形图的绘制方法如图3-7-3所示。第A、B列为原始数据，第C列为辅助数据。

1. 选择第A～C列绘制簇状条形图，蓝色数据系列2添加自定义数据标签第A列，同时设定数据标签位置为“轴内侧”，在“文本选项→对齐方式”中选择取消“形状中的文字自动换行”复选框；将数据系列2颜色填充设定为“无填充”；

2. 红色数据系列1添加数据标签*y*值，同时设定数据标签位置为“数据标签内”；选择垂直（类别）轴，将“标签位置”设定为“无”。

Product	Price	Assistant
Dairy and Egg Products	300	1500
Fats and Oils	400	1500
Sausages	800	1500
Vegetables	1400	1500
Nut and Seed Products	1300	1500
Legumes	1670	1500
Baked Products	2000	1500
Sweets	2300	1500
Cereal Grains and Pasta	2400	1500
Meals, Entrees	2200	1500
Snacks	3000	1500
American Native Foods	3600	1500
Restaurant Foods	4200	1500

图3-7-3 《商务周刊》风格的条形图的绘制方法

图3-7-4 是一种特殊的双数据系列条形图，原始数据如图3-7-5所示，“Y_Value”数据同时包含正值与负值。这种图表的关键在于数据标签的显示，如图3-7-4所示，正值的数据标签在y轴左侧，负值的数据在x轴右侧。图（a）的绘图方法如图3-7-5所示，具体步骤如下。

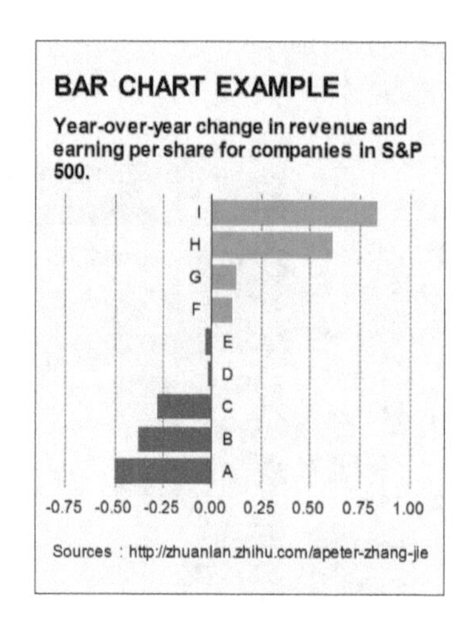

(a)《华尔街日报》

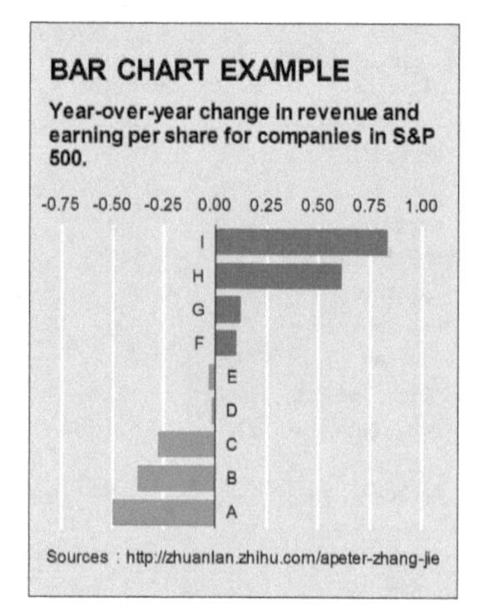

(b)《经济学人》

图3-7-4 不同风格的条形图

第一步：第A、B列为原始数据，第C～D列为实际绘图数据，第E～F为数据标签。第C～F由第A～B列计算得到，以单元格C2～F2为例：

C2 = IF(B2>0,B2,0)

D2 = IF(B2<0,B2,–0.00000000000000001)

E2 = IF(B2>0,A2," ")

F2 = IF(B2<0,A2," ")

选择第A、C、D列数据绘制堆积条形图，设定“设置数据系列格式→系列重叠”为100%，“分类间距”为30%。选择The Wall Street Journal1颜色主题方案中的绿色和红色，将图表风格设定为《华尔街日报》风格，如图3-7-5 1 所示。

第二步：处理条形数据的数据标签。选定y轴坐标，设定“设置坐标轴格式→标签→标签位置”为“无”。选定绿色数据系列，添加数据标签后，通过“设置数据标签格式→标签选项→单元格中的值”，自定义选择第F列为数据标签。设定“标签位置”为“轴内侧”，如图3-7-5 2 所示。使用同样的方法将第E列设定为红色数据系列的数据标签，并设定“标签位置”为“数据标签内”，结果如图3-7-4（a）所示。

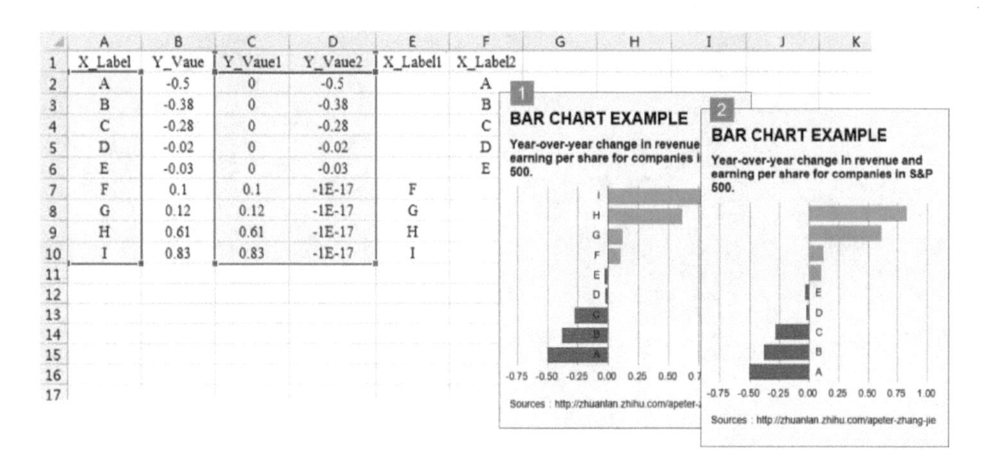

	A	B	C	D	E	F
1	X_Label	Y_Vaue	Y_Vaue1	Y_Vaue2	X_Label1	X_Label2
2	A	-0.5	0	-0.5		A
3	B	-0.38	0	-0.38		B
4	C	-0.28	0	-0.28		C
5	D	-0.02	0	-0.02		D
6	E	-0.03	0	-0.03		E
7	F	0.1	0.1	-1E-17	F	
8	G	0.12	0.12	-1E-17	G	
9	H	0.61	0.61	-1E-17	H	
10	I	0.83	0.83	-1E-17	I	

图3-7-5 《华尔街日报》风格的条形图的绘制方法

3.8 金字塔条形图

人口金字塔是按人口年龄和性别表示人口分布的特种塔状条形图，是形象地表示某一人口的年龄和性别构成的图形。水平条代表每一年龄组男性和女性的数字或比例。金字塔中各个年龄性别组相加构成了总人口。

人口金字塔图，以图形来呈现人口年龄和性别的分布情形，以年龄为纵轴，以人口数为横轴，按左侧为男、右侧为女绘制图形，其形状如金字塔。金字塔底部代表低年龄组人口，金字塔上部代表高年龄组人口。人口金字塔图反映了过去人口的情况，如今人口的结构，以及今后人口可能出现的趋势。在Excel中可以使用堆积条形图，实现人口金字塔的绘制，如图3-8-1所示。

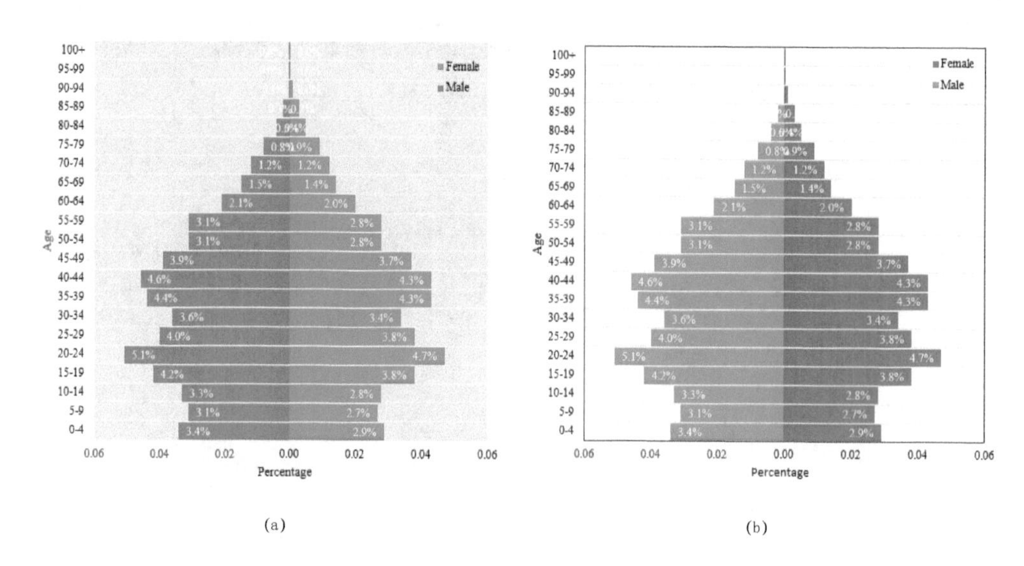

图3-8-1 人口金字塔

图3-8-1（a）作图思路：借助辅助数据，使用堆积条形图，同时调整水平坐标轴标签的显示格式，具体步骤如下。

第一步：生成Excel默认堆积条形图。原始数据如图3-8-2所示，第A~C列为原始数据，添加辅助数据D列，D列为B列的负值。选择C、D两列数据，使用Excel自动生成堆积条形图。

第二步：调整坐标轴和网格线格式。选定y坐标轴，设置“坐标轴类型”为逆序类别，“标签位置”为低，如图3-8-2所示。选定x坐标轴，选择“数字”类别为“数字”，“小数位数”为2，“负数”为“1, 34.00”，“格式代码”可以添加为：#,##0.00;[黑色]#,##0.00。

第三步：调整条形数据系列格式。选定条形数据系列，“系列重叠”为100%，“分类间距”为10%；添加数据标签，选择“标签位置”中的“数据标签内”选项；分别修改条形数据系列的颜色为RGB（248, 118, 109）的红色，（0, 191, 196）的绿色，添加主轴主要水平网格线，格式为0.25磅的白色实线，绘图区背景“填充”颜色为RGB（229, 229, 299）的灰色。最终效果如图3-8-1所示。

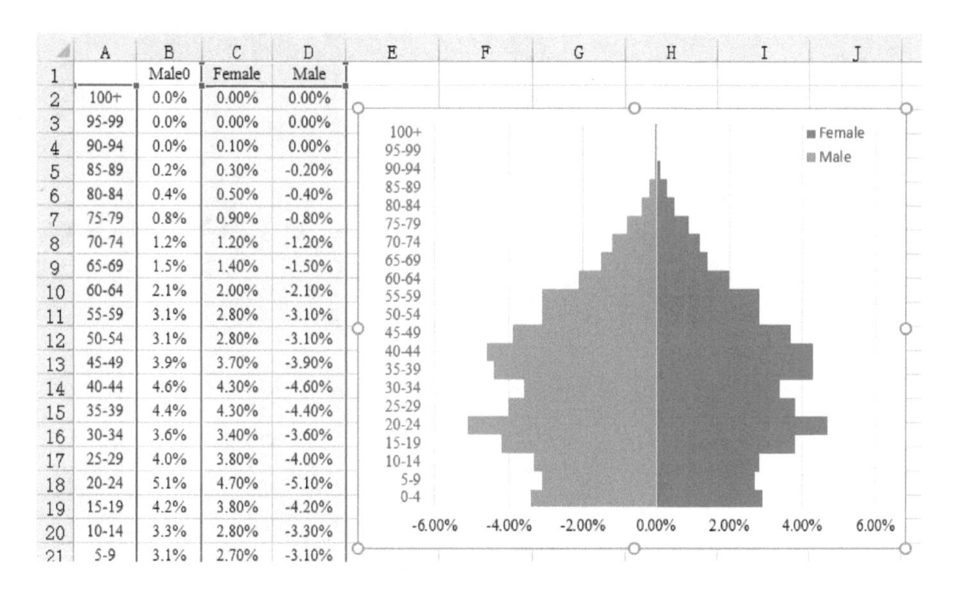

	A	B	C	D
1		Male0	Female	Male
2	100+	0.0%	0.00%	0.00%
3	95-99	0.0%	0.00%	0.00%
4	90-94	0.0%	0.10%	0.00%
5	85-89	0.2%	0.30%	-0.20%
6	80-84	0.4%	0.50%	-0.40%
7	75-79	0.8%	0.90%	-0.80%
8	70-74	1.2%	1.20%	-1.20%
9	65-69	1.5%	1.40%	-1.50%
10	60-64	2.1%	2.00%	-2.10%
11	55-59	3.1%	2.80%	-3.10%
12	50-54	3.1%	2.80%	-3.10%
13	45-49	3.9%	3.70%	-3.90%
14	40-44	4.6%	4.30%	-4.60%
15	35-39	4.4%	4.30%	-4.40%
16	30-34	3.6%	3.40%	-3.60%
17	25-29	4.0%	3.80%	-4.00%
18	20-24	5.1%	4.70%	-5.10%
19	15-19	4.2%	3.80%	-4.20%
20	10-14	3.3%	2.80%	-3.30%
21	5-9	3.1%	2.70%	-3.10%

图3-8-2 人口金字塔的制作过程

3.9 直方统计图

3.9.1 图表自动绘制方法

Excel 2016在绘图新功能里添加了直方图的绘制，可以将直方图与数据分析相关联，只需要调整图表的参数，就可以修改数据频率的分析结果。在Excel 2016 自动生成的直方图的基础上，使用3.1节簇状柱形图的方法调整柱形数据系列、绘图区背景与网格线的格式，如图3-9-1所示。注意：水平坐标轴标签可以通过选择数字“类别”为“数字”，“小数点位数”为2或1，控制标签的显示。

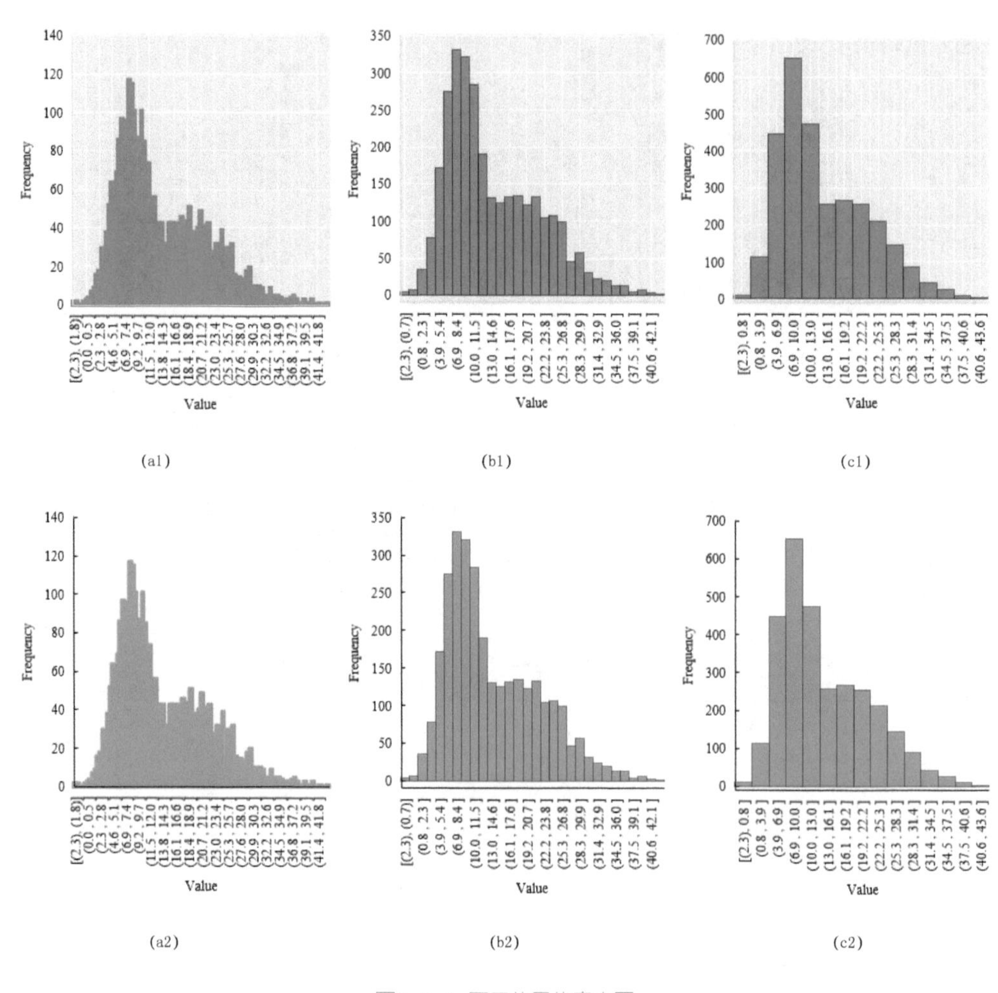

图3-9-1 不同效果的直方图

Excel 2016绘制直方图，只需要对一列数据作为原始数据，通过水平坐标轴选项控制箱的宽度或数量，图3-9-1（a）、（b）、（c）的箱数分别为100、30、15。

需要注意的是：当选择“按类别”选项时，类别（水平坐标轴）应该是基于文本而不是数字；需要再添加一列并使用值“1”填充它，然后绘制直方图并将箱设置为“按类别”，Excel会对文本字符串的外观数进行计数。

3.9.2 函数计算绘制方法

频率分布直方图是数据分析中的一个重要部分，Excel 2013可以使用“数据”选项卡中的“数据分析”中的“直方图”模板计算数据的频率分布直方图，再使用3.1节簇状柱形图的方法绘制直方图分析结果。

Excel也可以通过函数计算数据的频率统计和正态分布，再使用组合图表实现直方图和正态分布曲线图的绘制，如图3-9-2所示。

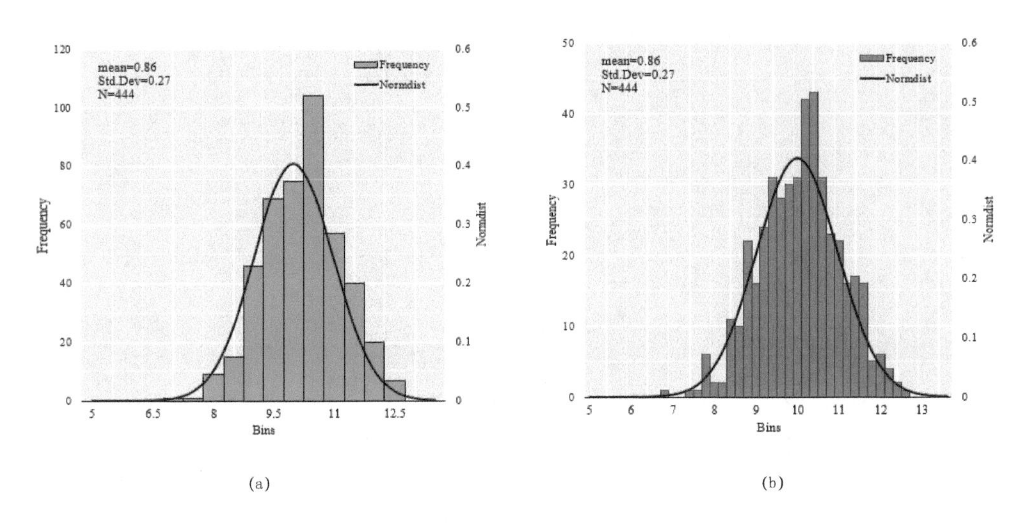

图3-9-2 直方图和正态分布曲线组合图

图3-9-2作图思路是：根据频率统计数据和正太分布数据，绘制双坐标的组合图表，频率直方图使用主坐标轴（垂直轴），正态分布曲线图使用次坐标轴（垂直轴）。组合图绘制的关键在于数据的计算，包括频率统计数据和正态分布数据，图3-9-2（a）数据的具体计算如图3-9-3所示：第A列为原始数据，第C列为预先设定的直方图x坐标轴箱的宽度；第

D、E列为计算的频率统计数据、正态分布数据。

1 频率统计数据的计算：先选中将要统计的箱宽度的数值区域D2:D19；再按【F2】键，进入到编辑状态，输入计算公式：=FREQUENCY（A2:A445,C2:C19）；然后同时按下【Ctrl+Shift+Enter】组合键。

2 正态分布数据的计算：以单元格E2为例：

E2 =NORM.DIST（C2,AVERAGE（A:A）,STDEV.P（A:A）,0）

通过这个公式可以计算其他数据的正态分布数据。

D2 {=FREQUENCY(A2:A445,C2:C19)}

	A	B	C	D	E	F
1	Value1		Bins	Frequency	Normdist	
2	10		5	0	1.048E-06	
3	11		5.5	0	1.211E-05	
4	11		6	0	0.0001082	
5	10		6.5	0	0.0007465	
6	10		7	1	0.0039794	
7	11		7.5	1	0.01639	
8	9		8	9	0.0521544	
9	11		8.5	15	0.1282221	
10	11		9	46	0.2435527	
11	10		9.5	69	0.357422	
12	11		10	75	0.4052546	
13	10		10.5	104	0.3550038	
14	10		11	57	0.2402683	
15	9		11.5	40	0.1256372	
16	9		12	20	0.0507573	
17	10		12.5	7	0.015843	
18	8		13	0	0.0038206	
19	9		13.5	0	0.0007118	
20	11					

图3-9-3 频率统计数据和正态分布数据的计算

3.10 排列图

Excel 2016 还添加了排列图的绘制。排列图也称为经过排序的直方图或柏拉图，其中同时包含降序排序的列和用于表示累积总百分比的行。 排列图突出显示一组数据中的最大因素，被视为七大基本质量控制工具之一。

通常，排列图的原始数据包含文本（类别）的一列及由数字组成的一列。使用Excel 2016自带的排列图随后会对相同类别进行分组并对相应的数字求和。水平坐标轴选项箱选择为“类型”，如图3-10-1所示。如果选择两列数字，而不是一列数字和一列相应的文本类别，则 Excel 将把数据绘制为箱，如直方图。

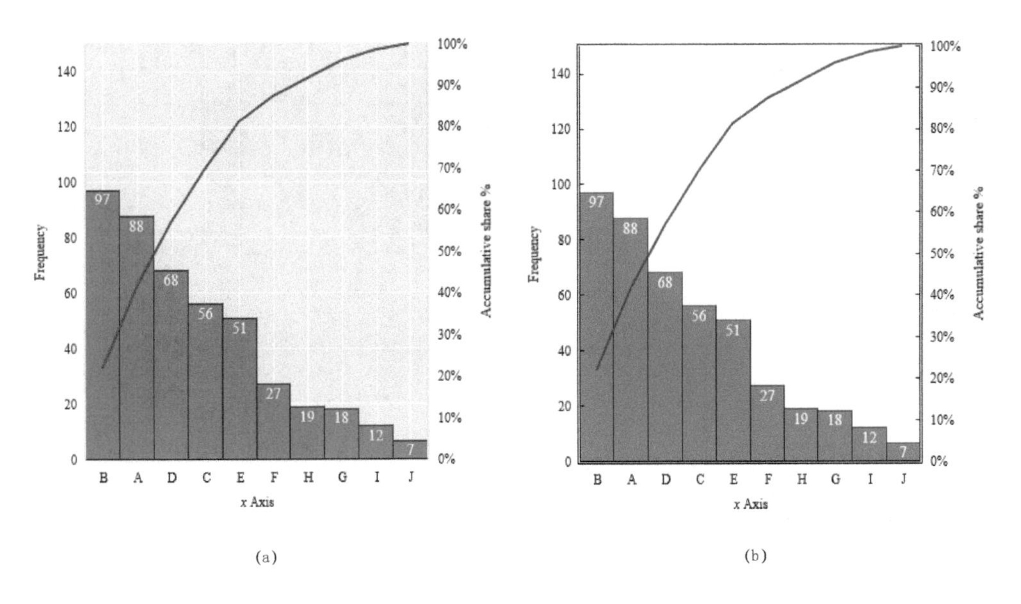

图3-10-1 排列图

3.11 瀑布图

瀑布图显示加上或减去值时的累计汇总，主要用于理解一系列正值和负值对初始值（例如，净收入）的影响。Excel 2016添加了瀑布图绘制的功能，如图3-11-1所示。

选定数据第A~B列，生成默认的瀑布图后，选用R ggplot2 Set3颜色主题方案；将“分类间距”设为50%，勾选“显示连接符线条”；选定“net income”柱形数据，设置数据点格式，勾选“设置为总计”复选框。

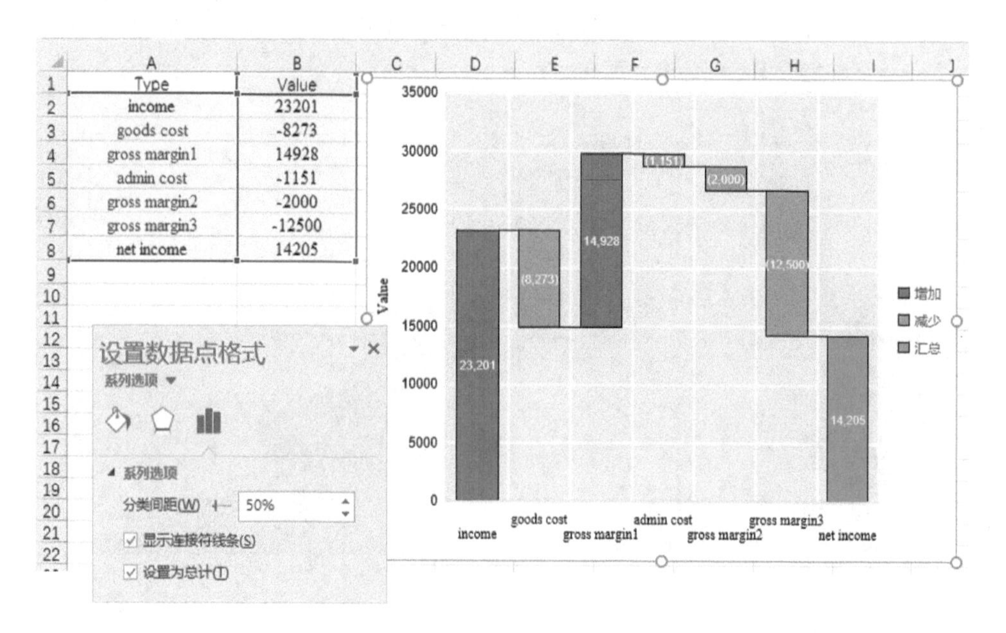

图3-11-1 瀑布图

3.12 双纵坐标的簇状柱形图

在柱形图中有时会出现各数据系列的数值相差较大的情况，需要使用双坐标轴的簇状柱形图展示数据，如图3-12-1所示。在Excel中选定数据绘制的双坐标轴柱形图，会出现柱形数据系列重合的问题，所以，要借助辅助数据才能实现Excel双坐标轴的柱形图绘制，图3-12-1（a）绘制的具体步骤如下。

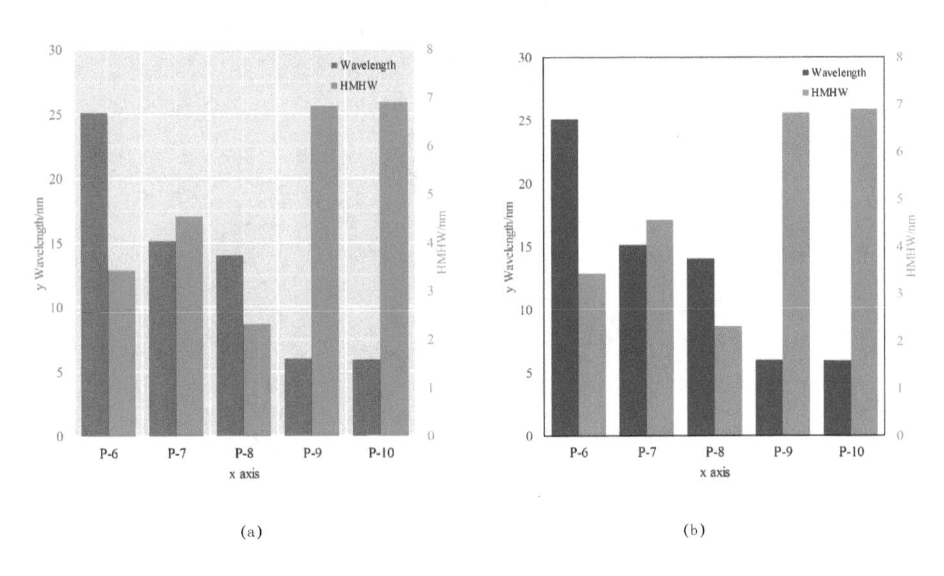

图3-12-1 双坐标轴的簇状柱形图

第一步： 生成Excel默认柱形图。原始数据如图3-12-2所示，第A、B、E列为原始数据，添加辅助数据C、D列。选择第A~E列数据，使用Excel自动生成堆积条形图，使用R ggplot2风格和R ggplot2 Set4颜色主题；将“系列重叠”、“分类间距”分别调整成-10%、0.00%，如图3-12-2 1 所示。

第二步：更改数据系列的图表类型。选定任意数据系列，右击选择“更改系列图表类型”；将数据系列“Assist2”和“HMHW”都设定为“次坐标轴”，结果如图3-12-2 2 所示。

第三步：调整数据系列的格式。将隶属主要和次要坐标轴的数据系列“系列重叠”、“分类间距”分别调整成0.00%、50%；再分别调整主要和次要坐标轴的线条和标签颜色，与数据系列的颜色相对应，最终效果如图3-12-1（a）所示。

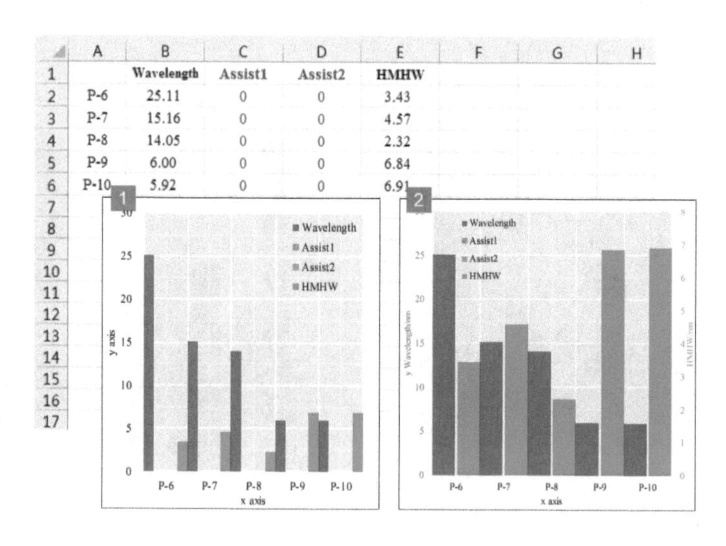

	A	B	C	D	E
1		Wavelength	Assist1	Assist2	HMHW
2	P-6	25.11	0	0	3.43
3	P-7	15.16	0	0	4.57
4	P-8	14.05	0	0	2.32
5	P-9	6.00	0	0	6.84
6	P-10	5.92	0	0	6.91

图3-12-2 双坐标轴簇状柱形图的绘制方法

第4章

面积系列图表的制作

4.1 折线图

折线图主要应用于时间序列数据的可视化。时间序列数据是指任何随时间而变换的数据。在折线图系列中，标准的折线图和带数据标记的折线图可以用于很好地可视化数据。三维折线图不是一个合适的图表类型，因为图表的三维透视效果很容易让读者误解数据。堆积折线图等其他四种类型的折线图都可以使用相应的面积图很好地代替，例如，堆积折线图的数据可以使用堆积面积图绘制，展示的效果会更加清晰和美观。

在折线图中，x轴包括文本坐标轴和日期坐标轴两种类型。在散点图系列中，曲线图（带直线而没有数据标记的散点图）与折线图的图像显示效果类似。在曲线图中，x轴也表示时间变量，但是必须为数值格式，这是两者之间最大的区别。所以，如果x轴变量是数值格式，应该使用曲线图来显示数据，而不是折线图。面积图是在折线图的基础上添加面积区域颜色的图表，如果面积区域的“填充”设定为“无”，“边框”设定为实线，那么面积图的展示结果就是折线图。为了更好地区分曲线图、折线图和面积图，本节使用如图4-1-1所示的3组数据作为原始数据，绘制这三种图表。

1. 图4-1-2是使用图4-1-1中A和B列Snow Ski Sales数据绘制的图表。第A列作为文本格式，是x轴变量。折线图、面积图选择的x坐标轴类型为“文本坐标轴”。曲线图、折线图和面积图三幅图表中折线的绘制结果相同，但是（a）折线图和（c）面积图的x轴标签显示的是第A列的Month数据，（b）曲线图的x轴标签显示的是从0开始的序号数字，这是由于散点图只能显示数值格式的x轴标签。所以，对于x轴标签是文本格式的数据，应采用折线图或面积图可视化数据。

2. 图4-1-3是使用图4-1-1中D和E列Snow Ski Sales数据绘制的图表。第A列为日期时间数据，是x轴变量。（a）折线图和（c）面积图选择的x坐标轴类型为“日期坐标轴”，它们两个绘制的曲线相同，但是与（b）曲线图（带直线的散点图）不同；这是因为曲线图是根据第D列的数据按数值格式绘制的，而折线图和面积图是将第D列的数据按日期格式绘制的。所以，对于x轴标签是日期格式的数据，应采用折线图或面积图可视化数据。

3 图4–1–4是使用图4–1–1中G和H列数据绘制的图表。第A列作为数值格式，是x轴变量。（a）折线图和（c）面积图三幅图表中折线的绘制结果和x轴数据标签相同。但是（b）曲线图（带直线的散点图）的绘制结果和X轴数据标签都与它们不同；这是由于曲线图是根据第G列的数据按数值格式绘制的，而折线图和面积图仍然将第G列的数据按文本格式绘制。更加具体地说，图4–1–4(a),(c)和(b)之间在横坐标存在差异，原因在于“折线图”和“面积图”只是把横坐标视为一个变量，及横轴上的1，3；3，7；7，13等等这些数字之间的差距不能被显示出来，即1，3，7，13等数字只是“表面上”存在与坐标轴之上。而“曲线图”是以1，3，7，13等作为真实的参数，所以画出来的图之间曲线的斜率有所区别。所以，（a）折线图和（c）面积图表达的数据信息根本就不正确。对于x轴标签是数值格式的数据，应采用曲线图（带直线或曲线的散点图）可视化数据。

	A	B	C	D	E	F	G	H
1	Month	Snow Ski Sales		Date	Snow Ski Sales		Time	Water Ski Sales
2	Jan	18730		4/1	18730		1	16453
3	Feb	11873		4/2	11873		3	15874
4	Mar	8734		4/3	8734		7	10739
5	Apr	7732		4/4	7732		13	9833
6	May	6897		4/5	6897		20	9832
7	Jun	5433		4/10	3122		23	7330
8	Jul	4500		4/11	893		25	5547
9	Aug	3122		4/12	891		28	5433
10	Sep	893		4/13	734		35	3459
11	Oct	891		4/14	559		40	3244
12	Nov	734		4/20	384		41	2873
13	Dec	559		4/21	209		44	1983

图4–1–1 原始数据

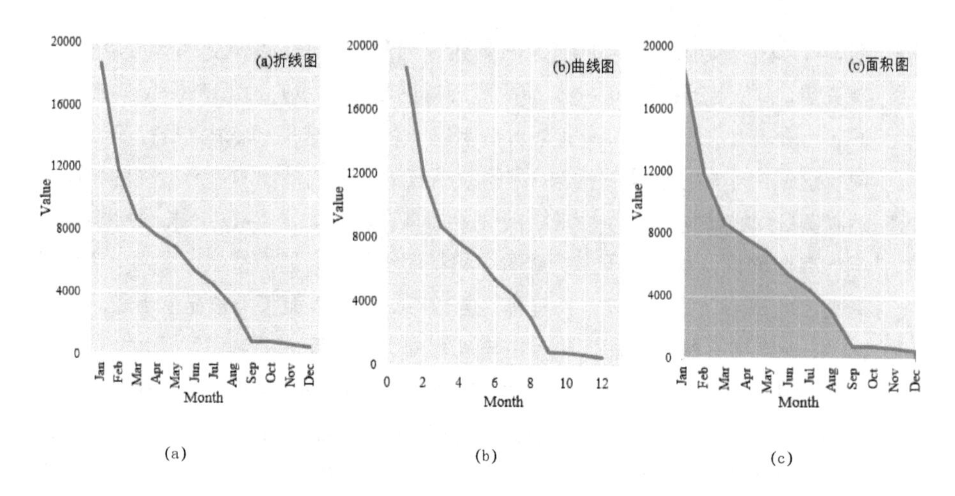

图4-1-2 基于A和B列数据绘制的图表

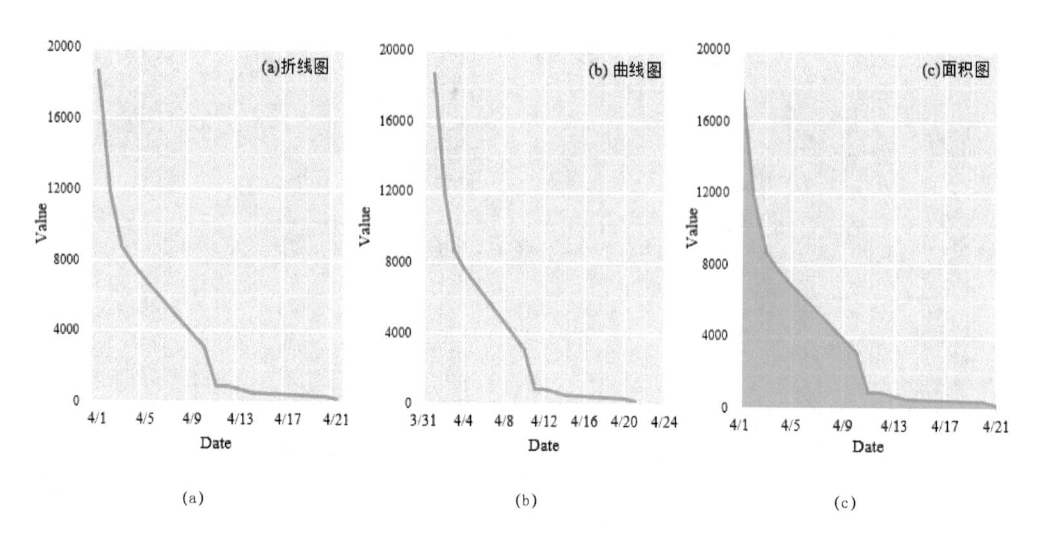

图4-1-3 基于D和E列数据绘制的图表

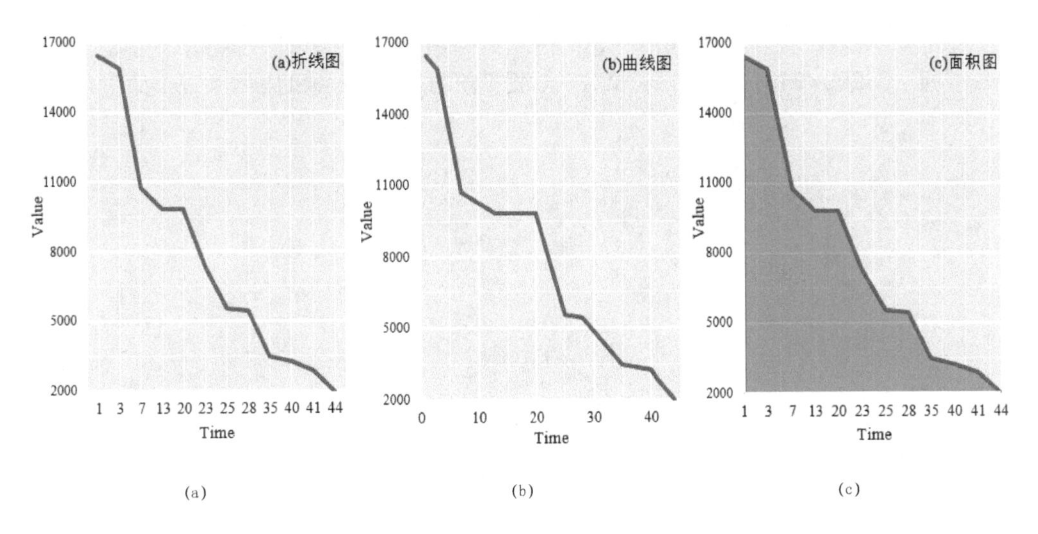

图4-1-4 基于G和H列数据绘制的图表

在折线图的绘制过程中，x轴数据标签一般需要通过“选择数据源”对话框设定与修改：“水平（分类）轴标签”就是x轴数据标签。使用Excel仿制的不同效果的折线图如图4-1-5所示。折线图和面积图的绘图区网格线和背景填充颜色的方法与柱形图一致，可以参考3.1节簇状柱形图。

- 图（a）的绘图区背景风格为R ggplot2版，线条颜色为R ggplot2 Set1 的红色和蓝色，线条宽度为1.75磅。
- 图（b）是Excel仿制的简洁风格的Matlab折线图，使用的是Business Week 2颜色主题方案的蓝色和红色。
- 图（c）是仿制《经济学人》风格的折线图，数据系列折线分别为RGB（4, 165, 220）浅蓝色、（2, 83, 110）深蓝色，背景填充颜色为RGB（206, 219, 231）蓝色，纵坐标轴标签位置为高。
- 图（d）是仿制《华尔街日报》风格的折线图，背景填充颜色RGB是（236, 241, 248），数据系列折线分别为（0, 173, 79）绿色、（237, 29, 59）红色。
- 图（e）是仿制《商业周刊》风格的折线图，数据系列折线分别为RGB（2, 57,

116）■蓝色、（247, 0, 0）■红色，背景填充颜色为RGB（224, 234, 237）浅蓝、（200, 215, 219）深蓝交替，数据标签的添加通过辅助数据实现，如图3-7-3所示。

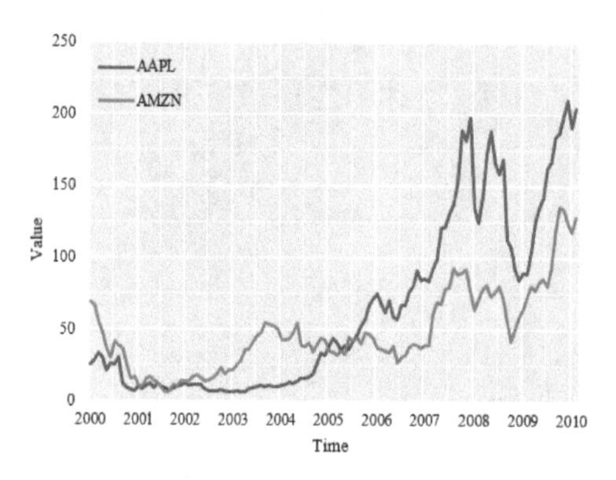

(a) R ggplot2

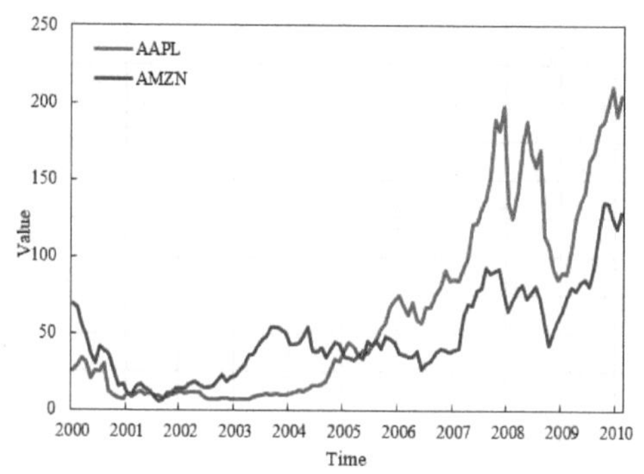

(b) Matlab

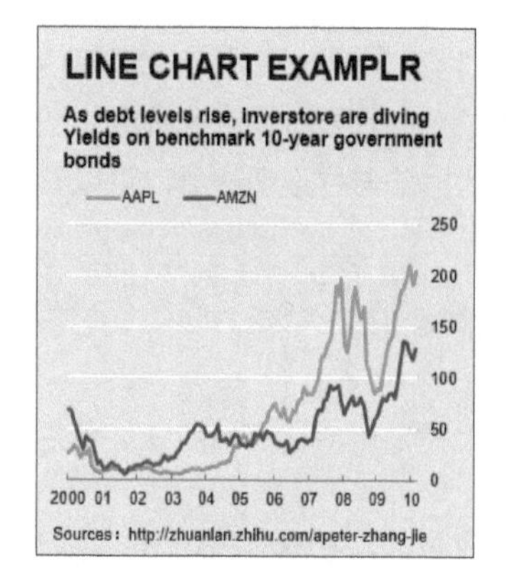

(c) 《经济学人》

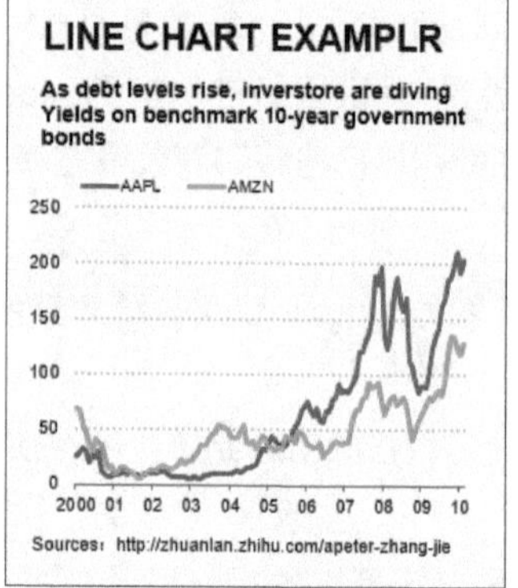

(d) 《华尔街日报》

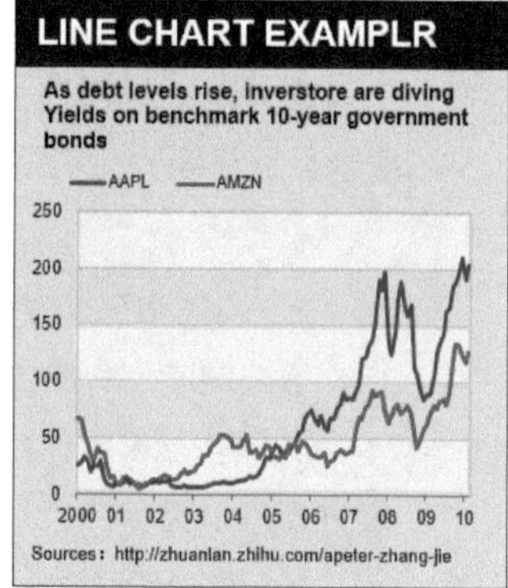

(e) 《商业周刊》

图4-1-5 Excel仿制的不同效果的折线图

4.2 面积图

4.2.1 单数据系列面积图

折线图有时候用面积图表示，更加美观合理。面积图是将折线图折线下方部分填充颜色而制成的图表，同时具有折线图和柱形图的优点，尤其对于少量数据系列的面积图、堆积和百分比堆积面积图，使用面积图比折线图更能反映数据信息。但是由于在绘制多个数据系列时，它在特性上存在某个数据系列会遮掩其他数据系列的缺陷，所以面积图不适合3个以上数据系列的可视化。使用Excel仿制的不同效果的面积图如图4-2-1所示。面积图和折线图的绘图区网格线和背景填充颜色的方法与柱形图一致，可以参考3.1节簇状柱形图。

- 图（a）的绘图区背景风格为R ggplot2版，面积填充颜色为R ggplot2 Set3 的红色，边框为1磅的黑色。
- 图（b）是Excel仿制的简洁风格的Matlab面积图，面积填充颜色为R ggplot2 Set3 的绿色（透明度为20%），边框为0.75磅的黑色。
- 图（c）是仿制《经济学人》风格的面积图，面积填充颜色为RGB（4, 165, 220）浅蓝色，边框为2磅的RGB（2, 83, 110）深蓝色，背景填充颜色为RGB（206, 219, 231）蓝色，纵坐标轴标签位置为高，该图表绘制的难点在于深蓝色粗边的实现。
- 图（d）是仿制《华尔街日报》风格的面积图，背景填充颜色是RGB（236, 241, 248），面积填充颜色为RGB（0, 173, 79）绿色。
- 图（e）是仿制《商业周刊》风格的面积图，面积填充颜色为（255, 135, 26）橘色，绘图区背景为白色，该图表绘制的难点在于要将网格线置于面积图的上层。

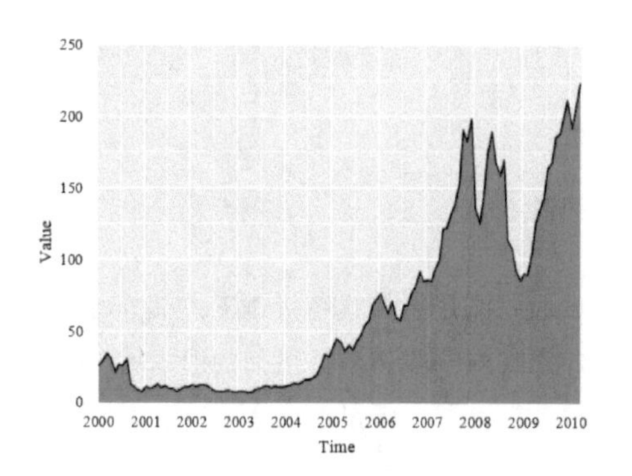

(a) R ggplot2

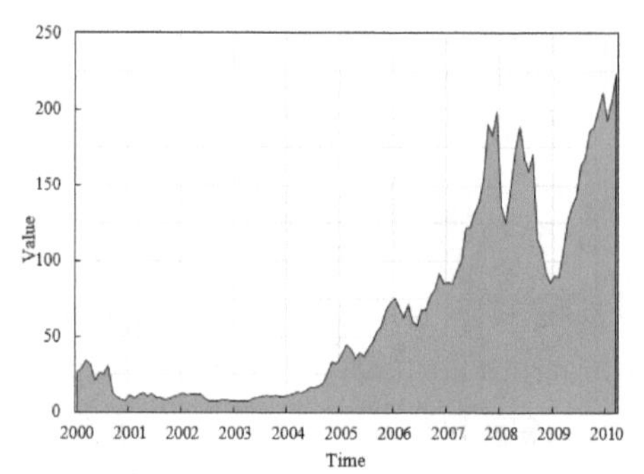

(b) Matlab

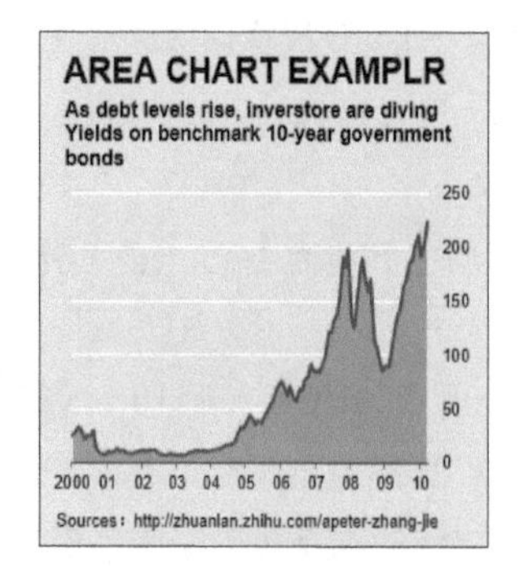

(c)《经济学人》

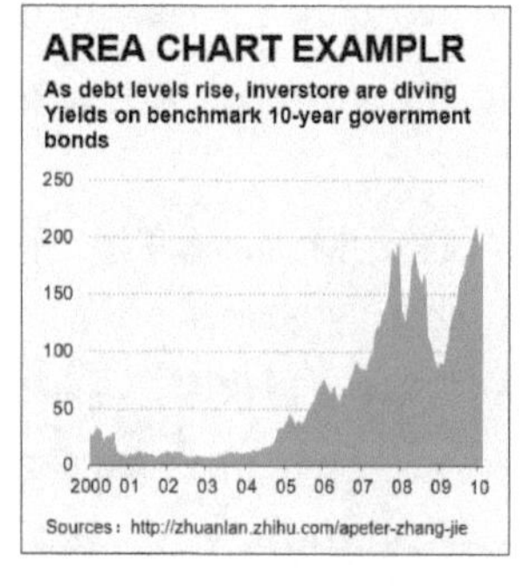

(d)《华尔街日报》

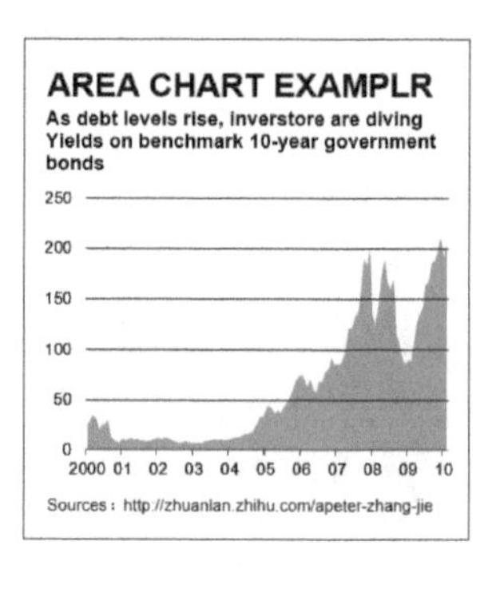

(e)《商业周刊》

图4-2-1 Excel仿制的不同效果的面积图

图4-2-1（c）绘制的方法如图4-2-2所示。原始数据是第A~B列，第C列为辅助数据，与B列的数值相同，选用第A~C列数据绘制面积图或堆积面积图，如图4-2-2 1 所示。再通过更改数据系列的图表类型，将深蓝数据系列从“面积图”更改为“折线图”，结果如图4-2-2 2 所示。修改纵坐标范围，就可以实现图4-2-1（c）的绘制。

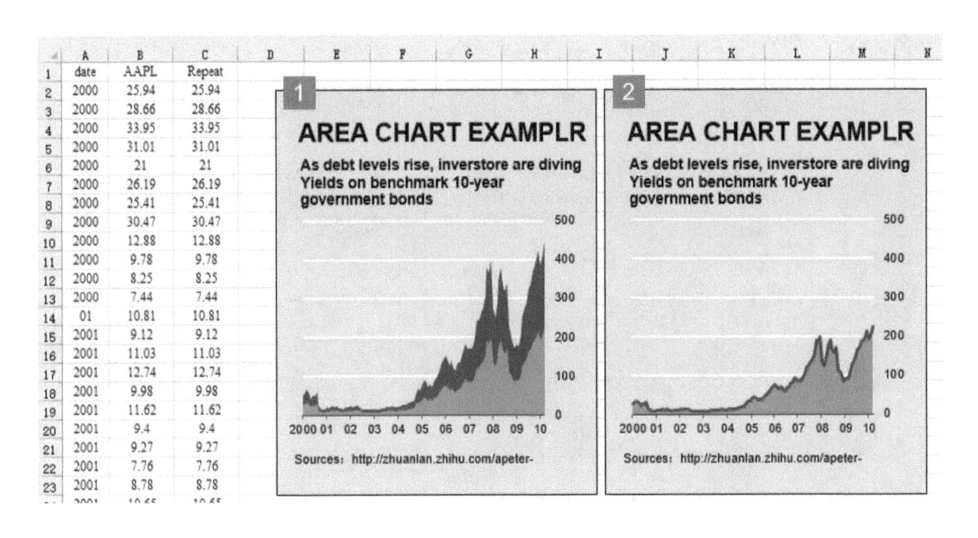

图4-2-2 《经济学人》粗边面积图的绘制方法

图4-2-1（d）的绘制使用了R语言绘图中一个重要的概念：图层。在R ggplot2绘图中，图表的元素和数据系列都是绘在不同的图层中，最后叠合所有图层实现图表的绘制。具体的方法如图4-2-3所示。原始数据是第A~B列，选用第A~B列数据绘制面积图，调整图表元素的格式，如图4-2-3 1 所示。再使用快捷键【Ctrl+C】实现相同图表的复制，将面积填充设置为“无填充”，结果如图4-2-3 2 所示。选择两张图表，使用“图表工具→对齐”中的“水平居中”和“垂直居中”命令，就可以实现两种图表的完全叠合，结果如图4-2-1（e）所示。

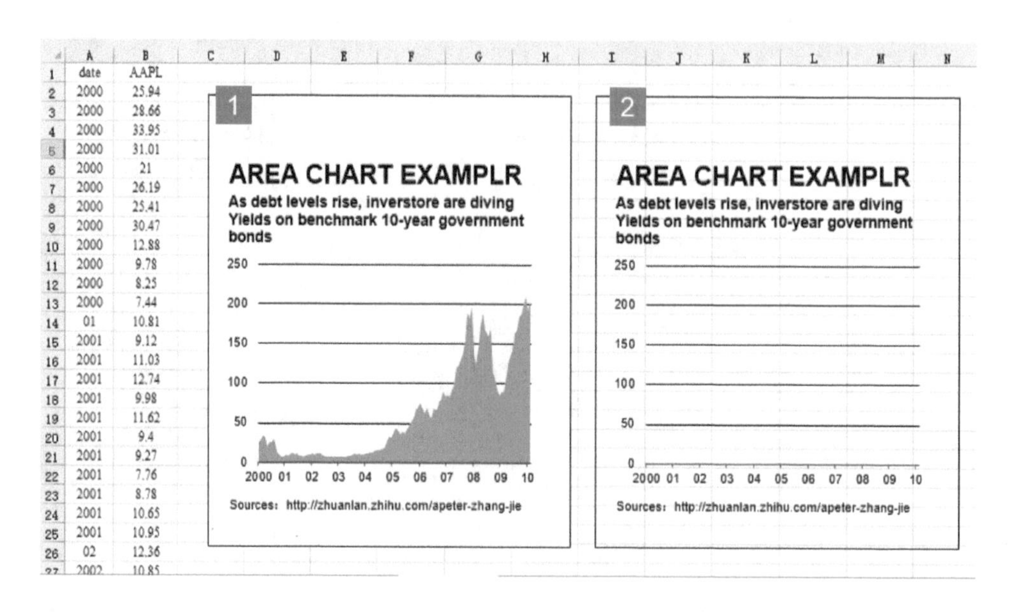

图4-2-3 《商业周刊》面积图的绘制方法

图4-2-4是使用相同的数据绘制的不同效果的面积图（原始数据来源于网址：http://bl.ocks.org/mbostock/1256572）。具体选用哪种效果来表现数据，要视具体情况而定。

图4-2-4（a）使用Tableau 10的颜色主题方案，4个数据系列共用同一个*X*轴，面积数据系列的填充→透明度为0%，图表的布局是竖向排列。

图4-2-4（b）Tableau 10的颜色主题方案，面积数据系列的“填充→透明度”为30%，边框使用1.5磅的深色，图表的布局是横向排列。

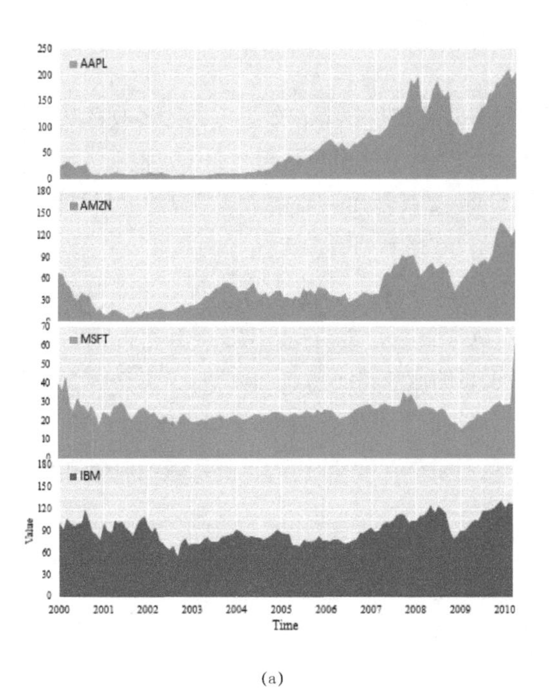

(a)

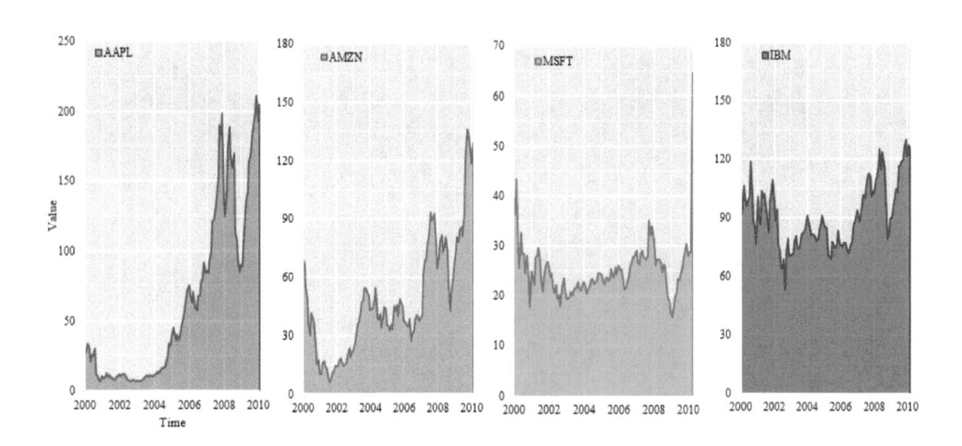

(b)

图4-2-4 相同数据不同效果的面积图

4.2.2 多数据系列的面积图

多数据系列的面积图有时候使用得当，效果可以比多数据系列的曲线图美观很多。但是，数据系列最好不要超过3个，不然图表看起来会比较混乱，反而不利于数据信息的准确和美观表达，如图4-2-5和4-2-6所示。数据系列的先后显示可以参考3.1节簇状柱形图中图3-1-7所示的数据系列的层次显示调整方法。

- 图4-2-5是双数据系列的面积图，图（a）的面积填充分别为RGB（248, 118, 109）红色和（0, 191, 196）蓝色，透明度为30%，边框为0.75磅的黑色；图（b）的面积填充为R ggplot2 Set3的蓝色和红色。
- 图4-2-6是多数据系列的面积图，图（a）使用R ggplot2 Set3的颜色主题方案；图（b）使用Tableau 10 Medium的颜色主题方案，面积填充透明度为30%，边框为0.75磅的黑色。

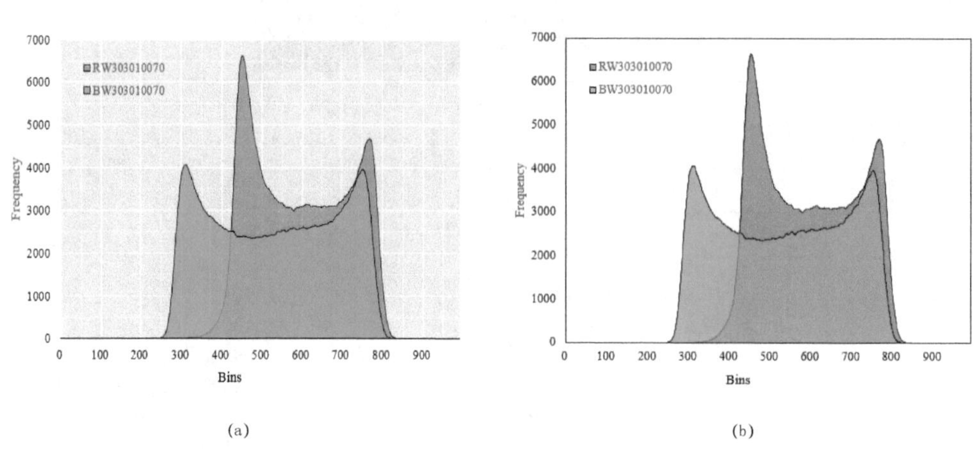

图4-2-5 双数据系列的面积图

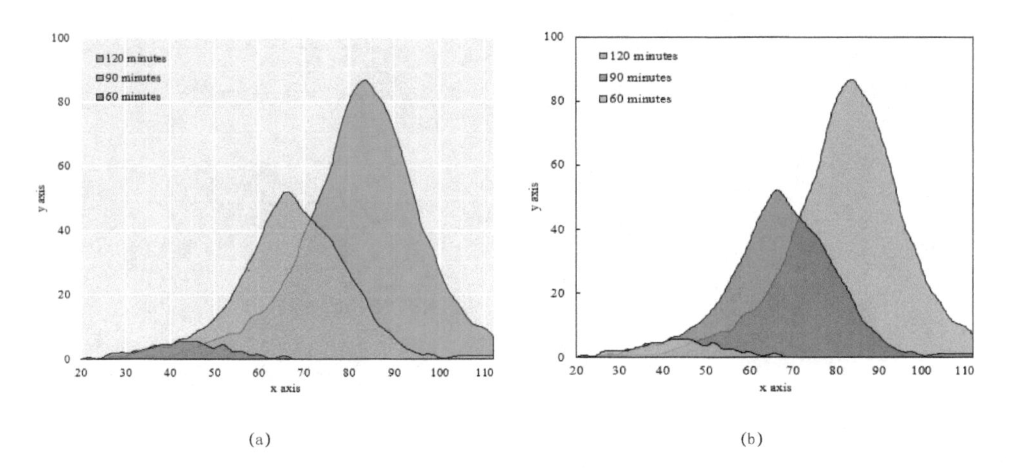

图4-2-6 多数据系列的面积图

4.3 堆积面积图

R软件中的ggplot2、Tableau软件和D3.js都能绘制极其炫丽的堆积面积图。其实，Excel也能绘制出这几款软件绘制的堆积面积图效果，并且制作流程很简单。这种图表关键在于面积填充颜色的调整，如图4-3-1所示。

图4-3-1（a）使用R ggplot2 Set3作为颜色主题方案，面积填充透明度设置为20%。

图4-3-1（b）是使用D3.js的颜色主题方案：

，

深色和浅色交替，具体每个颜色的RGB数值如图4-3-2所示。面积填充透明度设置为0%。

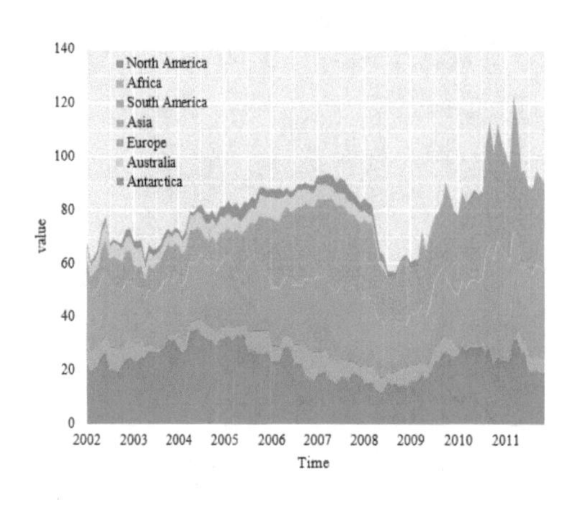

(a)

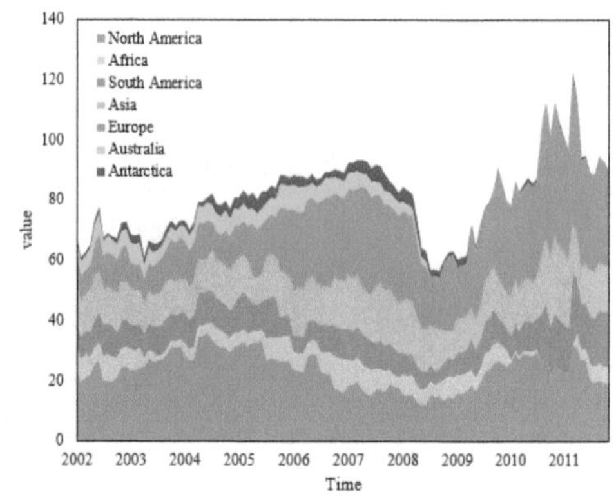

(b)

图4-3-1 堆积面积图

颜色																				
R	94	173	255	255	44	146	214	255	148	197	140	196	225	246	127	199	188	219	37	152
G	156	199	125	187	160	221	39	145	103	176	86	156	110	177	127	199	189	219	192	216
B	198	232	11	120	44	131	40	143	189	213	75	148	190	207	127	199	34	141	209	227

图4-3-2 图（b）的颜色选择方案

百分比面积图与百分比柱形图有点类似，制作方法比堆积面积图更加简单容易。使用Excel自动生成的百分比面积图（只需要调整坐标轴的格式，默认颜色主题方案是Office 2007-2010，请参考如图1-3-1所示的Excel 2016默认配色方案）。再对数据系列颜色按图4-3-1的堆积面积图调整颜色，结果如图4-3-3所示。

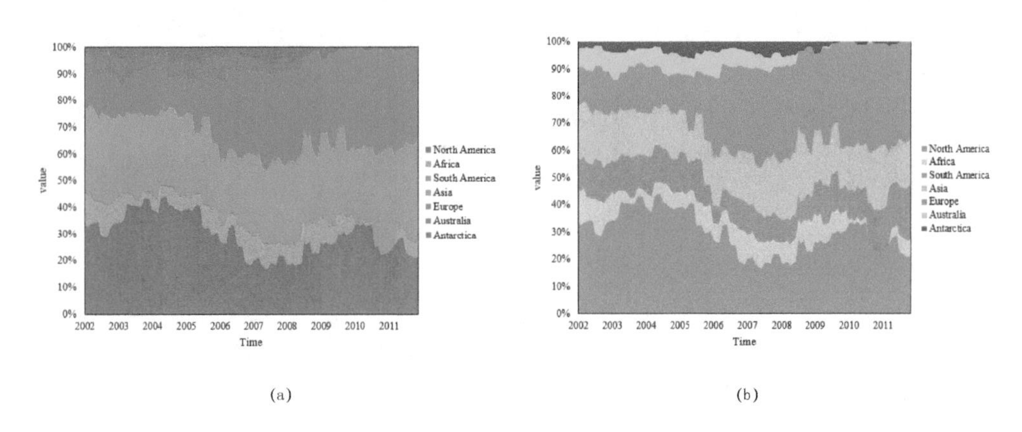

图4-3-3 不同效果的百分比面积图

4.4 两条曲线填充的面积图

两条曲线填充的面积图，在Python的Matplotlib包教程中有介绍说明。《华尔街日报》等商业杂志也有使用这种图表。两条曲线填充的面积图能很好地展示两条曲线之间的差异，如图4-4-1所示。

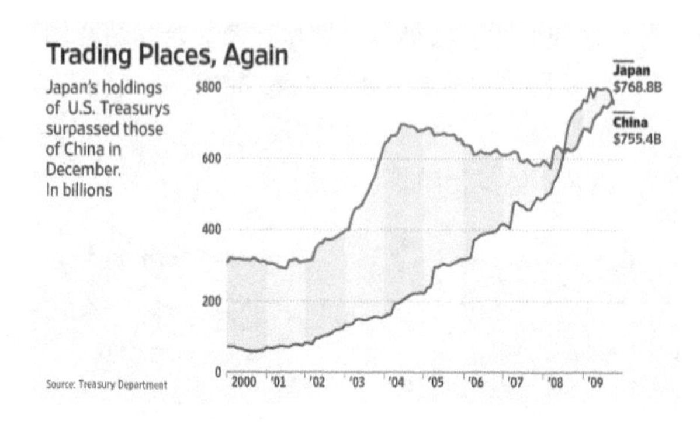

图4-4-1 两条曲线填充的面积图（来源《华尔街日报》）

本节将以图4-4-2为例讲解两条曲线填充面积图的制作。作图思路：计算辅助数据系列，先绘制折线图，然后更改数据系列的图表类型为堆积面积图和折线图，再调整数据系列的线条或面积填充格式。图4-4-2（a）绘制的具体步骤如下。

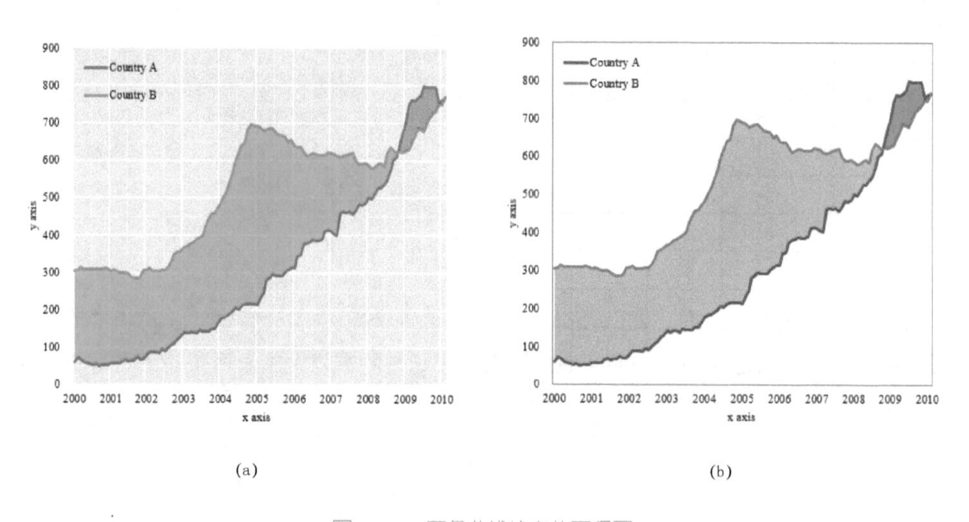

图4-4-2 两条曲线填充的面积图

第一步：添加辅助数据。原始数据如图4-4-3中的A、B、C列数据所示，其中第A列数据为水平轴标签，第B列为垂直轴数据系列1，第C列为垂直轴数据系列2，第D、E、F列数据为辅助数据，第D、E、F列数据由第B和C列数据计算得到，以单元格D2、E2、F2为例：

D2=MIN（A2:C2）

E2 =IF（B2>C2,B2-D2,0）

F2 =IF（B2<=C2,C2-D2,0）

根据第A~F列数据绘制的折线图。使用R ggplot2 Set3颜色主题方案和背景风格，如图4-4-3 1 所示。

第二步：更改数据系列的图表类型。选定任意数据系列，右击选择“更改系列图表类型”，弹出如图4-4-3 2 所示的“更改图表类型”对话框，将数据系列“Y-Min”、“Y-A”、“Y-B”更改为堆积面积图，结果如图4-4-3 3 所示。

第三步：调整数据系列格式。选定绿色数据系列，将面积填充颜色设置为“无填充”，将紫色、蓝色数据系列的面积填充分别设置为透明度30%的蓝色、红色，边框设定为“无线条”。将黄色和红色折线分别设置为2.25磅的蓝色、红色。

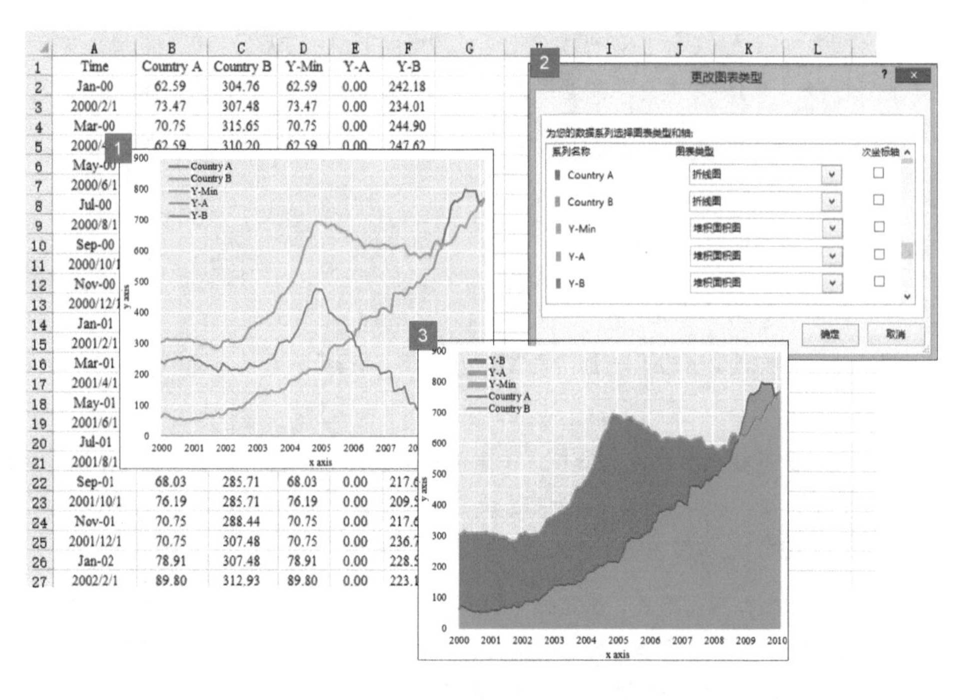

图4-4-3 两条曲线填充面积图的制作过程

4.5 带置信区间的曲线图

带置信区间的曲线图在R ggplot2 与Highcharts JS绘图中有所介绍（Highcharts JS网址：http://www.highcharts.com/demo/arearange-line），如图4-5-1所示。

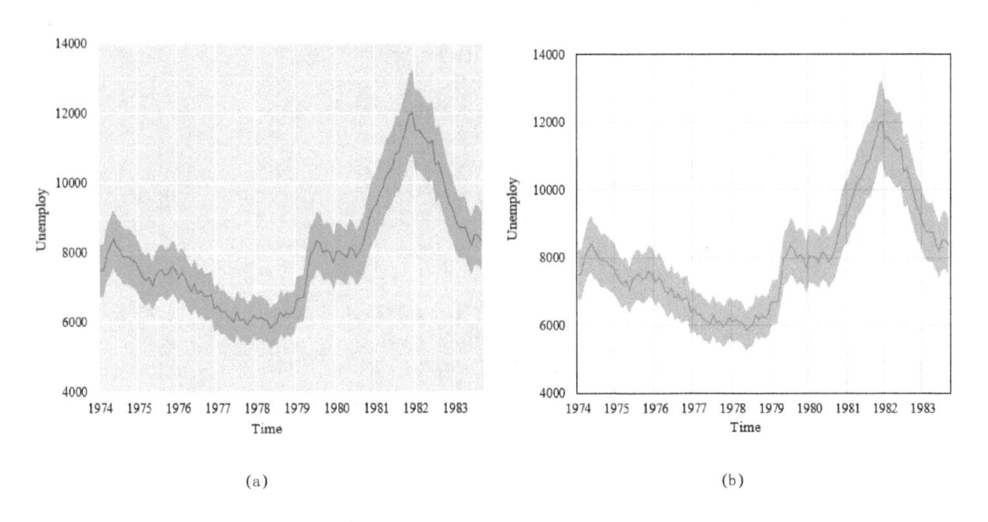

图4-5-1 带置信区间的曲线图

第一步：添加辅助数据。原始数据如图4-5-2中的A、B、C、D列数据所示，其中第A列数据为水平轴标签，第B列为曲线的垂直轴数据，第C、D列曲线数据的下、上置信区间，第E列数据由第C和D列数据计算得到，以单元格E2为例：

E2=D2-C2

先选用第A~C三列数据绘制堆积面积图，再通过选择数据源，添加第E列数据系列。使用R ggplot2 Set3颜色主题方案和背景风格，如图4-5-2 1 所示。

第二步：更改数据系列的图表类型。选定任意数据系列，右击选择“更改系列图表类型”，将数据系列“unempoly”更改为折线图，结果如图4-5-2 2 所示。更改数据系列的格式。选择黄色数据系列，将面积填充颜色设置为“无填充”，将蓝色数据系列的面积填充设置为透明度30%的红色，边框设置为“无线条”。将折线数据系列设置为0.25磅的RGB（246, 73, 60）的红色。

第三步：调整水平坐标轴的标签格式。选择水平坐标轴，右击选择“设置坐标轴格式”，选择“数值→日期→格式代码（yyyy/m/d）”，修改为“yyyy”，然后单击“添加”

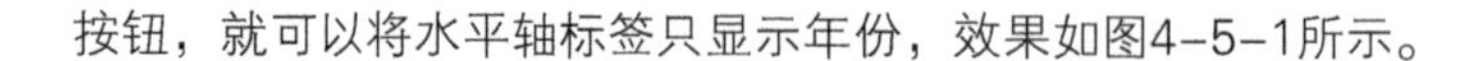
按钮，就可以将水平轴标签只显示年份，效果如图4-5-1所示。

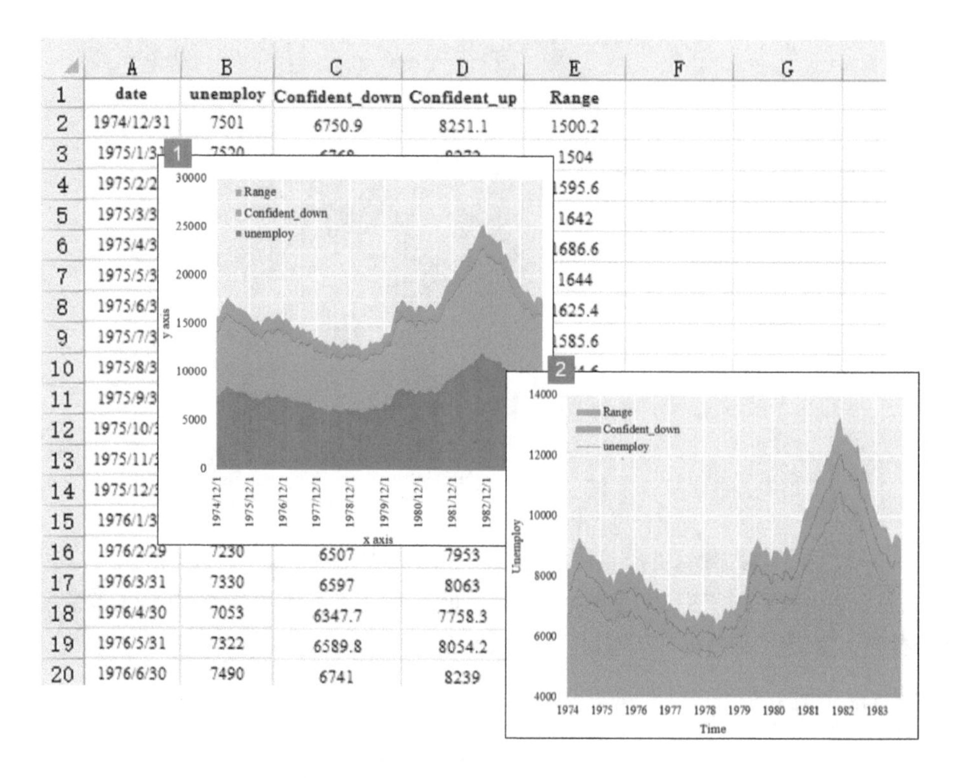

图4-5-2 带置信区间曲线图的制作过程

Excel也能绘制双数据系列的带置信区间的曲线图，效果如图4-5-3所示。具体原理是通过主坐标轴和次坐标轴分别使用图4-5-1的绘图方法绘制2个数据系列。所以，Excel最多可以绘制2个数据系列的带置信区间曲线图。图4-5-3（a）和（b）使用R ggplot2 Set3的颜色主题方案；图4-5-3（c）使用Python seaborn default的颜色主题方案。

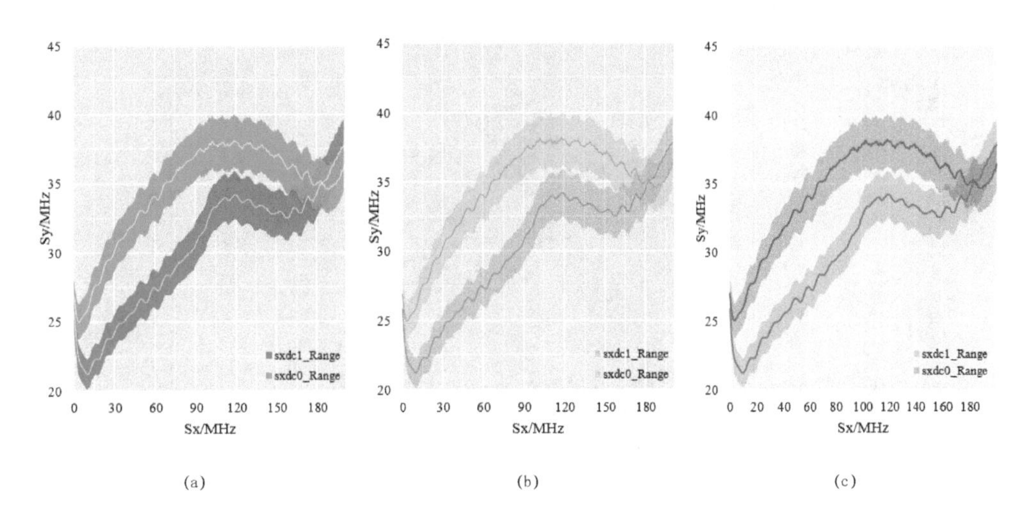

图4-5-3 双数据系列的带置信区间曲线图

双数据系列的带置信区间曲线图的绘制方法如图4-5-4所示。需要注意的关键问题有两个：

1 数据系列关于主要和次要坐标轴的隶属：sxlc1、sxlc0-1的相关数据系列分别隶属于主要、次要坐标轴。

2 数据系列关于“数据源选择→图例项（系列）（S）”的次序：从上往下数据系列的次序依次为sxdc1_Down，sxdc1_Range，sxlc0-1_Down，sxdc0_Range，sxdc1，sxlc0-1。“*_Down”数据系列要先于“*_Range”。

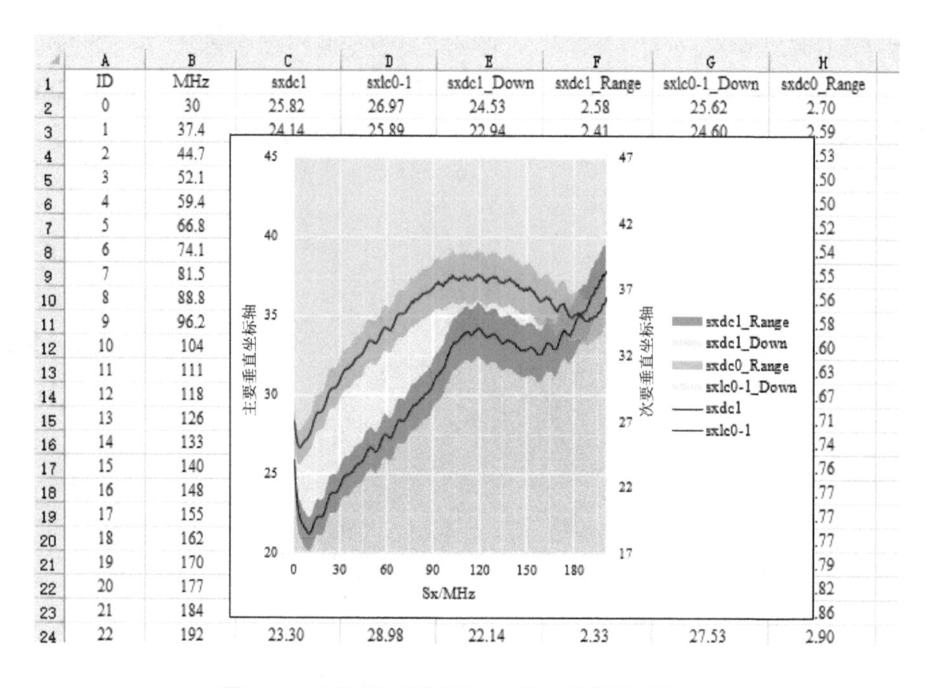

图4-5-4 双数据系列的带置信区间曲线图的绘制方法

4.6 三维面积图

三维面积图其实与图4-2-5多数据系列面积图表达的数据信息类似。当只有2~3个数据系列时，可以使用图4-2-5多数据系列面积图绘制图表；当多于2个数据系列时，可以使用三维面积图表达数据信息，如图4-6-1所示。三维面积图的绘图方法与3.6节三维柱形图类似。图4-6-1（a）三维面积图的作图思路为重点调整三维面积图的绘图区背景和面积格式。

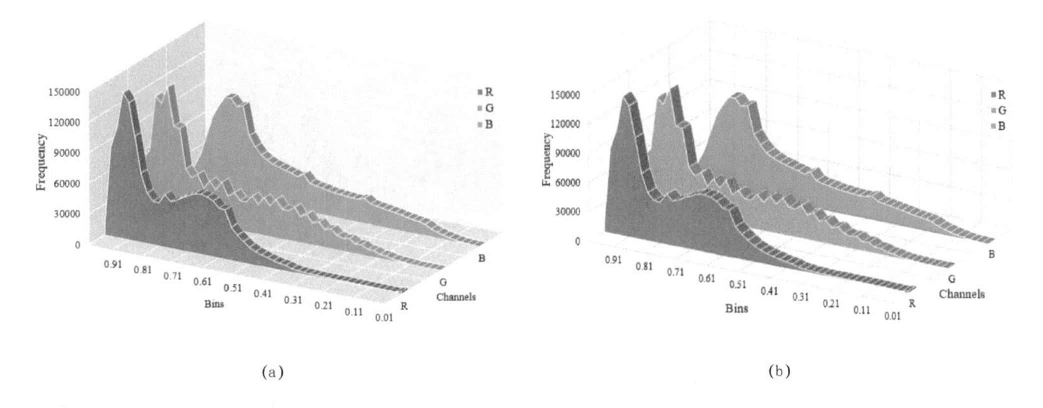

图4-6-1 三维面积图

第一步：生成Excel默认三维面积图。使用Excel自动生成默认的三维柱形图，结果如图4-6-2（a）所示（如果x坐标轴为文本型数据格式，需要通过右击选择“选择数据”，改变图表的“水平（分类）轴标签”）。

第二步：调整三维旋转。选择图表的任何区域，通过右键单击选择“三维旋转”，设置“X旋转”为30°，“Y旋转”为20°，“透视”为1°，取消勾选“直角坐标轴”复选框，“深度（原始深度百分比）”设置为1：150，结果如图4-6-2（b）所示。选择x轴坐标轴，“坐标轴位置”中勾选“R逆序类别”复选框，再调整主要和次要单位；选择z轴坐标轴，调整主要和次要单位，如图4-6-2（c）所示。添加垂直轴、竖轴和水平轴主要网格线，结果如图4-6-2（d）所示。

第三步：调整面积格式。选择面积数据系列，“边框”调整为0.25磅的RGB（255, 255, 255）白色实线，“系列间距”为500%，结果如图4-6-2（e）所示。设置背景墙格式，“填充”颜色为透明度40%的RGB（229, 229, 229）灰色；设置基底格式，设置“填充”颜色为透明度50%的RGB（255, 255, 255）白色；把所有网格线颜色修改成RGB（255, 255, 255）白色。最后添加坐标轴标题，效果如图4-6-2（f）所示。选择R ggplot2 Set3颜色主题方案，依次调整柱形数据系列的颜色为：RGB（255, 108, 145），（0, 188, 87），（0, 184, 229），最终效果如图4-6-1（a）所示。

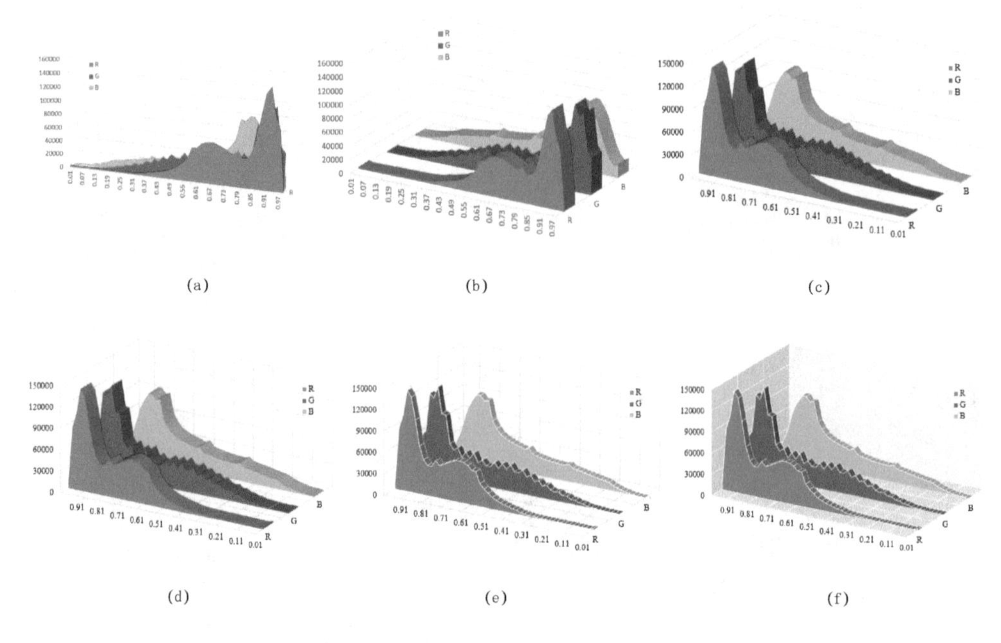

图4-6-2 三维面积图的制作过程

4.7 时间序列预测图

Excel 2016 在“数据”选项卡提供了一个“预测工作表”工具，以用于数据预测。如果你有基于历史时间的数据，可以将其用于创建预测。创建预测时，Excel 将创建一个新工作表，其中包含历史值和预测值，以及表达此数据的图表。预测可以帮助你预测将来的销售额、库存需求或消费趋势等信息。

下面先讲解“预测工作表”工具的使用。输入原始数据，如图4-7-1（a）中单元格A1:B117所示。单击“数据”选项卡中“预测工作表”，弹出如图4-7-2所示的“创建预测工作表”对话框。在对话框选项中需要注意：

1 时间线要求其数据点之间的时间间隔恒定。例如，在每月第一天有值的每月时间间隔、每年时间间隔或数字时间间隔。如果时间线系列缺少的数据点最多达到 30%，或者多个数字的时间相同，也没有关系，预测仍然准确。 但是，如果在创建预测之前汇总数据，产生的预测结果更准确。

2 手动设置季节性时，请避免值少于 2个历史数据周期。若周期大于2个，预测函数则使用指数平滑（ETS）算法；如果周期少于2 个，那么Excel将不能确定季节性的组件，预测函数使用线性回归算法。

3 如果数据中包含时间戳相同的多个值，Excel 将计算这些值的平均值。若要使用其他计算方法（如“中值”），请从列表中选择计算。

Excel会在另一张新表中自动生成预测数据表，如图4-7-1（a）中单元格A1:E185所示。新表中包含以下列，其中三个列为计算列：

历史时间列，如单元格A1:A185所示；

历史值列，如单元格B1:B185 所示；

预测值列（使用FORECAST.ETS计算所得），如单元格C117:C185 所示；

表示置信区间的两个列（使用 FORECAST.ETS.CONFINT 计算所得），如单元格D117:E185 所示。

同时，Excel会自动生成包含置信区间的折线图，如图4-7-2所示。使用4.1节折线图的绘图方法，调整图表要素，可以得到如图4-7-3所示的预测图。其中图（a）使用R ggplot2 Set3颜色主题方案，图（b）使用Tableau 10颜色主题方案。

	A	B	C	D	E	F
1	date	unemploy	趋势预测	置信下限	置信上限	
2	1974/12/31	10				
3	1975/1/31	11.93690579				
4	1975/2/28	11.84062128				
5	1975/3/31	14.67913196				
	⋮	⋮				
115	1984/5/31	15.18718926				
116	1984/6/30	12.4088479				
117	1984/7/31	12.54517204	12.54517204	12.55	12.55	
118	1984/8/31		11.727386	10.08	13.37	
119	1984/10/1		10.19465343	8.50	11.89	
	⋮		⋮	⋮	⋮	
183	1990/1/31		14.98008466	10.80	19.16	
184	1990/3/3		12.75887801	8.54	16.97	
185	1990/3/31		12.98653421	8.74	17.23	

(a)

	A	B	C	D	E	F
1	date	unemploy	趋势预测	置信下限	置信上限	置信区间
2	1974/12/31	10	10			0.00
3	1975/1/31	11.93690579	11.93690579			0.00
4	1975/2/28	11.84062128	11.84062128			0.00
5	1975/3/31	14.67913196	14.67913196			0.00
	⋮	⋮	⋮			⋮
115	1984/5/31	15.18718926	15.18718926			0.00
116	1984/6/30	12.4088479	12.4088479			0.00
117	1984/7/31	12.54517204	12.54517204	12.55	12.55	0.00
118	1984/8/31		11.727386	10.08	13.37	3.29
119	1984/10/1		10.19465343	8.50	11.89	3.39
	⋮		⋮	⋮	⋮	⋮
183	1990/1/31		14.98008466	10.80	19.16	8.37
184	1990/3/3		12.75887801	8.54	16.97	8.43
185	1990/3/31		12.98653421	8.74	17.23	8.50

(b)

图4-7-1 原始数据与预测数据

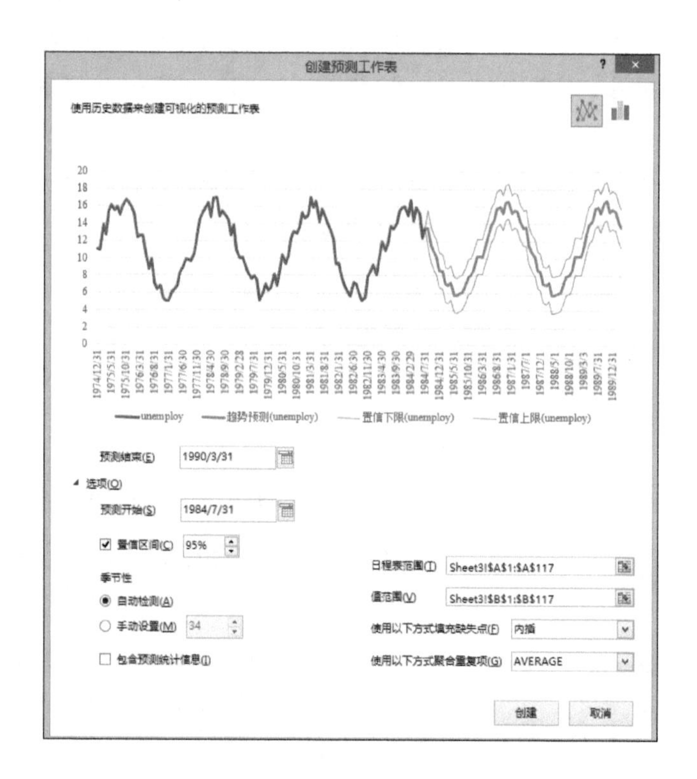

图4-7-2 “创建预测工作表”对话框

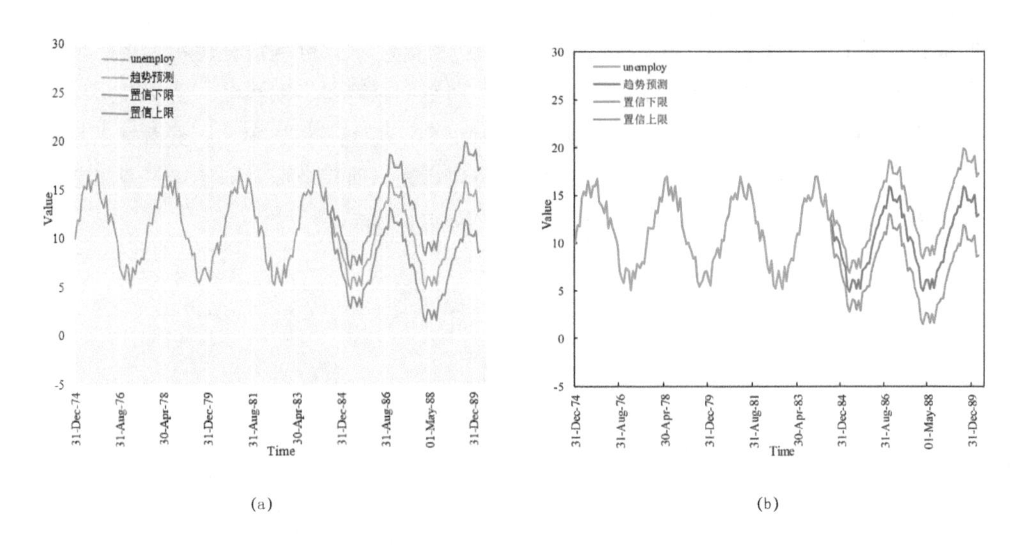

图4-7-3 调整后的Excel自动生成的预测图

可以使用4.5节带置信区间的曲线图的方法绘制带置信区间的预测图，如图4-7-4所示。作图思路：采用折线图和堆积面积图两种综合图表，历史值和预测值采用折线图表示，置信区间采用堆积面积图实现。具体步骤如下。

第一步：添加辅助数据。原始数据如图4-7-1（a）所示，数据调整后的新表如图4-7-1（b）所示。添加F列“置信区间”，由D和E两列计算所得。复制单元格B2:B116原数据至单元格C2:C116区域。以第2行为例：

C2=B2

F2=E2-D2

第二步：生成堆积面积图。选择单元格C2:C185，生成堆积面积图。通过修改“选择数据源”添加“置信下限”单元格D2:D185和“置信区间”F2:F185（注意：保证数据系列的次序如图4-7-5数据源对话框所示），选择单元格A2:A185作为“水平轴标签”，结果如图4-7-6（a）所示。

第三步：修改图表元素。选中任何数据系列，选择“更改图表类型”，把“预测趋势”

数据系列设置为“折线图”，结果如图4-7-6（b）所示。选定红色填充面积，将“填充”修改为“无填充”，结果如图4-7-6（c）所示。将绘图区背景、网格线、图例和坐标轴等图表元素按R ggplot2图表风格设定，使用R ggplot2 Set3颜色主题方案，折线数据系列颜色使用“宽度”为1.25磅的RGB（0, 184, 229）蓝色实线，面积数据系列使用“透明度”为30%的RGB（255, 108, 145）红色，最后结果如图4-7-4所示。

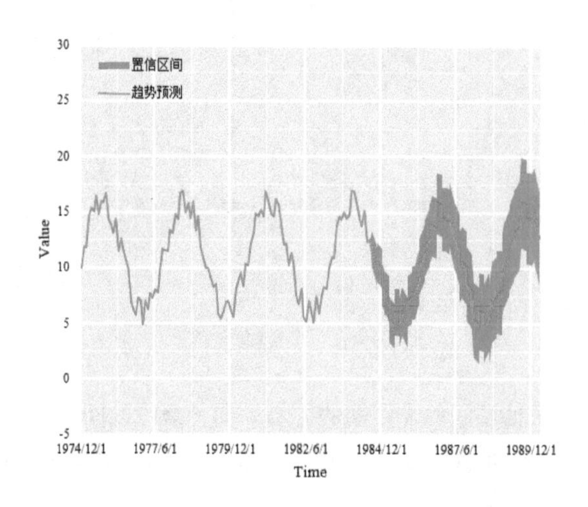

图4-7-4 数据预测图

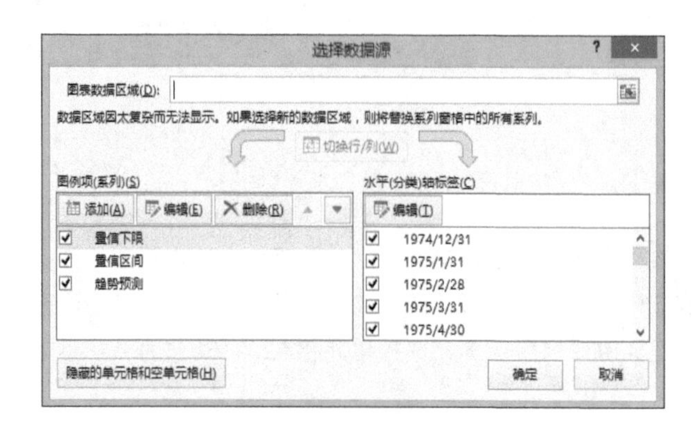

图4-7-5 “选择数据源”对话框

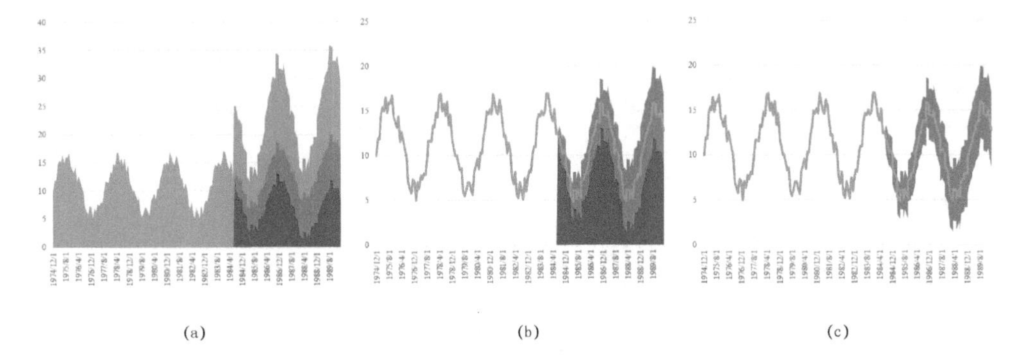

图4-7-6 预测图的制作过程

第5章

环形系列图表的制作

5.1 填充雷达图

雷达图是用来比较每个数据相对中心点的数值变化，将多个数据的特点以“蜘蛛网”形式呈现出来的图表，多使用倾向分析和把握重点。在商业领域中，雷达图主要被应用在与其他对手的比较、公司的优势和广告调查等方面，主要包括雷达图、带标记的雷达图、填充雷达图，如图5-1-1，5-1-3和5-1-4所示。

填充雷达图，比雷达图更有表现力。所以有时候使用填充雷达图，来代替雷达图演示数据。使用Excel自动绘制的雷达图存在两个重要的美学问题。

- Excel默认生成的雷达图不能显示如图5-1-2 3 所示的雷达轴虚线，只能显示如图5-1-2 1 所示的雷达轴主要网格线，即使后期把“雷达轴→线条”设置成实线，也不能正常显示。
- Excel调整后的雷达图可以显示雷达轴虚线，但是数据系列面积始终显示在雷达轴虚线下方，影响审美，如图5-1-2 3 所示。而我们最后希望调整得到的填充雷达图如图5-1-1所示。

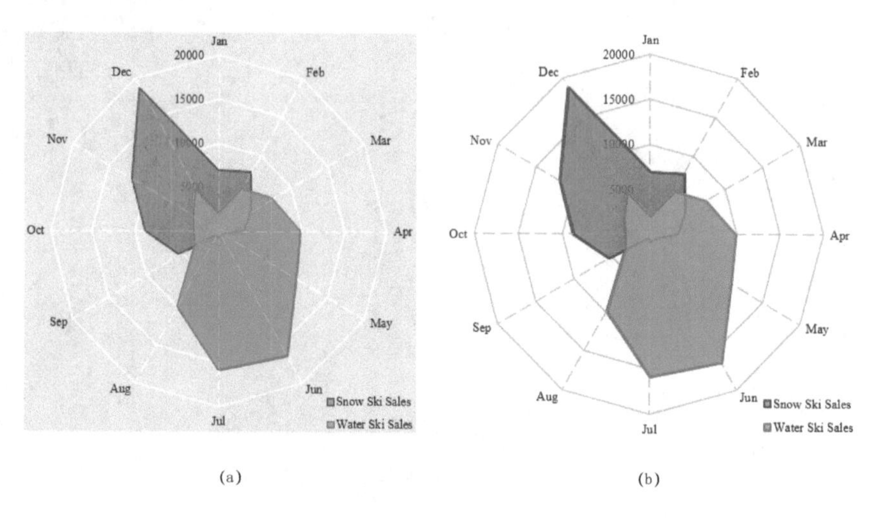

图5-1-1 填充雷达图

图5-1-1（a）的作图思路：使用Excel绘制雷达图，再更改图表系列，从而得到带有雷达轴虚线的填充雷达图，然后根据图层的概念，实现数据系列面积显示在雷达轴虚线上方。具体步骤如下。

第一步：生成Excel默认的雷达图。原始数据如图5-1-2所示，第A列为水平轴的标签，第B和C列为两个数据系列的垂直轴数据。选定A、B和C列原始数据，使用Excel自动生成的雷达图。将绘图区背景、水平轴的网格线、图例和坐标轴等图表元素设定成R ggplot2风格，使用R ggplot2 Set3颜色主题方案；选定主轴（雷达轴）主要水平网格线，将线条调整为1.5磅的RGB（255, 255, 255）纯白色实线；分别将红色、蓝色数据系列“线条”调整为 1.5磅的RGB（244, 38, 24）红色、（0, 138, 172）青色。

第二步：显示雷达轴虚线。选定主要纵坐标轴（雷达轴），将线条调整为1.25磅的RGB（255, 255, 255）纯白色长画线，结果如图5-1-2 1 所示。选定图表，更改图表类型为“填充雷达面积图”；选定面积填充部分的“设置数据系列格式”，分别将红色、蓝色数据系列“纯色填充”调整透明度为30%，RGB值为（248, 118, 109）的红色、（0, 191, 196）的青色；结果如图5-1-2 3 所示，雷达轴虚线已经显示在数据系列面积上方。

第三步：使用图层叠合。使用快捷键【Ctrl+C】实现相同图表 3 的复制，再将雷达轴“线条”设定为“无线条”，“图表区→填充”设置为“无填充”，结果如图5-1-2 4 所示；选定两张图表，使用“图表工具→对齐”中的“水平居中”和“垂直居中”命令，就可以实现两种图表的完全叠合，结果如图5-1-1（a）所示。

注意：在雷达图中只存在主轴（雷达轴）主要和次要水平网格线，而没有垂直网格线；只存在主要纵坐标轴（雷达轴），而没有主要横坐标轴。图5-1-2 2 显示了图 1 包含的图表元素，虽然已设定雷达轴虚线，但是并没有在图表中显示。

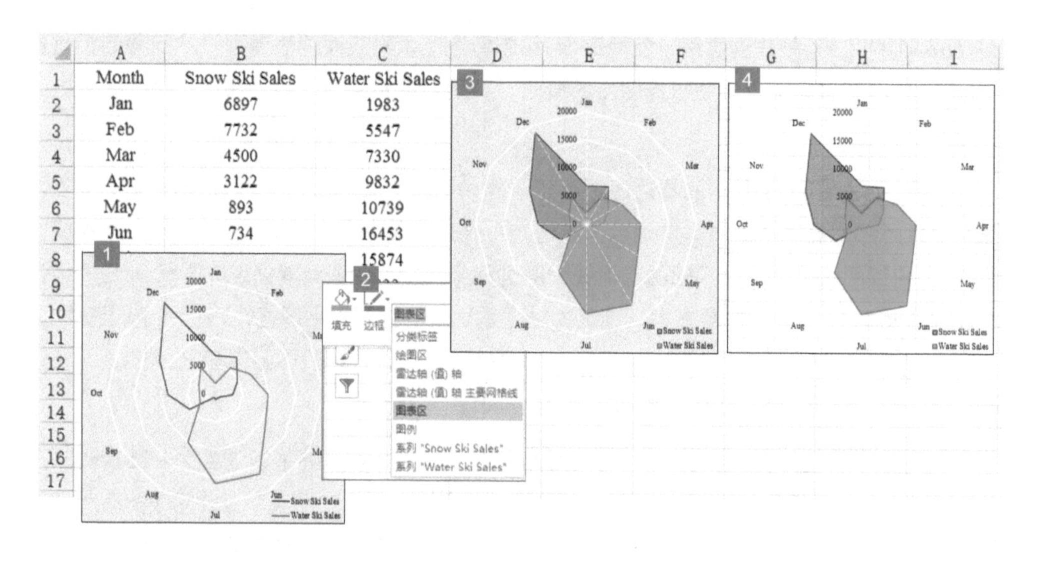

图5-1-2 填充雷达图的绘制过程

图5-1-3是普通的雷达图，基于图5-1-1将面积“填充”设定为“无填充”，由于不存在雷达轴虚线与面积填充遮掩的问题，所以不需要使用图层的步骤。

图5-1-4是带数据标记的雷达图，数据标记格式是大小为8的圆形，填充颜色是白色，线条宽度设定为0.25磅。由于不存在雷达轴虚线与面积填充遮掩的问题，所以不需要使用图层的步骤。

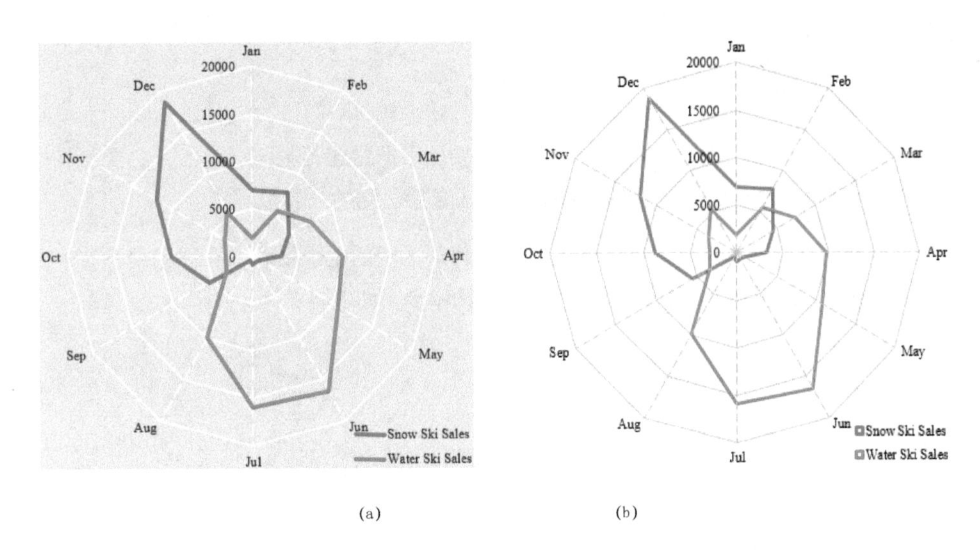

图5-1-3 不同效果的雷达图

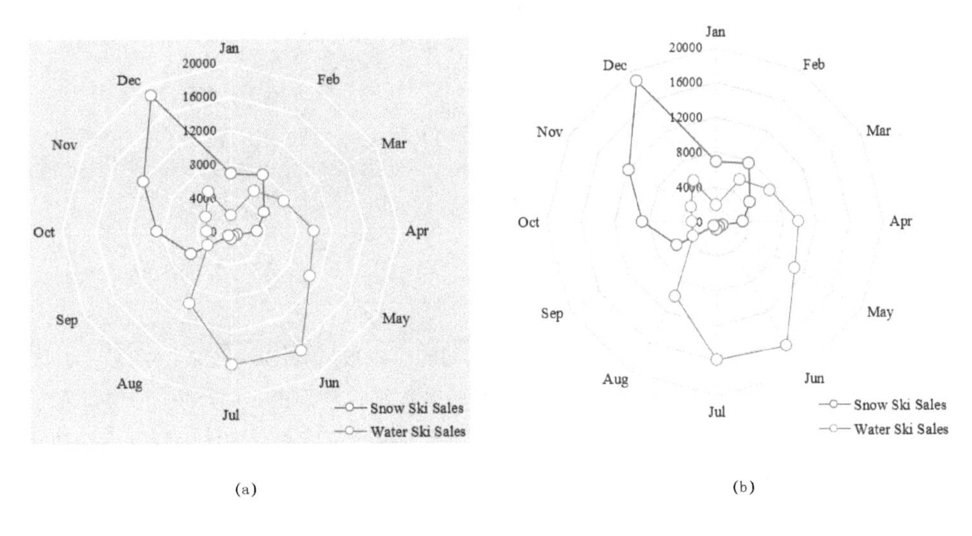

图5-1-4 不同效果的带数据标记的雷达图

5.2 不同颜色区域的雷达图

不同颜色区域的雷达图，这种区域的颜色主要是根据雷达轴数值设定的，主要与坐标轴单位有关，本节将以图5-2-1为例讲解不同颜色区域雷达图的绘制过程。

作图思路：通过添加辅助数据，使用圆环图和雷达图的组合图表，圆环图用于背景区域颜色的变化设定，雷达图用于实际数据的显示。具体步骤如下。

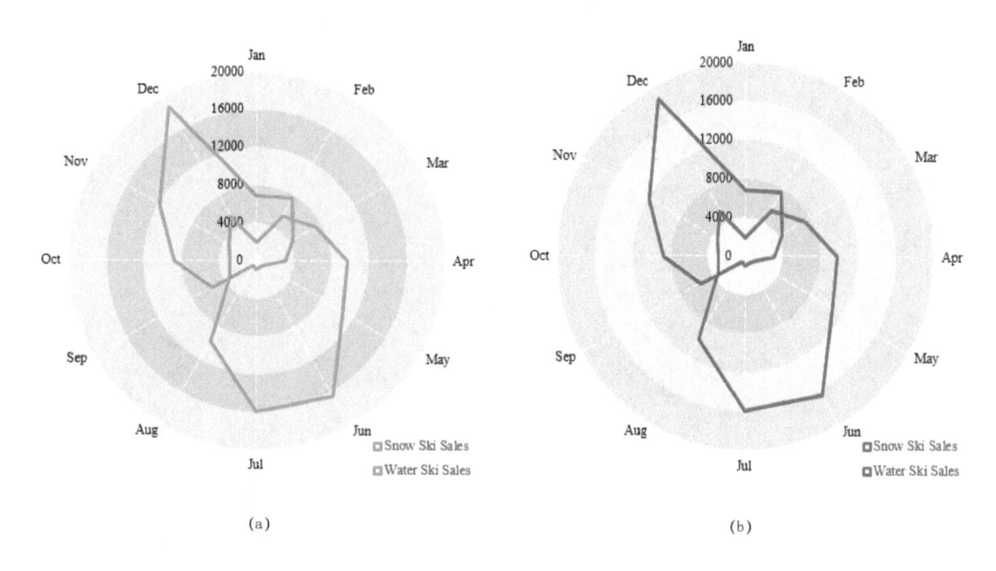

图5-2-1 不同颜色区域的雷达图

第一步：数据系列图表类型的调整。数据系列的原始数据如图5-2-2（a）所示，图表背景的辅助数据如图5-2-2（b）所示。先选定辅助数据，使用Excel自动生成圆环图（注意：辅助数据的行数决定了背景变色圆环的层数；后期图表可以通过直接删除某一行辅助数据，改变背景变色圆环的层数）。

第二步：选定图表任意区域，右击选择“选择数据”，在“改变数据源”对话框的“图例项（系列）”中“添加” 图5-2-2（a）中的数据数据系列：Snow和Water，结果如图

5-2-3（a）所示。选定任意数据系列，右击选择“更改系列图标类型”，从而弹出“自定义组合”对话框，将数据系列Snow和Water调整为“雷达图”，结果如图5-2-3（b）所示。

第三步：调整圆环数据的格式。先调整图例、雷达轴和水平轴数据标签的格式，将雷达轴的线条设定为0.5磅的RGB（255, 255, 255）纯白色的长画线；对于圆环的格式设定，从内到外交替使用两种填充颜色调整圆环的颜色RGB值分别为（223, 235, 244），（191, 216, 234），所有圆环的边框设定为“无”，结果如图5-2-3（c）所示。

调整数据系列的格式。依次选定橘色和蓝色数据系列，将线条调整为2.25磅的颜色RGB（255, 150, 65）橘色和绿色（56, 194, 93），最终结果如图5-2-1所示。

	A	B	C
1	Month	Snow Ski Sales	Water Ski Sales
2	Jan	6897	1983
3	Feb	7732	5547
4	Mar	4500	7330
5	Apr	3122	9832
6	May	893	10739
7	Jun	734	16453
8	Jul	891	15874
9	Aug	559	9833
10	Sep	5433	3244
11	Oct	8734	2873
12	Nov	11873	3459
13	Dec	18730	5433

(a) 数据系列

	E	F	G
1	Group	Percentage1	Percentage2
2	Background1	1	0
3	Background2	1	0
4	Background3	1	0
5	Background4	1	0
6	Background5	1	0

(b) 辅助数据

图5-2-2 原始数据

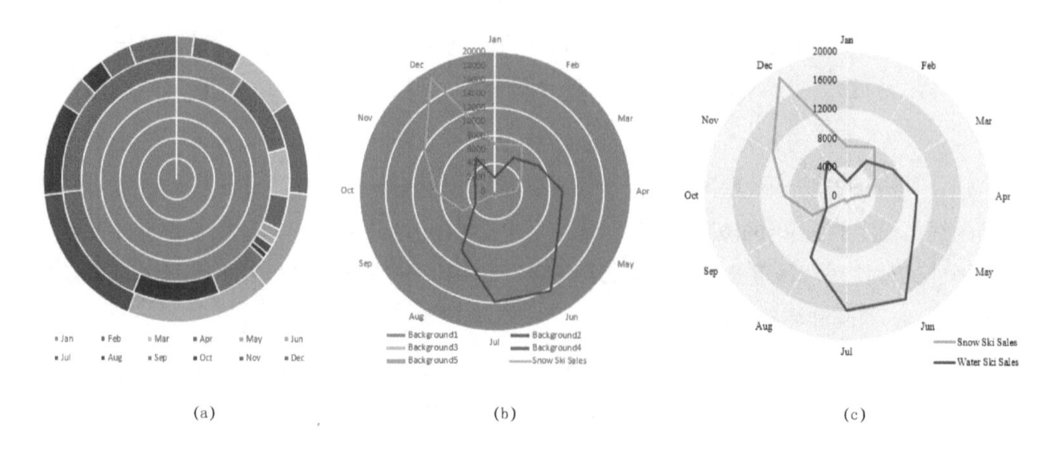

(a)　　(b)　　(c)

图5-2-3 不同颜色区域雷达图的制作过程

图5-2-4（a）和（b）是基于图5-2-1，分别将绘图区背景填充颜色RGB值设定为绿色系列：（174, 232, 190）深绿、（215, 243, 222）浅绿、灰色系列：（242, 242, 242）浅灰、（229, 229, 229）浅灰、（217, 217, 217）深灰。

图5-2-4雷达图系列就是基于图5-2-1，使用灰色或白色圆环背景和边框。其实它与5.1节填充雷达图中系列图表的唯一区别就是，背景坐标从多边形变成圆形。从个人审美的角度，图5-2-4的雷达图更具美感。

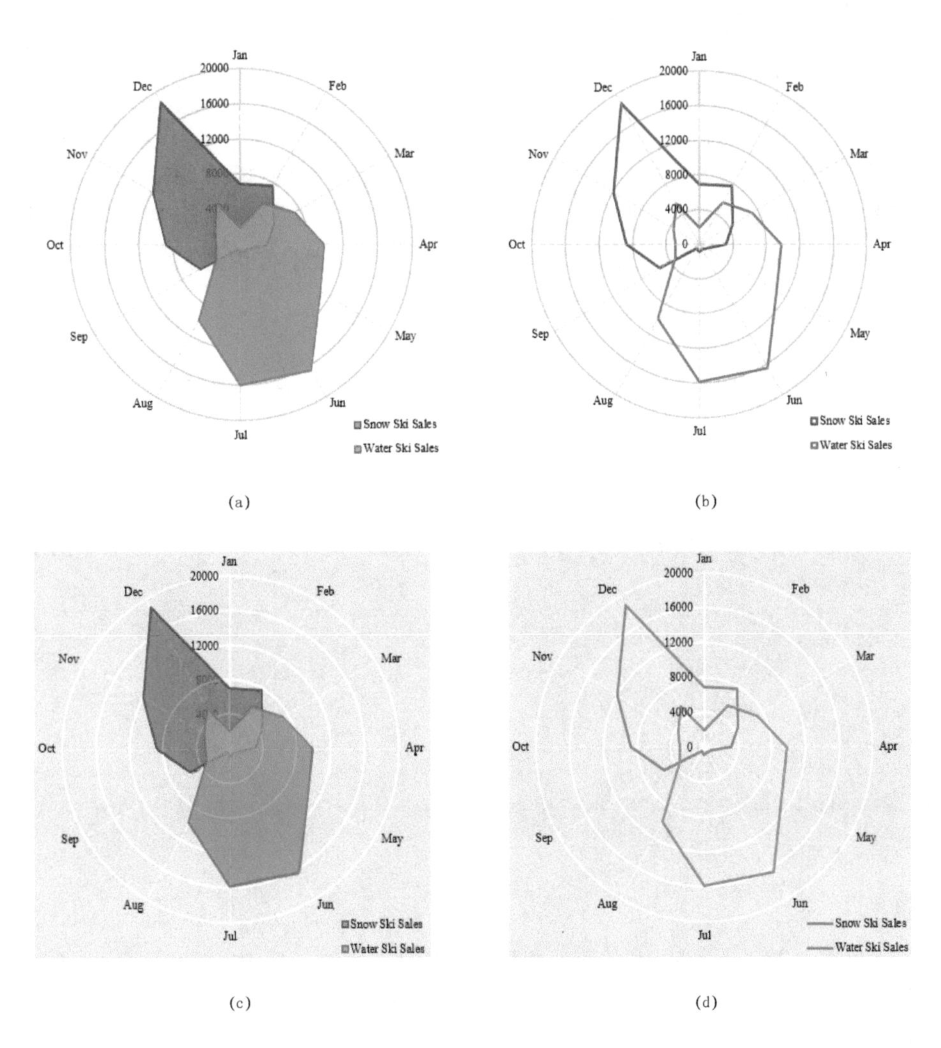

图5-2-4 不同效果的雷达图

5.3 极坐标填充图

当已知极角和极径数据时，极坐标图只需要在雷达图中借助次要坐标轴就可以绘制，本节将以图5-3-1为例讲解极坐标填充图的绘制。作图思路：在Excel自动生成的填充雷达图的基础上，借助辅助数据，调整绘图区和数据系列的格式。具体步骤如下。

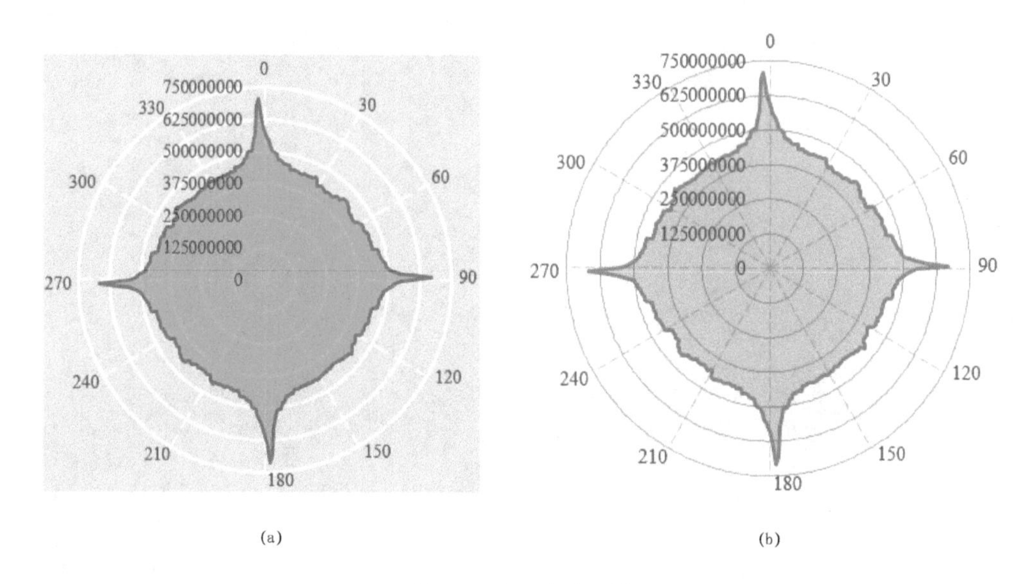

(a)　　(b)

图5-3-1 极坐标填充图

第一步：设定辅助数据。极坐标绘制数据如图5-3-2（a）所示，辅助数据是指第B列数据。第A列为极坐标水平轴标签对应的极角，第B列为水平轴的数据标签，第C列为极坐标水平轴标签对应的极径，第B列水平轴的数据标签可以通过第A列数据和D2步长来设定，以单元格B2为例：

B2=IF（MOD（A2,$D$2）=0,A2,"　"）

第二步：生成填充雷达图。选定图5-3-2（a）中第C列数据作为数据系列值，第B列数据为水平轴的标签，自动生成Excel填充雷达图，结果如图5-3-3（a）所示。根据5.4节极坐标图调整绘图区、雷达轴和网格线的格式，再选定红色的数据系列，将填充颜色设定为透明度是50%的RGB（255, 108, 145）红色，将线条设定为1.75磅的RGB（255, 108, 145）红色实线，结果如图5-3-3（b）所示。

第三步：添加辅助数据。辅助数据如图5-3-2（b）所示，主要用来绘制水平轴网格线。选定图表任意区域，右击选择“选择数据”，在“改变数据源”对话框的“图例项（系列）”中“添加”新的数据数据系列：“系列名称”=G1（Background_y），“系列值”=$G$2:$G$13，“水平轴标签”= $F$2:$F$13。通过单击图表右上角的“+”符号，添加“次要纵坐标轴”，删除“主要纵坐标轴”，将次要纵坐标轴的“线条”设定为1.25磅纯白色RGB（255, 255, 255）的长画线类型，结果如图5-3-2（c）所示。最后选定次要坐标轴的分类标签，将字体颜色设定为与绘图区背景相同的颜色，RGB值为（229, 229, 299）灰色，结果如图5-3-1所示。

	A	B	C	D
1	*x*	Label	*y*	Step
2	0	0	588805929.6	30
3	1		557083602.8	
⋮	⋮	⋮	⋮	
31	29		433394543.4	
32	30	30	426036051.5	
33	31		427292975.3	
⋮	⋮	⋮	⋮	
359	357		680228894.3	
360	358		709043187.6	
361	359		628068054.2	

（a）数据系列

	F	G
1	Backgroud_x	Backgroud_y
2	0	750000000
3	30	#N/A
4	60	#N/A
5	90	#N/A
6	120	#N/A
7	150	#N/A
8	180	#N/A
9	210	#N/A
10	240	#N/A
11	270	#N/A
12	300	#N/A
13	330	#N/A

（b）辅助数据

图5-3-2 原始数据

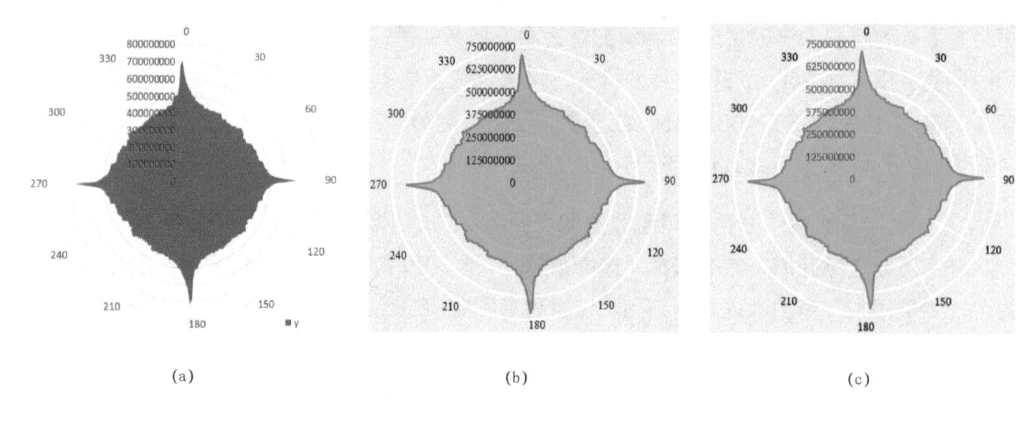

(a) (b) (c)

图5-3-3 极坐标图的制作流程

5.4 饼形图系列

5.4.1 饼形图

Excel中有各种类型二维饼图和三维饼图。其实，应用最多的应该是二维饼形图，它也是最简单的。饼形图常用用于商业图表，而少见于科学图表。使用Excel仿制各种商业饼形图的风格的结果如图5-4-1所示。图5-4-1饼形图绘制要注意两个关键问题：

1 Excel绘制饼形图控制的主要数据系列格式包括“第一扇区起始角（A）”，和“饼形图分离程度（X）”。图5-4-1的饼形图的“第一扇区起始角（A）”设定为105°，“饼形图分离程度（X）”设定为0.00%。

2 饼图数据标签的添加，每一个饼图可以添加一个数据标签系列，一般显示数据标签的“类别名称”、“值”或“百分比”及“显示引导线”；数据标签的位置一般设定为“数据标签内”、“数据标签外”，设定完后，再对位置进行适当调整。

- 图（a）是仿制《经济学人》风格的饼图，背景填充颜色为RGB（206, 219, 231）蓝色，选定The Economist颜色主题方案.使用“图表工具→设计→更改颜色”的蓝色单色系列，从而改变饼图扇区的填充颜色。饼图边框线条设定为“无”。
- 图（b）是仿制《商业周刊》1风格的饼图，使用《商业周刊》1颜色主题方案；饼图边框线条设定为“无”，关键问题是图（b）显示了两个数据标签系列，包括“类别名称”和“百分比”，可以使用图层叠加的方法实现，如图5-4-2所示。
- 图（c）是仿制《商业周刊》2风格的饼图，使用《商业周刊》2颜色主题方案，背景填充颜色为RGB（206, 219, 231），使用红色单色系列。饼图边框线条设定为0.75磅的白色。
- 图（d）是仿制《华尔街日报》风格的面积图，背景填充颜色是RGB（236, 241, 248），面积填充颜色为RGB（237, 29, 59）枣红、（250, 190, 176）浅红。当要呈现部分与整体之间的比例关系，对需要着重呈现的部分使用深色，而对于陪衬的部分，则采用浅色。
- 图（e）是仿制《华尔街日报》风格的面积图，背景填充颜色是RGB（236, 241, 248），面积填充颜色为RGB（0, 173, 79）绿色，饼图边框线条设定为0.75磅的白色。对于无须突出某一个体的饼图，可以使用绿色、天蓝色作为主色，以白色作为分割线，就可以清晰地展现整体的各组成部分，但不会突出某一组成部分。
- 图（f）是Excel 2016自带的饼图样式，使用红色单色系列，然后选择“图表工具→设计→图表样式”中第7种黑色样式。饼图边框线条设定为0.75磅的白色。

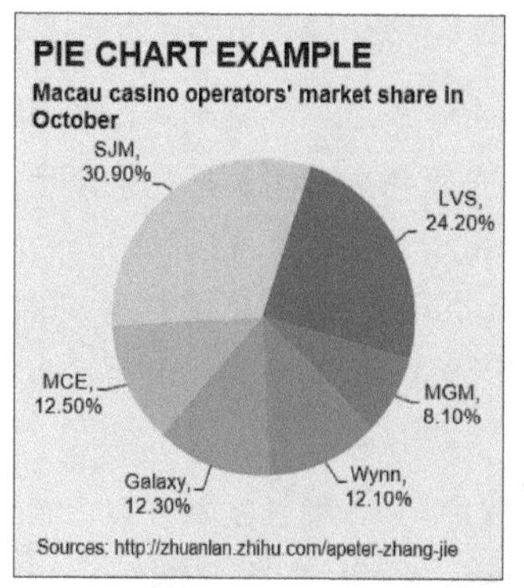

(a)《经济学人》

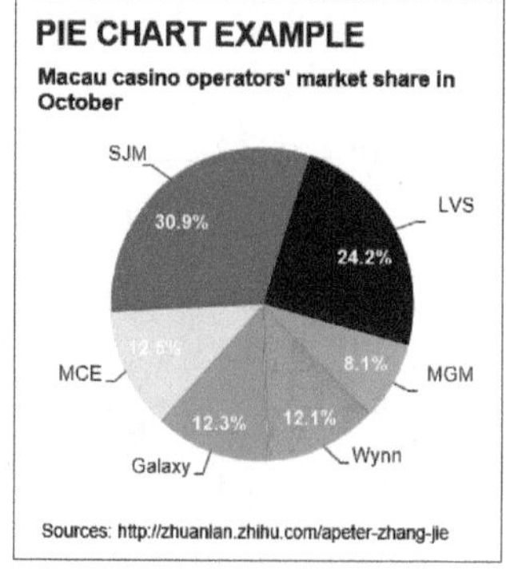

(b)《商业周刊》1

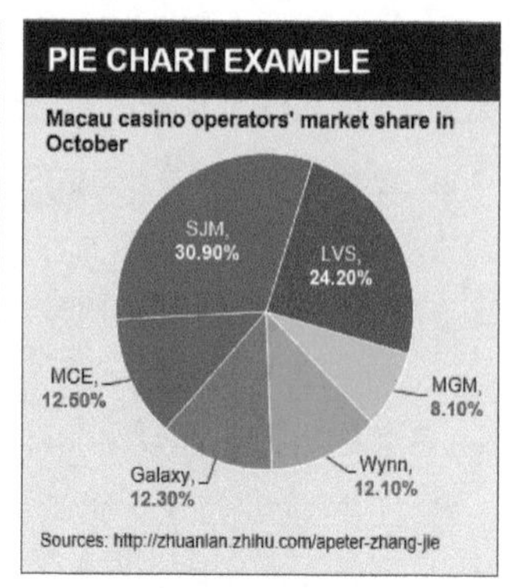

(c)《商业周刊》2

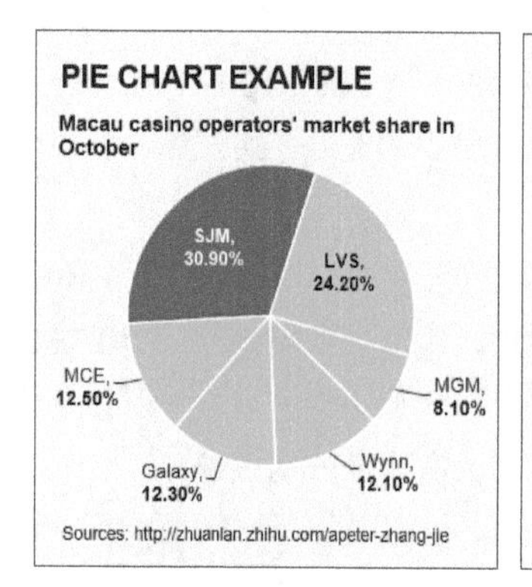

(d)《华尔街日报》1

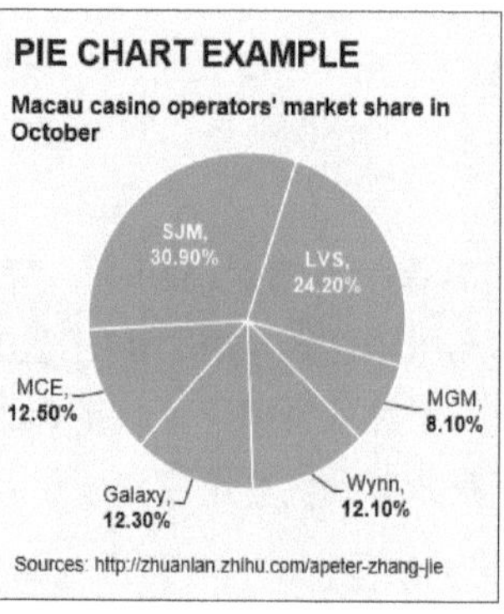

(e)《华尔街日报》2

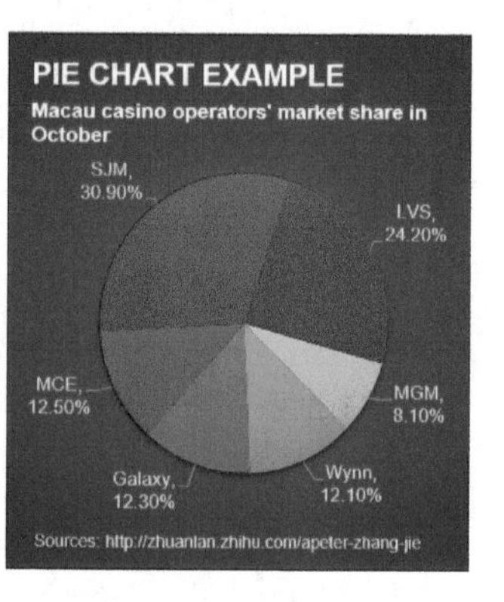

(f) Excel

图5-4-1 Excel仿制的不同风格的饼图

图5-4-1（b）的绘制方法如图5-4-2所示，它使用了R语言绘图中一个重要的概念：图层。在R ggplot2绘图中，图表的元素和数据系列都是绘在不同的图层中，最后叠合所有图层实现图表的绘制。

第一步：原始数据是第A~B列，选用第A~B列数据绘制面积图，调整图表元素的格式；再设置数据标签格式时，勾选数据标签的“类别名称”和“显示引导线”，数据标签的位置一般设定为“数据标签外”，再对位置进行适当调整，如图5-4-2 1 所示。

第二步： 使用快捷键【Ctrl+C】实现相同图表的复制，勾选数据标签的“百分比”，数据标签的位置一般设定为“数据标签内”，结果如图5-4-2 2 所示。

第三步： 将饼图填充和图表区填充设定为“无填充”后，选定两张图表，使用“图表工具→对齐”中的“水平居中”和“垂直居中”命令，就可以实现两种图表的完全叠合，结果如图5-4-1（b）所示。

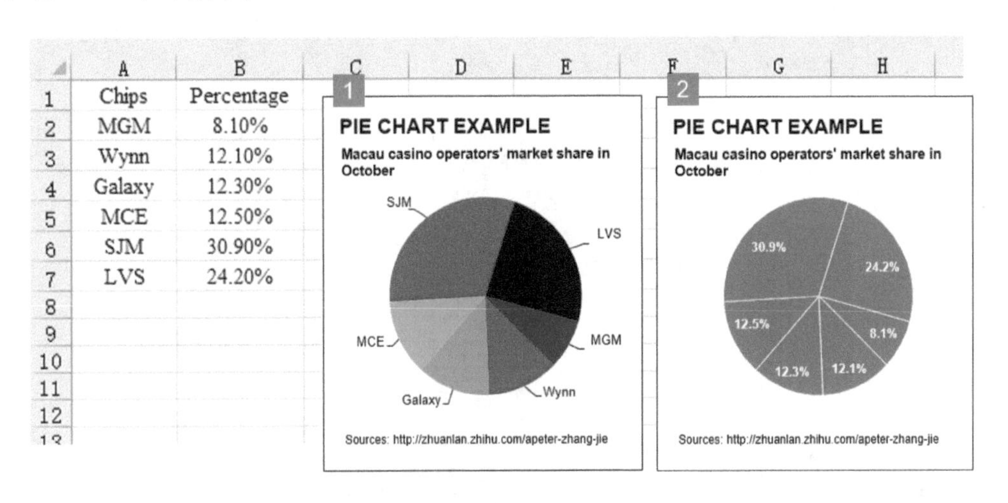

图5-4-2 《商业周刊》1饼图的绘制方法

在展示整体中的部分比例或数值关系时，常使用饼图和堆积条形图，如图5-4-3所示。相对于堆积条形图，不仅可以显示部分与整体的百分比占比，还能显示部分具体的数值。图5-4-3堆积条形图的绘制方法如图5-4-4所示，具体步骤如下。

第一步： 设定辅助数据。图5-4-4第A、B、D列为原始数据，第B列为部分的数值，第D列为整体的数值，第E列为第B列数值占第D列的百分比，单元格数据格式设定为保留1位小数点的百分比形式，第C列为辅助数据，以单元格C2计算为例：

C2=D2-B2

根据第A~C列数据绘制堆积条形图，使用《商业周刊》2颜色主题方案，将图表区背景填充设定为淡蓝色；将数据系列“Price”填充颜色设定为红色，边框为0.25磅的黑色；“系列重叠”为100%，“分类间距”为70%，结果如图5-4-4 1 所示。

第二步：添加数据标签。选定数据系列“Assistant”，自定义添加第E列数据作为数据标签，数据标签的位置设定为“数据标签内”；添加垂直轴主要网格线，并将网格线设定为0.25磅白色“方点”线条类型；将水平轴的数值范围修改为[-0.9, 10]，如图5-4-4 2 所示。

第三步：调整条形数据的格式。选定绿色条形数据，将颜色填充设定为“无填充”；并将水平轴的“标签位置”设定为“无”，结果如图5-4-3所示。

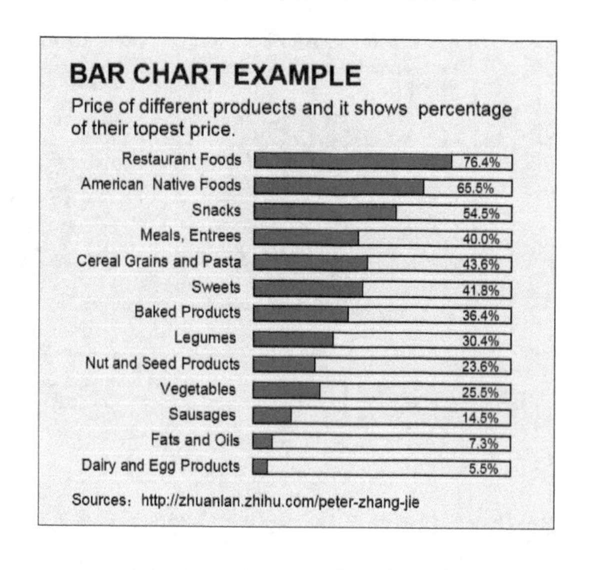

图5-4-3 显示百分比的堆积柱形图

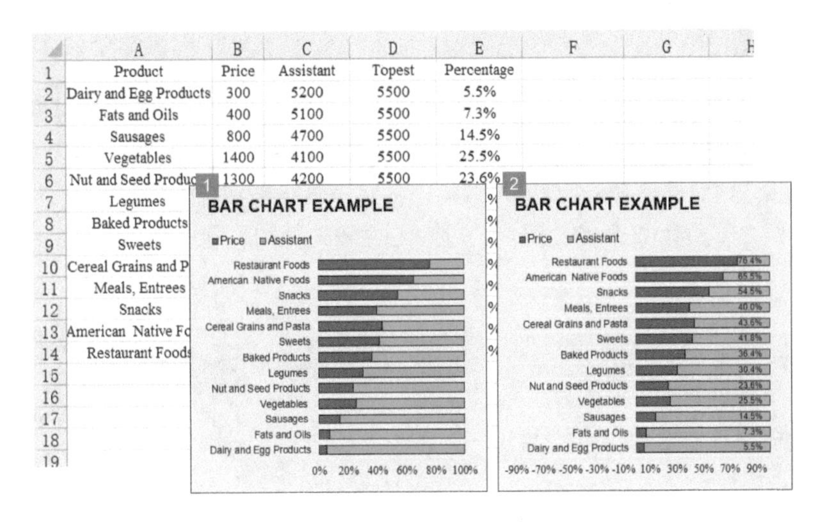

图5-4-4 堆积条形图的绘制方法

在商业图表中，还经常使用如图5-4-5所示的堆积积木图表示不同项目的百分比。堆积积木图相对来说，比较新颖活泼，在信息图的展示中使用较多。堆积积木图一般使用100个方块堆积成10×10的正方形区域，然后使用不同颜色标识不同数据系列的占比情况。使用本书配套Excel插件EasyCharts可以根据数据自动绘制堆积积木图。

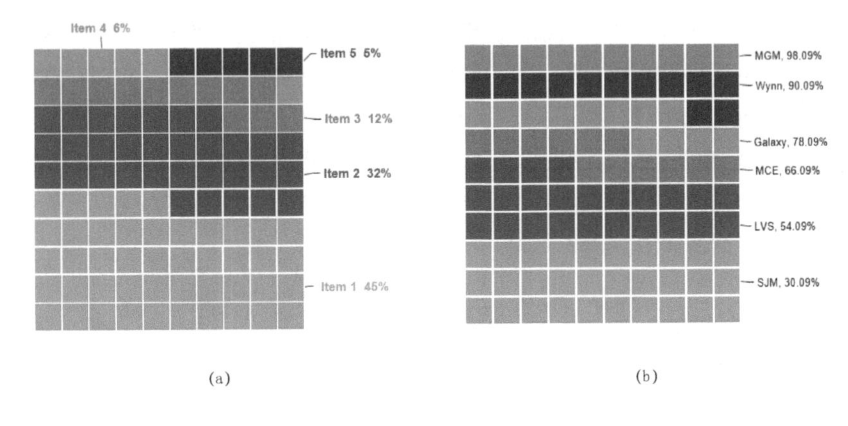

图5-4-5 堆积积木图

5.4.2 圆环图

图5-4-6是不同效果的圆环图，没有使用图层的概念。在Excel自动生成圆环图基础上，设置数据标签格式，数据“标签”包括“单元格中的值”、“值”和“显示引导线”。设置引导线格式，“箭头前端类型”为“●—”，“短画线类型”为“长画线”。图（a）的颜色主题方案为R ggplot2 Set3；图（b）的颜色主题方案为R ggplot2 Set3中的红色单色系列。

图5-4-6 不同效果的圆环图

圆环图相对于饼图最大的特点就是适用于多组数据系列的比重关系绘制，如图5-4-7所示。这种图表的数据展示方式与图5-4-3显示百分比的堆积柱形图类似，可以很直观地对比不同数据系列的数值或比例。图5-4-7（a）、（b）、（c）分别使用R ggplot2 Set4、The Economist、R ggplot2 Set1红色单色系列的颜色主题方案。图5-4-7（a）百分比圆环图的绘制方法如图5-4-8所示，具体思路是：圆环部分借助辅助数据绘制圆环图，网格线背景部分使用辅助数据绘制雷达图。具体步骤如下。

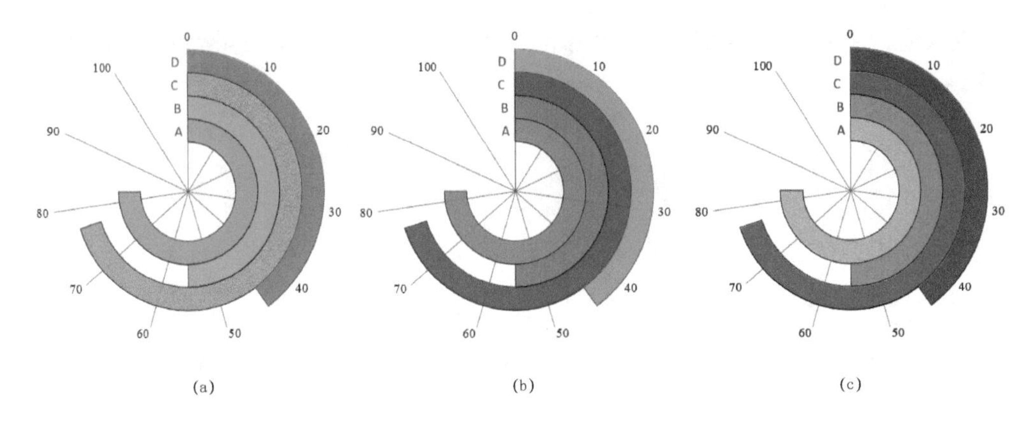

图5-4-7 不同效果的圆环比例图

第一步：设定辅助数据。图5-4-8第A、B列为原始数据，第A列为数据系列的类别名称，第B列为对应百分比数值，第C列为辅助数据系列，以单元格C2计算为例：

C2=100-B2

第F、G列为圆环图的网格线绘制的辅助数据，第F列为数据标签，第G列为数值数据。先选定单元格A1:C5绘制圆环图，右击图表任意区域，选择“选择数据源→切换行\列”。再添加数据系列“Y-Value”，结果如图5-4-9（a）所示。

第二步：更改数据系列的图表类型。选定图表的任意数据系列，右击选择“更改图表类型”，将数据系列“Y-Value”的图表类型修改为“雷达图”。右击选择“选择数据源”，将数据系列“Y-Value”的“水平（分类）轴标签”修改为F2:F12。修改雷达轴的线条类型为0.2磅的黑色实线，如图5-4-9（b）所示。

第三步：调整数据系列的格式。选定数据系列“Y-Value”，将线条和填充分别选定为“无线条”和“无填充”。借助快捷键【F4】依次将圆环红色部分的线条和填充分别选定为“无线条”和“无填充”，结果如图5-4-9（c）所示。

将雷达轴主要网格线的线条选定为“无线条”，同时删除雷达轴的数值标签。依次选定圆环蓝色部分，将填充颜色修改为R ggplot2 Set4的颜色，其透明度为10%，边框为0.25磅的黑色实线。最后添加蓝色圆环部分的数据标签（系列名称），手动移动数据标签的位置，如图5-4-7（a）所示。

	A	B	C	D	E	F	G
1		Percentage	P_1			X-Label	Y-Value
2	A	75	25			0	1
3	B	50	50			10	2
4	C	70	30			20	3
5	D	40	60			30	4
6						40	5
7						50	6
8						60	7
9						70	8
10						80	9
11						90	10
12						100	11

图5-4-8 圆环比例图的原始数据

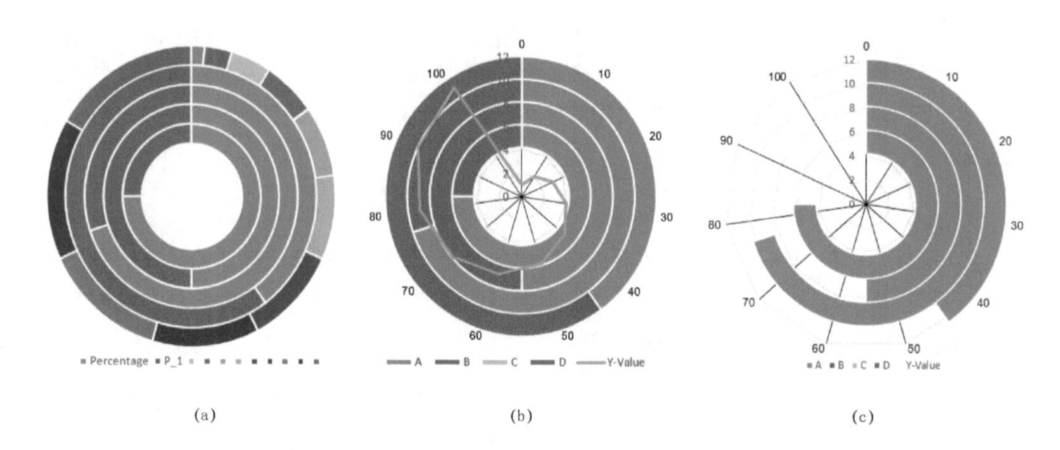

(a) (b) (c)

图5-4-9 圆环比例图的绘制过程

5.5 旭日图

旭日图非常适合显示分层数据，层次结构的每个级别均通过一个环或圆形表示，最内层的圆表示层次结构的顶级，如图5-5-1所示。图（a）、（b）分别使用R ggplot2 Set3和Set1作为颜色主题方案。

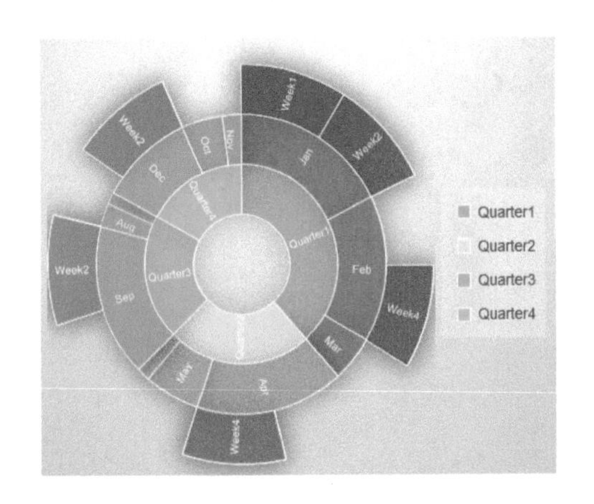

(a)

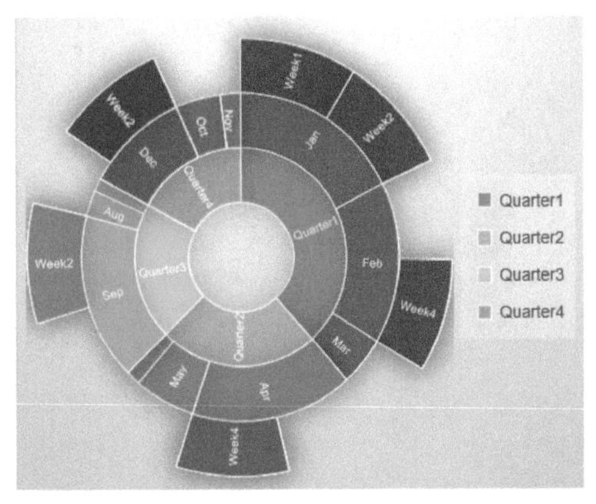

(b)

图5-5-1 旭日图

图5-5-1（a）旭日图的作图方法如图5-5-2所示。

第一步：原始数据如图5-5-2第A~D列，从第A列到第D列依次对应旭日图从里到外的圆环。选定第A~D列数据，使用Excel自动生成的旭日图，如果第C列单元格存在数据标签，则在旭日图中会显示扇形。

第二步：选择图表样式。选择“图表工具→设计→图表样式”中第3种灰色样式。将数据系列边框设定为0.25磅的白色。

第三步：调整数据系列颜色。依次选定数据系列的扇形区域，使用渐变的颜色填充。从里到外使用愈加深的颜色。

	A	B	C	D	E	F	G	H	I
1	Season	Month	Week	Value					
2	Quarter1	Jan	Week1	1.00					
3			Week2	0.96					
4				0.05					
5		Feb		0.83					
6				0.61					
7				0.18					
8				0.82					
9			Week4	0.92					
10		Mar		0.55					
11				0.58					
12				0.40					
13				0.58					
14	Quarter2	Apr		0.88					
15				0.12					
16				0.53					
17			Week4	0.95					

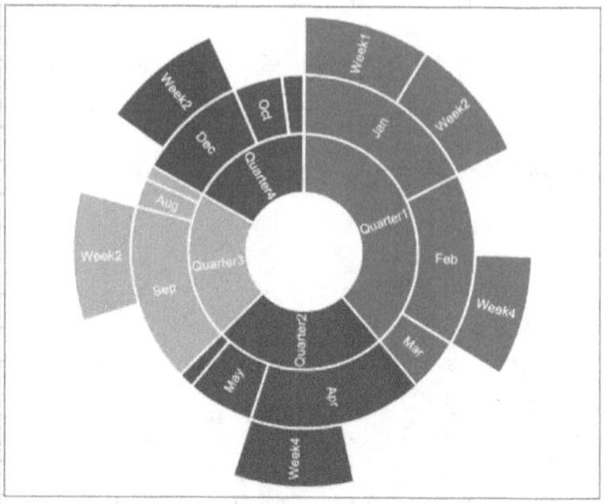

图5-5-2 旭日图的绘制方法

第6章

高级图表的制作

6.1 热力图

在Excel中，热力图可以很好地表示两组不同变量之间的关系，绘制热力图也很简单，只需要设置单元格条件格式中的色阶，如图6-1-1所示。

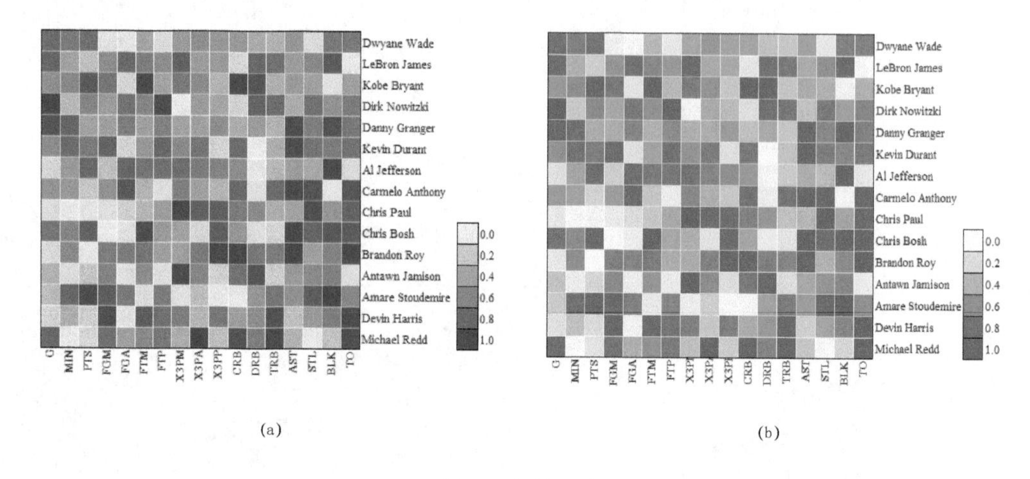

图6-1-1 热力图

在Excel中，热力图能很好地用于多元协方差矩阵和相关系数矩阵结果的显示。两个变量之间相关系数的计算可以参考2.2节带趋势线的散点图。

多元协方差矩阵也可以用于描述多个变量之间的相关关系，以三个变量$X1$、$X2$、$X3$为例，任意两个变量之间的协方差计算公式如下：

$$\operatorname{cov}\left(X_i, X_j\right)=\sum_{k=1}^{n}\left(x_{i,k}-\overline{x}_i\right)\left(x_{j,k}-\overline{x}_j\right)/n$$

其中，$\overline{x}_i=\frac{1}{n}\sum_{k=1}^{n}x_{i,k}$，$\overline{x}_j=\frac{1}{n}\sum_{k=1}^{n}x_{j,k}$。三个变量之间的协方差矩阵如下所示：

$$\text{cov}=\begin{pmatrix}\sigma^2(X_1) & \text{cov}(X_1,X_2) & \text{cov}(X_1,X_3)\\ \text{cov}(X_2,X_1) & \sigma^2(X_2) & \text{cov}(X_2,X_3)\\ \text{cov}(X_3,X_1) & \text{cov}(X_3,X_2) & \sigma^2(X_3)\end{pmatrix}$$

多元协方差矩阵具有对称性，对角线上的数据代表的是各个变量的方差，非对角线上的数据代表的则是变量之间的协方差，可以用来描述变量之间的相关关系。非对角线上的数据为正，表明变量之间存在正向的相关关系，数值越大，表示正相关性越强；数据为负，表明变量之间存在负向的相关关系，数值越大，表示负相关性越强。使用Excel分析得到协方差矩阵后，对相关性比较大的变量可以使用回归分析计算具体的回归系数。

以图6-1-2蓝色区域数据作为相关性分析的原始数据，图为最后显示的相关系数矩阵。作图思路：根据原始数据，使用数据分析工具中的“相关系数模块”，计算相关系数矩阵，再使用色阶实现矩阵的可视化，具体步骤如下。

第一步：相关系数矩阵的计算。图6-1-2蓝色区域为原始数据，纵向表示每个数据系列的数据变化。在“数据”选项卡单击“数据分析”按钮，在弹出的“数据分析”对话框中选择“相关系数”选项，从而弹出如图6-1-2 1 所示的对话框。单击“输入区域”选中单元格A1:A16蓝色区域，并勾选“标识位于第一行”；选中“输出区域”，选中单元格A18；单击“确定”按钮后，输出的相关系数矩阵如图6-1-2绿色区域数据所示。

第二步：色阶颜色的设定。将绿色区域的相关系数矩阵数据对称布置成如图6-1-2 3 所示。选定原始数据区域，将“格式”中“单元格大小”的“行高”设定为20，“列宽”设定为2.38。选定原始数据区域，选择“条件格式→色阶→其他规则”命令，弹出如图6-1-2 2 所示“色阶格式”对话框，将“最小值”和“最大值”所对应的“颜色”分别设定为RGB（250, 209, 209），（228, 26, 28）。

第三步：数字格式的设定。选定原始数据区域，右击选择“设置单元格格式→数字→自定义”中的“;;;”，数字就会隐藏从而不会显示在图表中。使用类似的方法制作图6-1-2 3 右下角所示的图例。

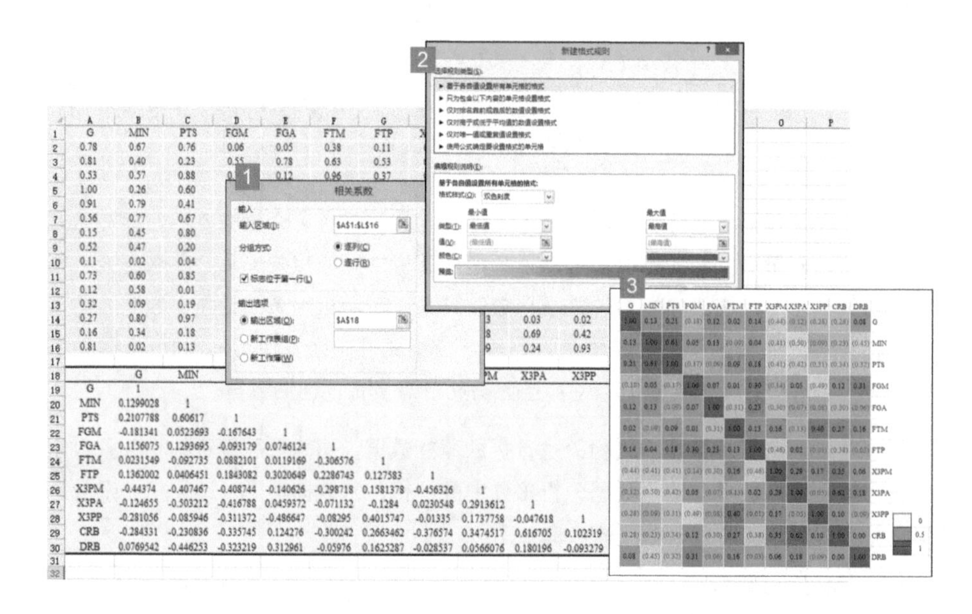

图6-1-2 热力图的绘制过程

6.2 树状图

树状图适合比较层次结构内的比例，但是不适合显示最大类别与各数据点之间的层次结构级别。树状图通过使用一组嵌套矩形中的大小和色码来显示大量组件之间的关系。矩形的大小表示值。在按值着色的树状图中，矩形的大小表示其中一个值，颜色表示另一组值。Excel 2016绘图新功能中添加了矩形树状图。

树状图的绘制很容易，只要选择原始数据，单击生成树状图后，调整数据标签与图例，如图6-2-2所示。关键是原始数据的排布，如图6-2-1所示。第A列是第一层数据标签，相同类别的数据必须放在一起；第B列是第二层数据标签；第C列是数值，反映矩形的大小。图（a）使用R ggplot2 Set3的颜色主题方案，图（b）使用蓝色单色系列的颜色主题方案。

	A	B	C
1	**Continent**	**Country**	**Input**
2	Asian	China	0.3
3	Asian	Japan	0.15
4	Asian	India	0.28
5	Asian	Korea	0.2
6	North America	USA	0.28
7	North America	Canada	0.1
8	South America	Brazil	0.3
9	South America	Cuba	0.15
10	Europe	England	0.26
11	Europe	German	0.05
12	Europe	France	0.02
13	Europe	Italy	0.1
14	Europe	Russia	0.3
15	Australia	Australia	0.2
16	Australia	New Zealand	0.15
17	Africa	Egypt	0.2
18	Africa	Sudan	0.1

图6-2-1 原始数据

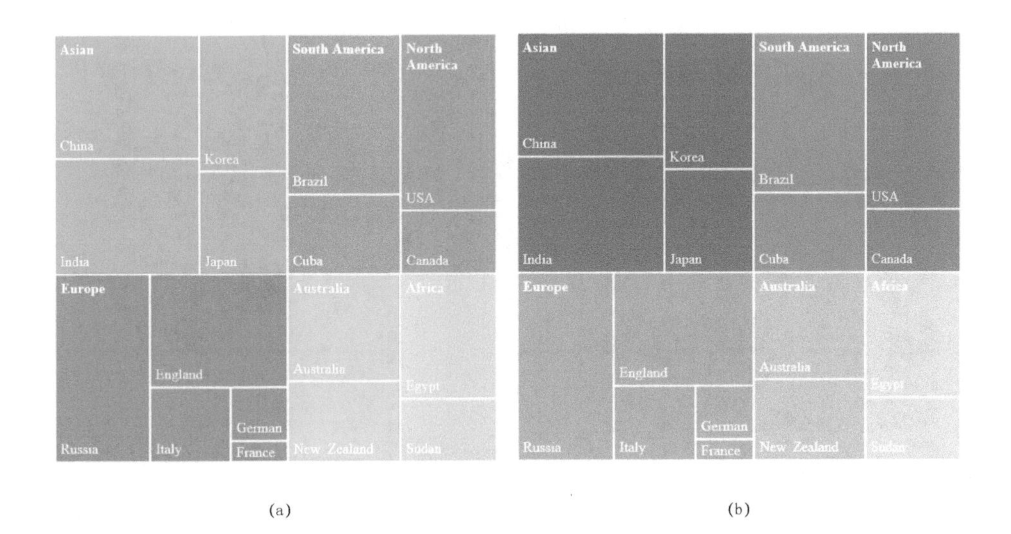

(a) (b)

图6-2-2 不同效果的矩形树状图

类别数据具有层次结构，能使读者从不同的层次与角度去观察数据。类别数据的可视化主要包括树状图和马赛克图两种类型,如图6-2-3所示。树状图能结合矩形块的颜色展示一个紧致的类别空间；马赛克图能按行或按列展示多个类别的比较关系，如图6-2-4所示。马赛克图可以使用Excel EasyCharts插件自动绘制实现。

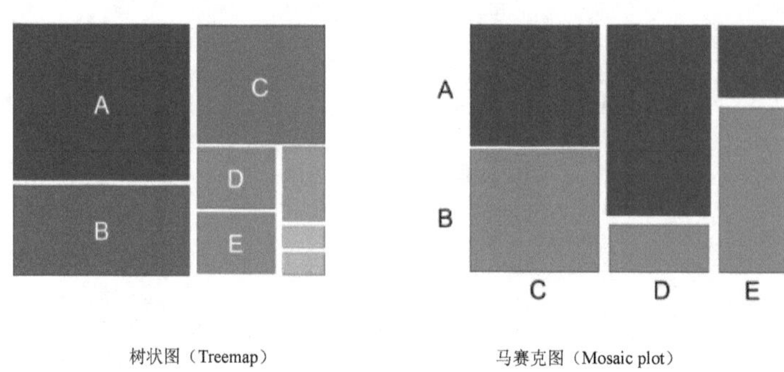

图6-2-3 树状图和马赛克图

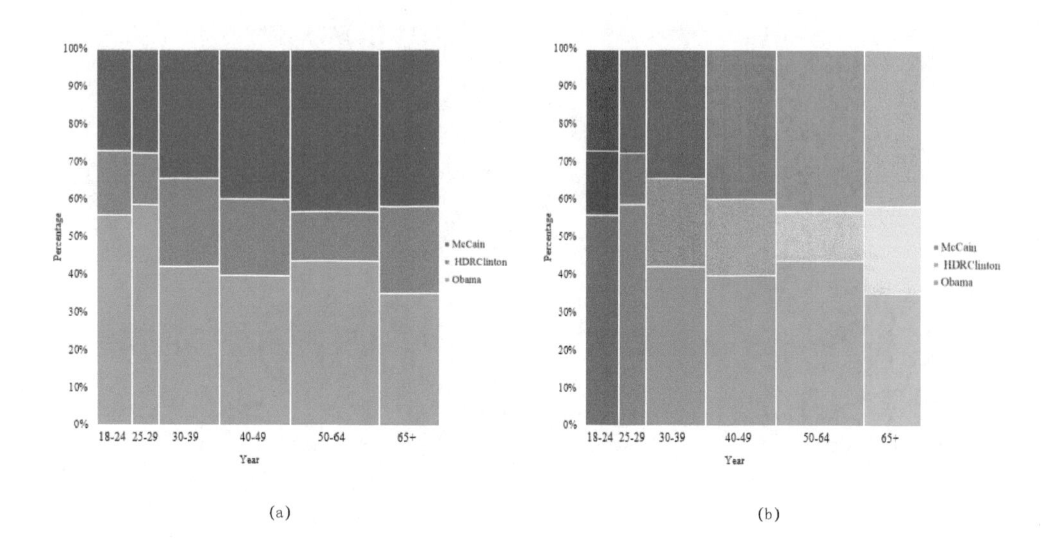

图6-2-4 马赛克图

6.3 箱形图

箱形图（Box-plot）又称为盒须图、盒式图或箱线图，是一种用作显示一组数据分散情况资料的统计图，其绘制须使用常用的统计量，能提供有关数据位置和分散情况的关键信息，尤其在比较不同的母体数据时更可表现其差异。箱形图应用到了分位值（数）的概念，主要包含六个数据节点，将一组数据从大到小排列，分别计算出他的上边缘，上四分位数Q3，中位数，下四分位数Q1，下边缘，还有一个异常值。本节将以图6-3-1为例讲解箱形图的制作过程。

作图思路：箱形图的绘制首先要对原始数据进行预处理，然后使用堆积柱状图绘制数据，并使用误差线处理数据系列，可以参考3.2节带误差线的柱状图和3.3节堆积柱形图的绘制。具体步骤如下。

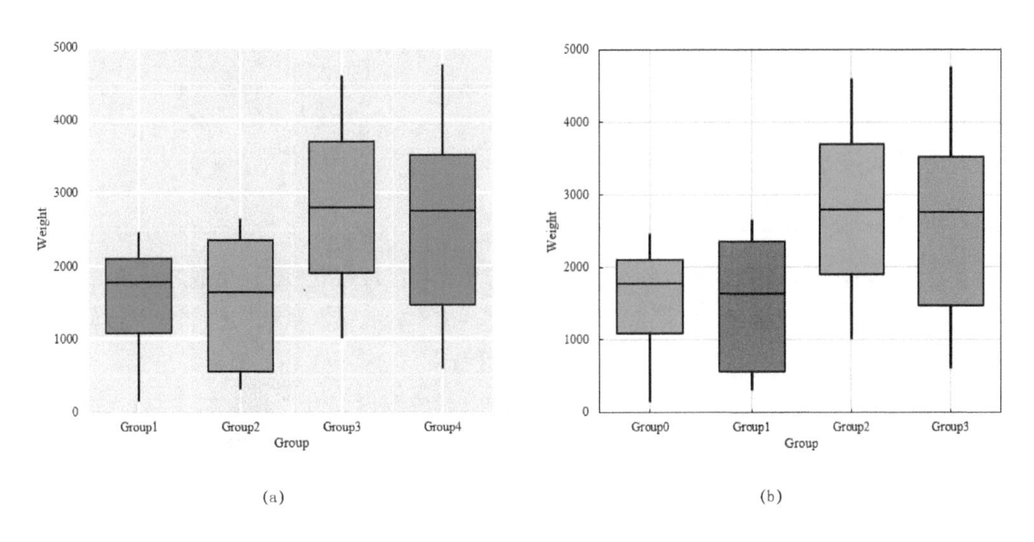

图6-3-1 箱形图

第一步：数据的预先处理。将原始数据在Excel中布置为如图6-3-2中单元格A1:E26区域所示。在原来的数据基础上添加单元格A29：A39数据项目，单元格A29、A30、A31、

A32、A33分别表示箱形图的下边缘，下四分位数Q1，中位数，上四分位数Q3，上边缘。单元格A35表示箱形图的下边缘高度，单元格A36、A37、A38、A39分别表示箱形图的下边缘，下四分位数Q1，中位数，上四分位数Q3，上边缘两两相邻之间的差值。以B29:B39为例，具体的计算公式如下：

B29=MIN（B2:B26）

B30=PERCENTILE（B2:B26,0.25）

B31=MEDIAN（B2:B26）

B32=PERCENTILE（B2:B26,0.75）

B33=MAX（B2:B26）

B35=B29

B36=B30–B29

B37=B31–B30

B38=B32–B31

B39=B33–B32

第二步：生成Excel默认的堆积柱状图。选择单元格区域A35:E39，生成Excel默认的堆积柱状图，并选择单元格区域B28:E28作为柱状图的水平轴标签，参照3.2节带误差线的柱状图的绘制方法调整堆积柱状图坐标轴标签、绘图区背景、网格线等图表元素的格式，结果如图6–3–3（a）所示。选定蓝色数据系列，将颜色“填充”设置为“无填充”，依次选定红色和青色数据系列，选择“添加图表元素→误差线”中的“百分比”类型，结果如图6–3–3（b）所示。

第三步：调整误差线的格式。依次选择红色和青色数据系列，将颜色“填充”设置为“无填充”；再选择误差线，在“设置误差线格式”中选择“垂直误差线”中的“负误差”、“无样式”，“百分比”设定为100%。选定任意数据系列，将数据系列的“分类间隔”设定为55%。依次选定绿色和紫色数据系列，将数据系列的“边框”设定为1.75磅的

RGB（0, 0, 0）纯黑色。

第四步：调整数据系列的颜色。依次通过双击数据系列，将Group1~4的数据系列颜色调整为RGB（248, 118, 109），（0, 186, 56），（97, 156, 255），（198, 123, 254），最后结果如图6-3-1所示。

	A	B	C	D	E
1	Times	Group1	Group2	Group3	Group4
2	1	1665	2646	1000	657
3	2	1085	2465	1150	4312
4	3	1779	912	1450	4756
⋮	⋮	⋮	⋮	⋮	⋮
24	23	2115	2433	4450	3022
25	24	1943	1501	3250	1304
26	25	1091	1408	4600	1560
27					
28		Group1	Group2	Group3	Group4
29	Minimum	145	302	1000	597
30	25th Percentile	1085	553	2050	1474
31	Median	1779	2051	2950	2670
32	75th Percentile	2101	2433	3700	3395
33	Maximum	2458	2646	4600	4756
34					
35	Series1	145	302	1000	597
36	Series2	940	251	1050	877
37	Series3	694	1498	900	1196
38	Series4	322	382	750	725
39	Series5	357	213	900	1361

图6-3-2 原始数据

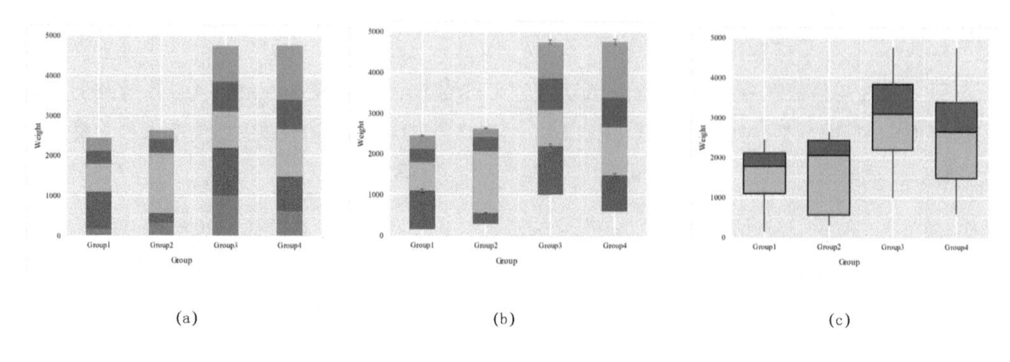

图6-3-3 箱形图的制作流程

Excel 2016在绘图新功能里添加了箱形图的绘制。前文介绍了箱形图的基本原理与绘制，考虑到Excel 2016绘制的箱形图只能修改不同数据系列的箱形图填充颜色，而不能像图6-3-1那样修改同一数据系列的箱形图填充颜色，所以，此处保留图6-3-1 箱形图的绘制方法。本节将以图6-3-4为例讲解Excel 2016箱形图的制作过程。

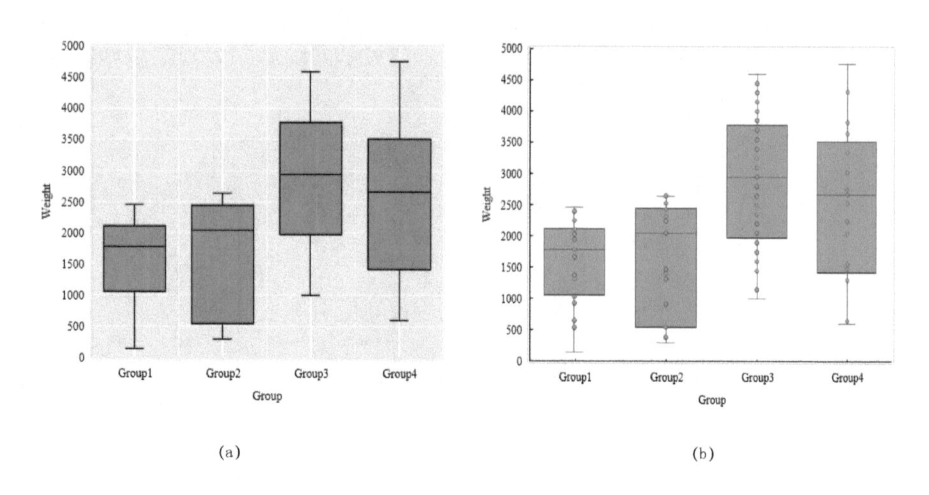

图6-3-4 箱形图

第一步：生成Excel默认箱形图。原始数据如图6-3-5所示，第A列为分类的数据标签，第B列是数据系列1，第C列是数据系列2。选定第A和B列，自动生成箱形图，再添加坐标轴标签，调整坐标轴标签的格式，如图6-3-5 1 所示。

第二步：调整绘图区背景与网格线格式。选定绘图区，“填充”颜色为RGB（229, 229, 229）的灰色。添加主轴主要和次要垂直、主轴主要水平网格线（不选主轴次要水平网格线），主轴主要垂直和水平网格线调整为0.75磅的RGB（255, 255, 255）白色实线，主轴次要垂直网格线调整为1.5磅的RGB（255, 255, 255）白色实线。

第三步：调整箱形格式。选择箱形数据系列，箱形图系列选项如图6-3-5 2 所示，将“分类间距”设置为50%，单击“显示平均值标记”以消除显示，“边框”调整为0.75磅的RGB（0, 0, 0）黑色实线，结果如图6-3-5 3 所示。“填充”颜色为RGB（248, 118, 109）的红色，最终结果如图6-3-4（a）所示。

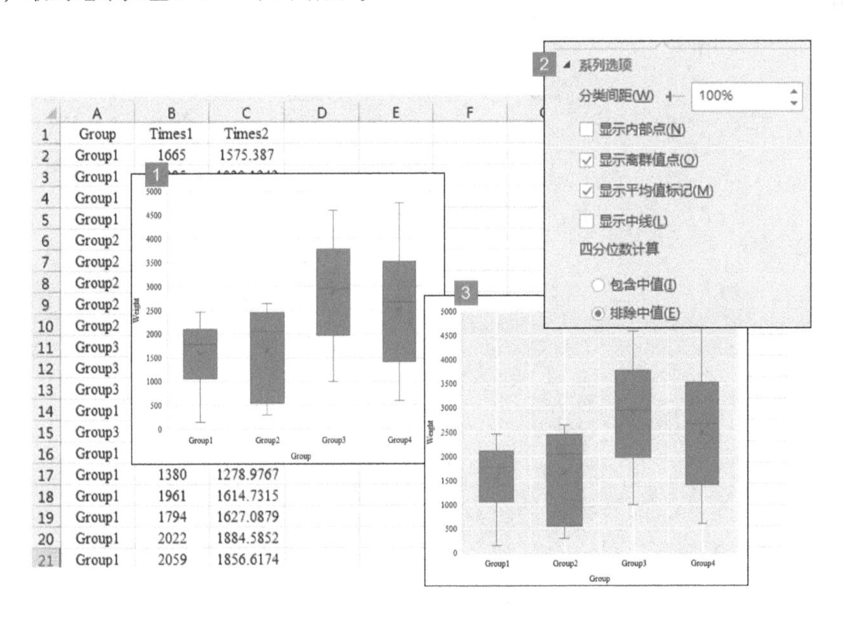

图6-3-5 箱形图的制作过程

注意：包含中值，如果N（数据中的值数量）是奇数，则在计算中包含中值；排除中值，如果N（数据中的值数量）是奇数，则从计算中排除中值。

图6-3-6是使用图6-3-5原始数据第A~C列绘制的多数据系列的箱形图。"分类间距"选择为30%。图（a）箱形的填充颜色分别是RGB（248, 118, 109）的红色、（0, 191, 196）的蓝色；图（b）箱形的填充颜色分别是RGB（255, 127, 0）的橘色、（77, 175, 74）的绿色。

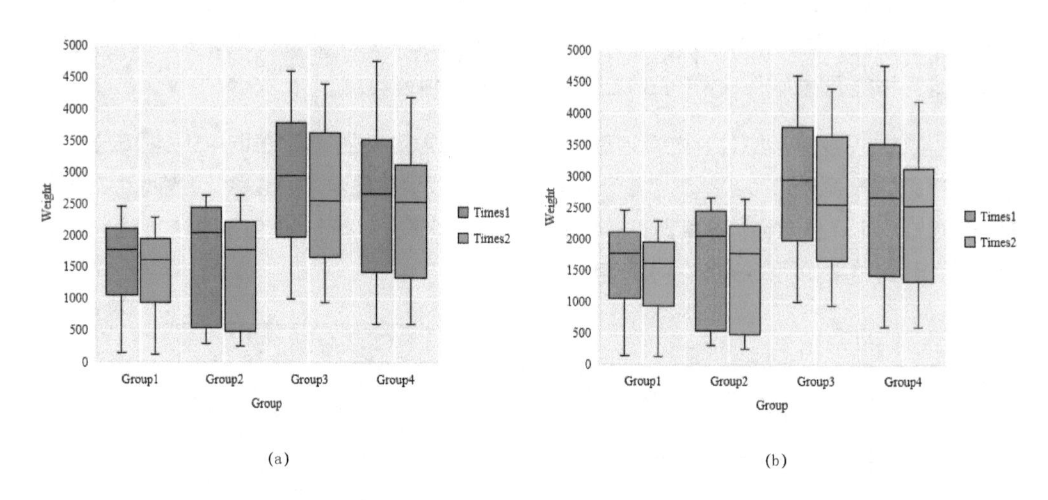

图6-3-6 不同效果的箱形图

6.4 南丁格尔玫瑰图

南丁格尔玫瑰图，又称为极区图，为南丁格尔所发明。这种图表形式有时也被称作"南丁格尔的玫瑰"，是一种圆形的直方图。南丁格尔自己常称这类图为鸡冠花图（Coxcomb），出于对资料统计的结果会不受人重视的忧虑，她发展出这种色彩缤纷的图表形式，以使数据能够更加让人印象深刻，且用以表达军区医院季节性的死亡率，对象是那些不太能理解传统统计报表的公务人员。她的方法打动了当时的高层，包括军方人士和维多利亚女王本人，于是医事改良的提案才得到支持。

本节将以图6-4-1为例讲解南丁格尔玫瑰图的制作过程。作图思路：南丁格尔玫瑰图的绘制首先要预处理原始数据，然后使用填充雷达图绘制数据，并添加饼状图作为辅助数据处理。具体步骤如下。

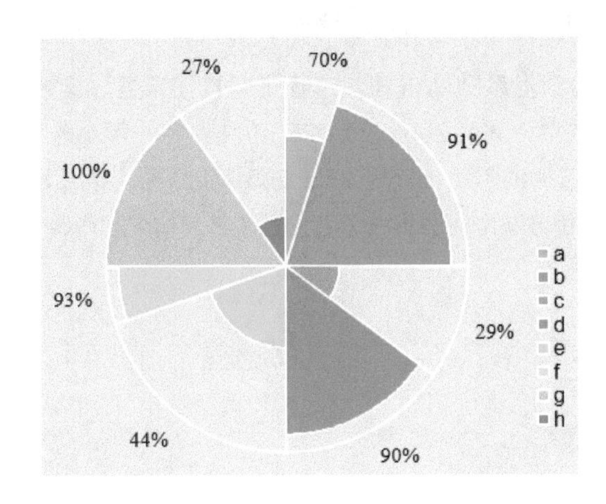

图6-4-1 南丁格尔玫瑰图

第一步：数据的预先处理。将原始数据在Excel中布置如图6-4-2所示的单元格区域A1:I3。在原来的数据基础上添加单元格A4：I369数据项目，以单元格B4、B5、B6、B9为例，具体的计算公式如下：

B4=B2/SUM（$B$2:$I$2）

B5=360*SUM（$A$4:A4）

B6=360*SUM（$B$4:B4）

B9=IF（AND（$A9>=B$5,$A9<=B$6）,B$3,0）

第二步：生成Excel默认的填充雷达图。选定数据A8：I369单元格区域，生成的Excel默认的填充雷达图，结果如图6-4-3（a）所示。调整雷达轴数据标签、绘图区背景等格式。选定图表区任意位置，右击在快捷菜单中选择“选择数据”，编辑“水平轴（分类）标签”，选择任意空白单元格，这样可以隐藏原来的水平轴数据标签。选择“添加”新的数据系列：“系列名称”=A2，“系列值”=B2:I2。选定任意数据系列，右击选择“更改系列图标类型”，从而弹出“自定义组合”对话框，将数据系列Slice Value调整为“饼图”。选择饼图数据系列，添加数据标签，取消“值”和“显示引导线”，选择“单元格中的值（选择范围）”为B3:I3，标签位置选择为“数据标签外”，结果如图6-4-3（b）所示

第三步：调整饼图数据系列的格式。选择饼图数据系列，颜色“填充”选择“无填充”，“边框”为1.5磅的RGB（255, 255, 255）纯白色。依次选定填充雷达图的数据系列，将边框”设定为1.25磅的RGB（255, 255, 255）纯白色，结果如图6-4-3（c）所示。使用R ggplot2 Rset2配色方案作为图表的颜色主题，最终结果如图6-4-1所示。

	A	B	C	D	E	F	G	H	I
1	Category Names	a	b	c	d	e	f	g	h
2	Slice Value	1	4	2	3	4	1	3	2
3	Slice	70.29%	90.88%	29.48%	90.38%	43.90%	93.41%	100.00%	26.81%
4	**Percentage of 360**	0.05	0.2	0.1	0.15	0.2	0.05	0.15	0.1
5	Start Angle	0	18	90	126	180	252	270	324
6	Finish Angle	18	90	126	180	252	270	324	360
7									
8	Angles	a	b	c	d	e	f	g	h
9	0	0.70289349	0	0	0	0	0	0	0
10	1	0.70289349	0	0	0	0	0	0	0
11	2	0.70289349	0	0	0	0	0	0	0
12	3	0.70289349	0	0	0	0	0	0	0
13	4	0.70289349	0	0	0	0	0	0	0
⋮	⋮	⋮	⋮	⋮	⋮	⋮	⋮	⋮	⋮
366	357	0	0	0	0	0	0	0	0.26806847
367	358	0	0	0	0	0	0	0	0.26806847
368	359	0	0	0	0	0	0	0	0.26806847
369	360	0	0	0	0	0	0	0	0.26806847

图6-4-2 原始数据

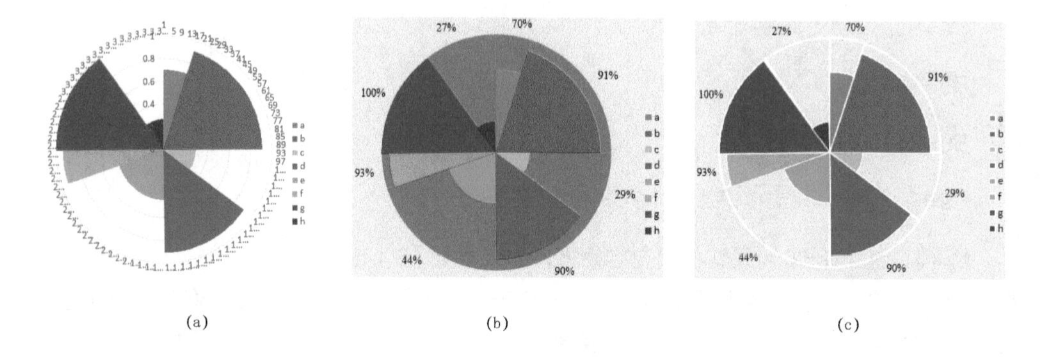

图6-4-3 南丁格尔玫瑰图的制作流程

使用相同的数据绘制的不同风格的南丁格尔玫瑰图，如图6-4-4所示。图（a）和（b）分别使用了Tableau 10 Medium、R ggplot2 Rset1颜色主题方案，图（c）和（d）分别使用蓝色、红色的单色主体方案。

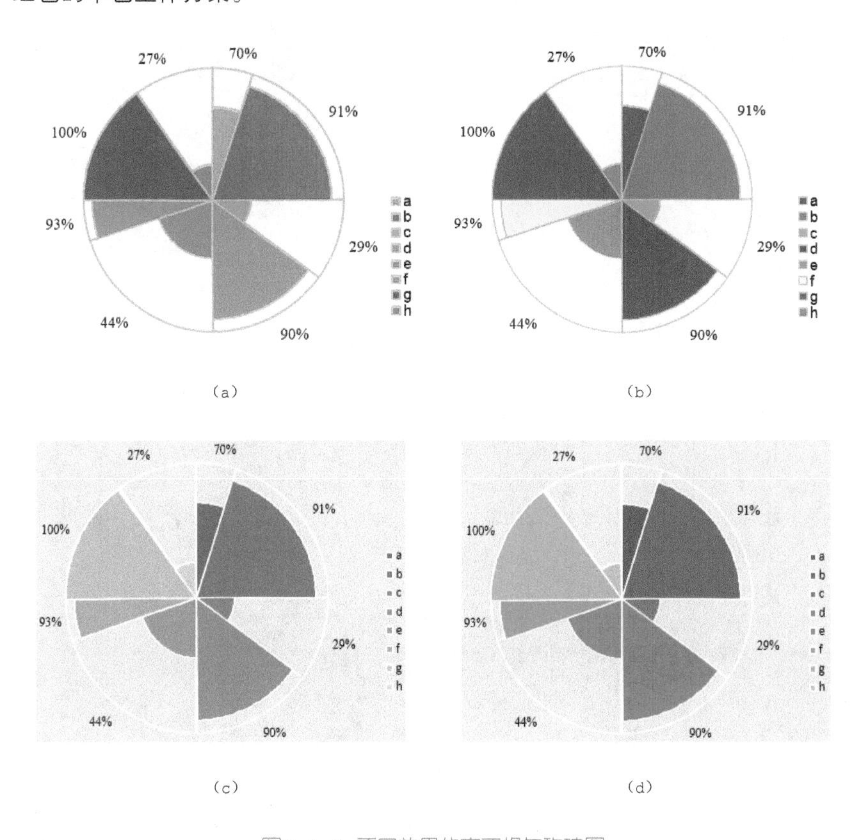

图6-4-4 不同效果的南丁格尔玫瑰图

图6-4-5（a）是使用R ggplot2自动绘制的南丁格尔玫瑰图；图6-4-5（b）是使用Excel 2013绘制不同的图层叠加，从而绘制的南丁格尔玫瑰图：把每一个数据系列当作一个南丁格尔玫瑰图绘制，最后分别调整三个图表的透明度，再叠合而成一幅南丁格尔玫瑰图。虽然制作比较复杂，但是也能达到和R ggplot2几乎一样的效果。本书配套开发的Excel插件EasyCharts可以选定数据源直接绘制南丁格尔玫瑰图，如图6-4-6所示。

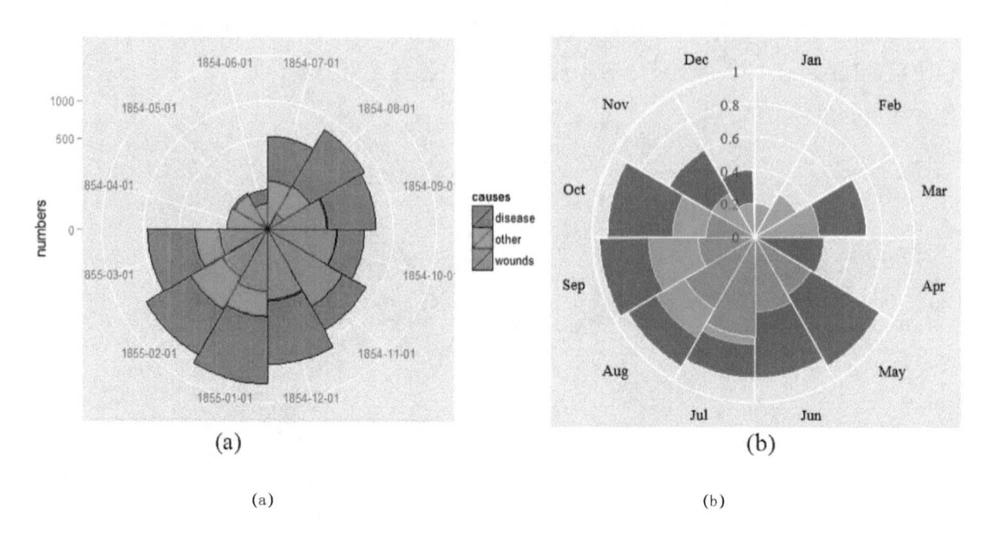

(a) (b)

图6-4-5 多数据系列的南丁格尔玫瑰图

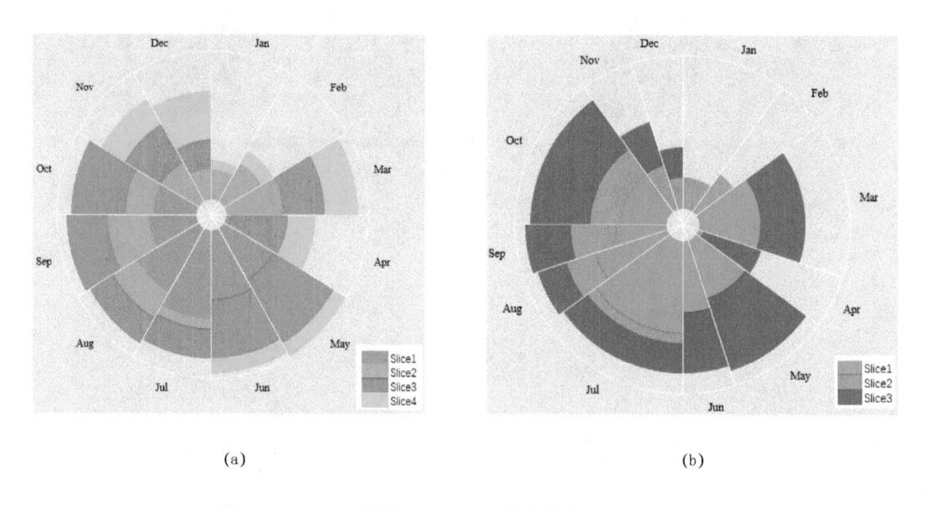

(a) (b)

图6-4-6 Excel插件EasyCharts绘制的南丁格尔玫瑰图

第7章

地图系列图表的制作

Excel 2013版以后在“插入”中引入“三维地图”（Map Power）工具，可以很好地展示地理空间数据，如图7-0-1所示。刘万祥老师出版过一本关于Excel绘制地图方法的书籍：《用地图说话：在商业分析与演示中运用Excel数据地图》，通过使用VBA编程实现地图的可视化，相对来说，比较复杂、不便操作。Excel 2013 的“三维地图”工具既可以绘制三维地图，又可以绘制二维地图，包括簇状柱形图、堆积柱形图、气泡图、热度图和分档填色图，同时还可以实现动态效果以及创建视频，更多信息可参考：https://www.microsoft.com/en-us/powerBI/power-map.aspx。

三维地图支持多个地理位置的格式和级别包括：纬度/经度（小数格式）、街道地址、城市、县、省/市/自治区、邮政编码、国家/地区。在可视化地理数据时，只需要将地理数据添加到“位置”列表，地理数值添加到“值”列表，“三维地图”就会根据数据绘制相应的地图。

(a) 簇状柱形图

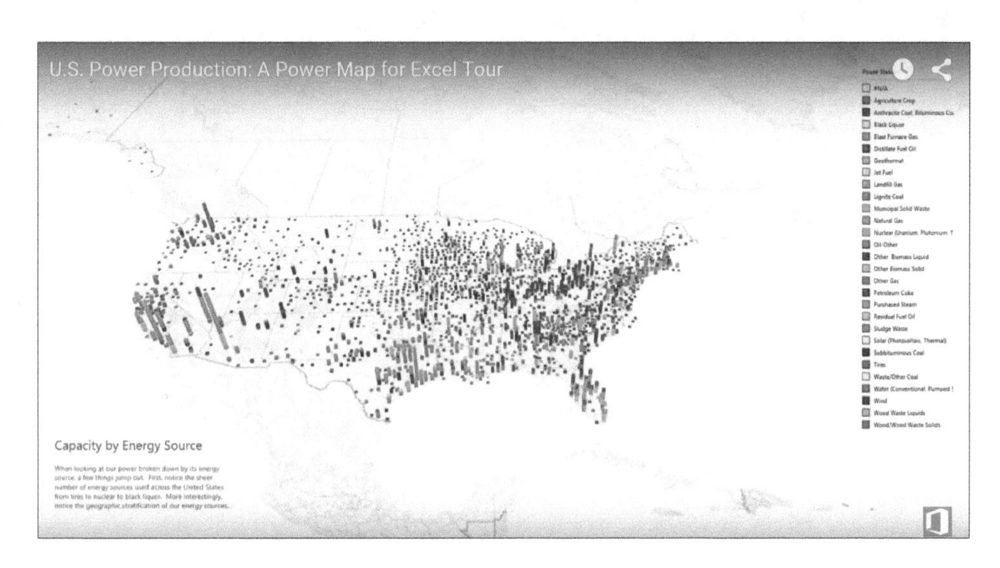

(b) 堆积柱形图

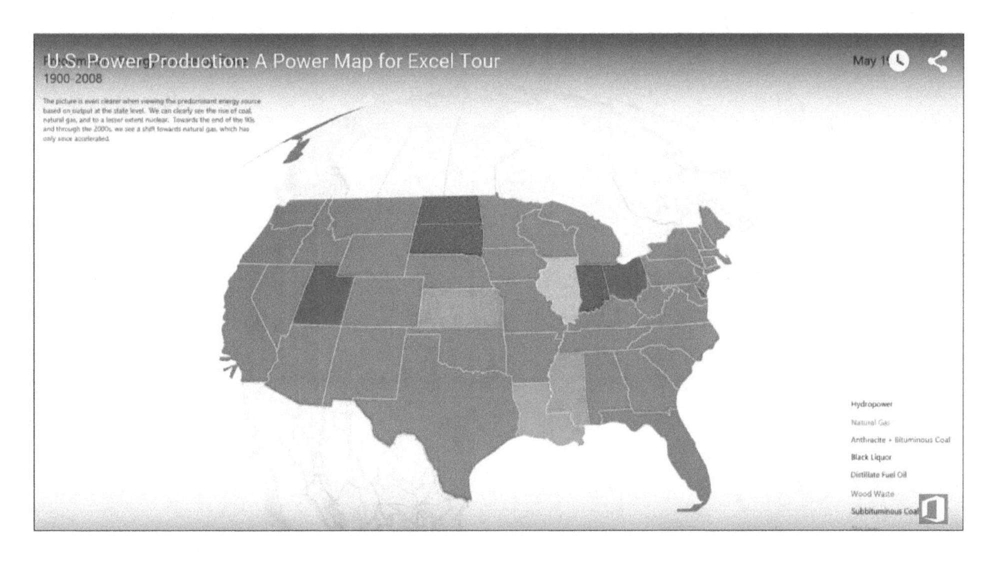

(c) 分档填色图

图7-0-1 Map Power示例视频截图：Social Impact

在Excel Map Power中还可以实现“新建自定义地图”，绘制炫丽的三维簇状柱形图和堆积柱形图，如图7-0-2所示。但是从实际应用的角度，图表不能很直观、真实地展示数据，所以这种三维柱形图更适合商业动态图表的绘制。

图7-0-2 Map Power 示例：White House Budget

7.1 热度地图

热度地图是一种图形化的数据表现形式，在一个二维地图上以变化的颜色代表数值大小。热力地图也指用于表现某个专题的分布图。本节将以图7-1-1为例讲解使用Excel三维地图绘制热度地图的过程。

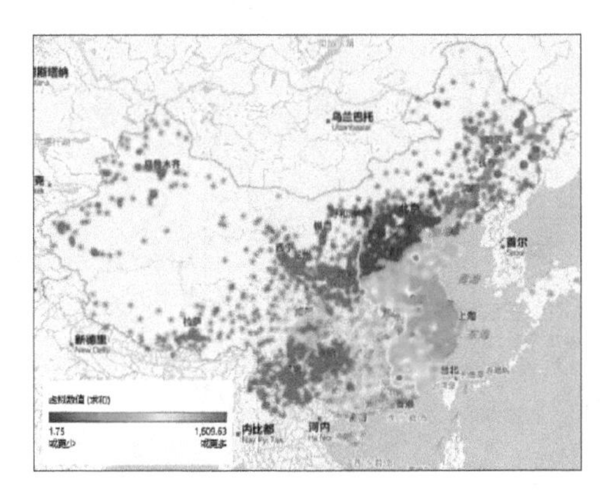

(a)

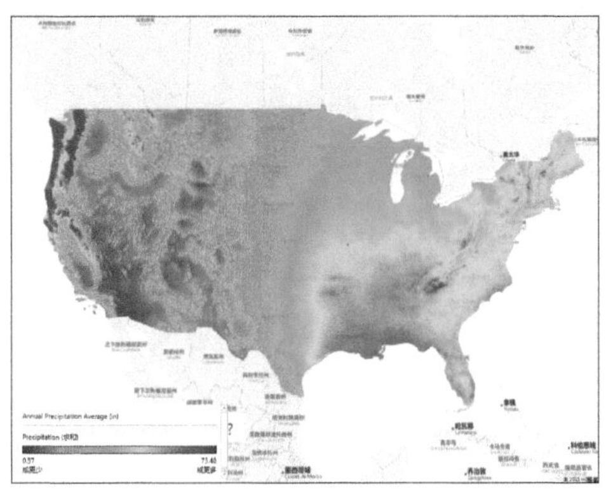

(b)

图7-1-1 热度地图

图7-1-1（a）作图思路：使用Excel 三维地图自动生成热度地图，调整图层选项的元素。具体步骤如下。

第一步：启动Excel三维地图绘制界面。原始数据如图7-1-4所示。第A列为地区名称，第B列为降水量数据。选定数据，单击“插入→三维地图”，选择“新建演示”命令，选择“平面地图”，结果如图7-1-4 1 所示。

第二步：生成Excel 默认的热度地图。在Excel右侧存在如图7-1-2 所示的“地图数据元素控制”对话框。在“数据”标签下选择“（热力地图）”；在“位置”中添加字段“地区名称”，并在下拉菜单中选择“省/市/自治区”；在“值”中添加字段“虚拟数值”（默认为“求和”），结果如图7-1-4 2 所示。

第三步：修改热度地图的控制元素及图例。① 对“图层选项”标签下的参数进行调整，其中“色阶”为300%，“视觉化聚合”为平均，其他均为默认（图7-1-2）；② 对图例进行调整，右击“图例”选择“编辑”，在“编辑图例”对话框中取消“显示标题”的勾选，设置“类别”中的字体大小为12（图7-1-3），最终结果如图7-1-1（a）所示。

(a)

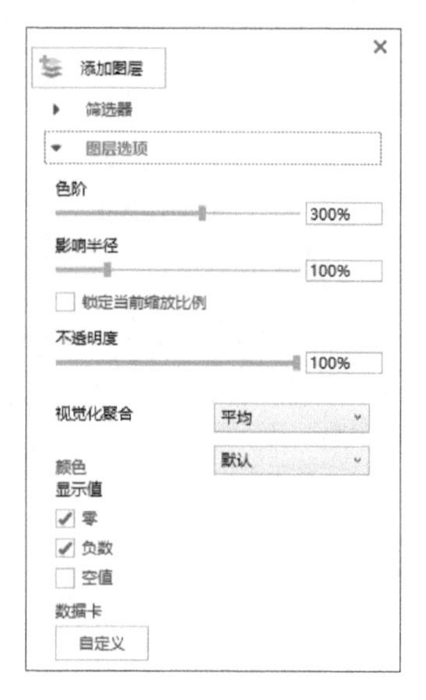

(b)

图7-1-2 “地图数据元素控制”对话框

图7-1-3 “编辑图例”对话框

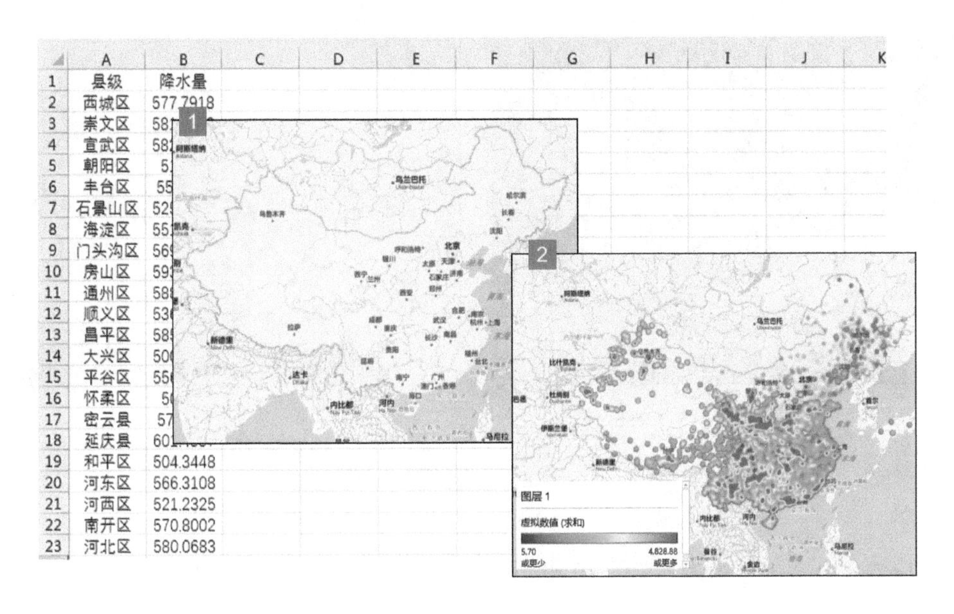

图7-1-4 热度地图的制作过程示意图

7.2 气泡地图

气泡地图其实与气泡图很类似，只是把数据系列从直角坐标转换到空间地理坐标，气泡的大小反映该区域指标数值的大小，如图7-2-1所示。

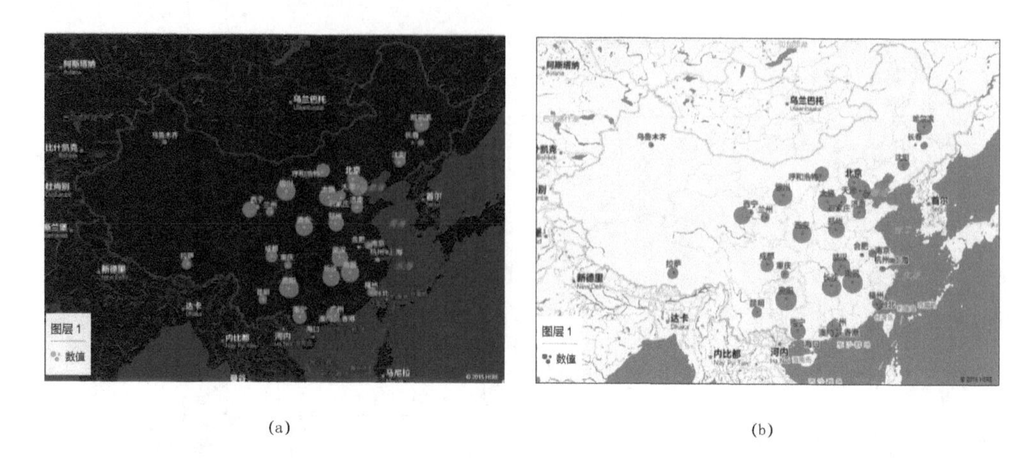

(a)　　　　(b)

图7-2-1 气泡地图

7-2-1（a）作图思路：在Excel Map Power自动生成的气泡地图基础上，调整气泡的格式。具体步骤如下。

第一步：生成Excel默认的气泡地图。原始数据如图7-2-2所示。第A列为省份名称，第B列为数据系列。选定数据，单击“插入→三维地图”，选择“新建演示”命令，选择“平面地图”，再选择为“（气泡地图）”，结果如图7-2-2 1 所示。

第二步：调整气泡的大小与厚度。在Excel右侧的“地图数据元素控制”对话框中，气泡的“大小”与“厚度”分别选择为64%、0%，结果如图7-2-2 2 所示。

第三步：调整气泡的颜色与透明度。气泡的“不透明度”与“颜色”分别选择为58%、蓝色，结果如图7-2-2 3 所示。在如图7-2-3 所示的“地图主题选择”对话框中选择第2行第1列的地图主题，最终结果如图7-2-1（a）所示。

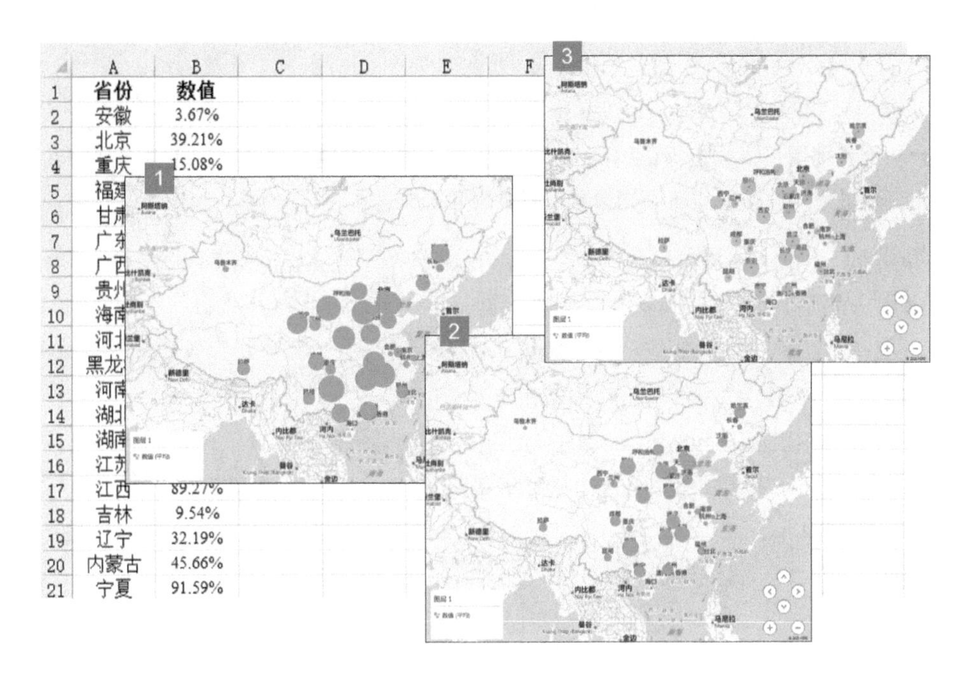

图7-2-2 气泡地图的制作过程

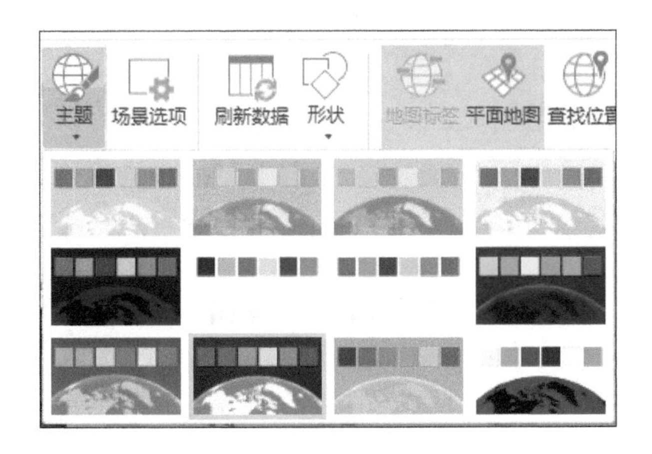

图7-2-3 “地图主题选择”对话框

7.3 分档填色地图

分档填色地图是根据指标数据的大小，对各区域按比例填充颜色，颜色深浅反映其数值大小。也有用不同的颜色代表不同分类属性的应用形式。

如图7-3-1（a）所示分档填色地图，原始数据为图7-2-2省份数据，选用Excel 三维地图（Map Power）自动生成分档填色地图，如图7-3-1所示。默认“色阶”为10%，“不透明度”为100%，填充颜色为RGB（244, 137, 19）的橙色。

如图7-3-1（b）所示分档填色地图，原始数据第A列为“Country（国家）”，第B列为数据系列数值。选用Excel 三维地图自动生成分档填色地图。默认“色阶”为10%，“不透明度”为100%，填充颜色为RGB（191, 0, 0）的红色。

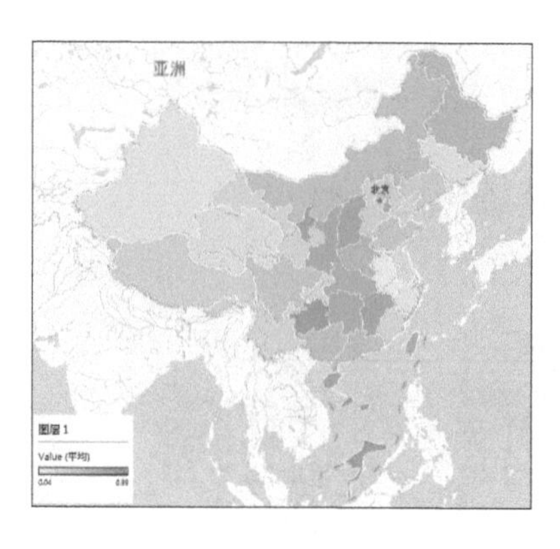

(a)

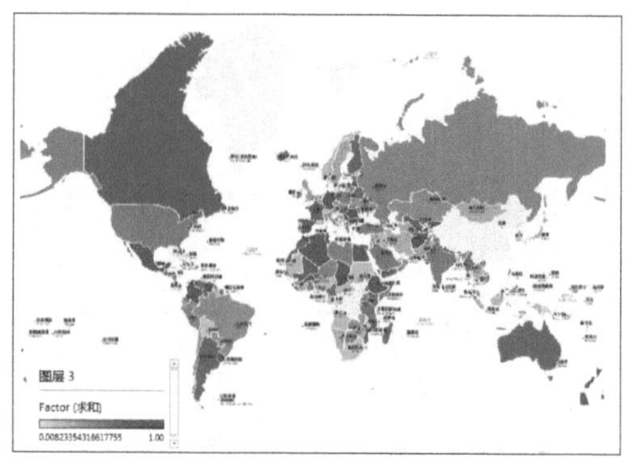

(b)

图7-3-1 分档填色地图

第8章

Excel加载项

8.1 E2D3

E2D3（Excel to D3.js）是Excel 2016的一款加载项，它是一款Excel与D3.js接通使用的工具（可参考https://github.com/e2d3）。它可以通过“应用商店”，添加到“我的加载项”，然后选定符合标准格式的数据，可以自动生成D3.js类型的图表。E2D3可供选择的图表类型比较多，如图8-1-1所示。但都是套用标准数据而一键生成，不能像Excel自身绘制的图表可以调整每个图表元素。另外，“我的加载项”里的绘图工具都需要联网才能使用。

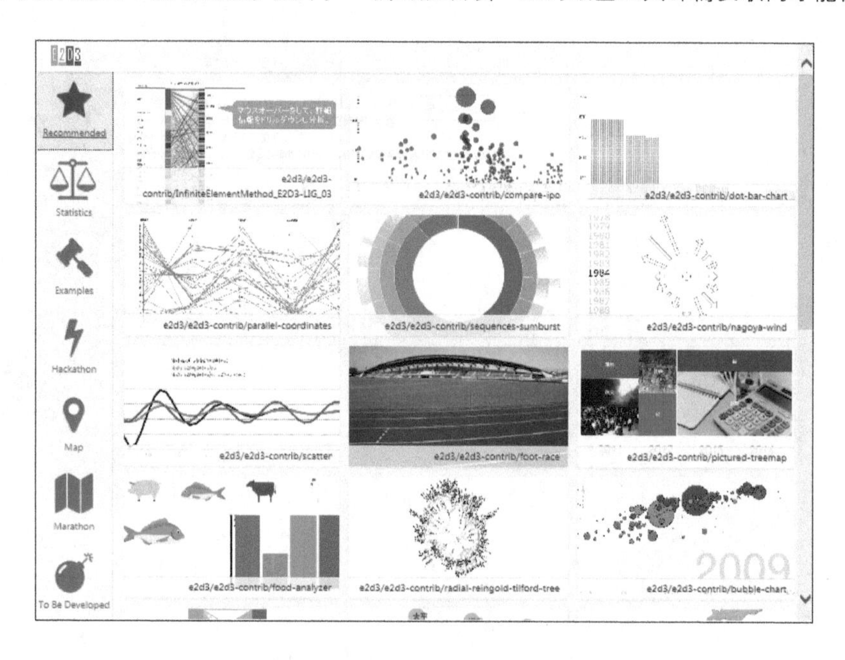

图8-1-1 E2D3 图表绘制类型

D3.js 很适合做炫丽的动态图表，Excel E2D3自带的动态点柱形图模板，如图8-1-2所示（http://bl.ocks.org/osoken/447febbc7ec374a6ab6d）。D3.js 很适合商业图表和交互式图表的制作，很多炫丽的图表，尤其是动态图表在科学论文图表中很少使用。E2D3的官方简要介绍就是：Create dynamic and interactive graphs on Excel（在Excel绘制动态和交互式图表），如图8-1-2所示就是动态柱形图的位于2时刻的截图效果。是散点图矩阵常用于高维数据的关系分析，前文散点图系列中已经介绍使用。

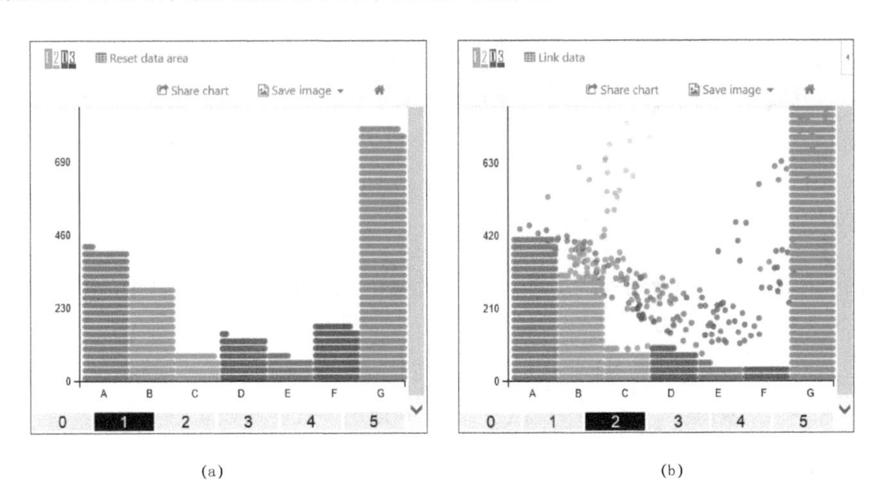

(a)　　(b)

图8-1-2 动态点柱形图（dot bar chart）

弦图是一种用于展示表格数据内在关系的可视化图表。数据标签围绕一个圆圈排布，数据标签之间的关系由弧线连接表示，如图8-1-3所示（http://bl.ocks.org/mbostock/1308257）。其中，不同粗细的连接可以表达关系的程度或者量级，不同颜色的连接表达不同的关系类型。

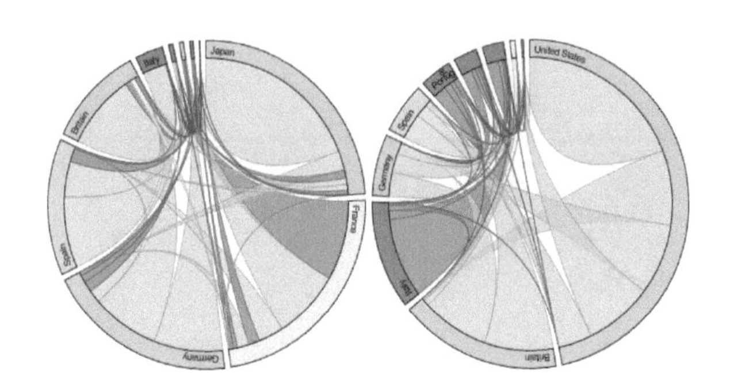

图8-1-3 弦图（Chord Diagram）

8.2 EasyShu

Excel图表插件EasyCharts 1.0版本与2016年随书发布，到目前为止有超过50,000用户下载使用。其实，当年设计很多精彩的功能并没有实现，插件的用户体验也有待提高，但是很荣幸能得到这么多用户的喜欢。终于，在今年推出Excel图表插件EasyCharts 1.0的升级版：EasyShu。该插件可通过关注微信公众号【EasyShu】获取下载安装，该插件暂时只适用于Windows系统的Microsoft Excel，但是Excel的版本不限。

EasyShu，是使用C#语言编写的一款Microsoft Excel图表专业插件，由微信公众号【Excel催化剂】和【EasyShu】联合打造，主要用于数据可视化与数据分析。到目前为止，EasyShu 2.3已经可以实现72种Excel图表类型(62种动态化图表)，18种ECharts等交互型高级图表，5种不同图表风格、14种不同颜色主题，并提供了10种图表辅助工具，其用户操作界面如下所示：

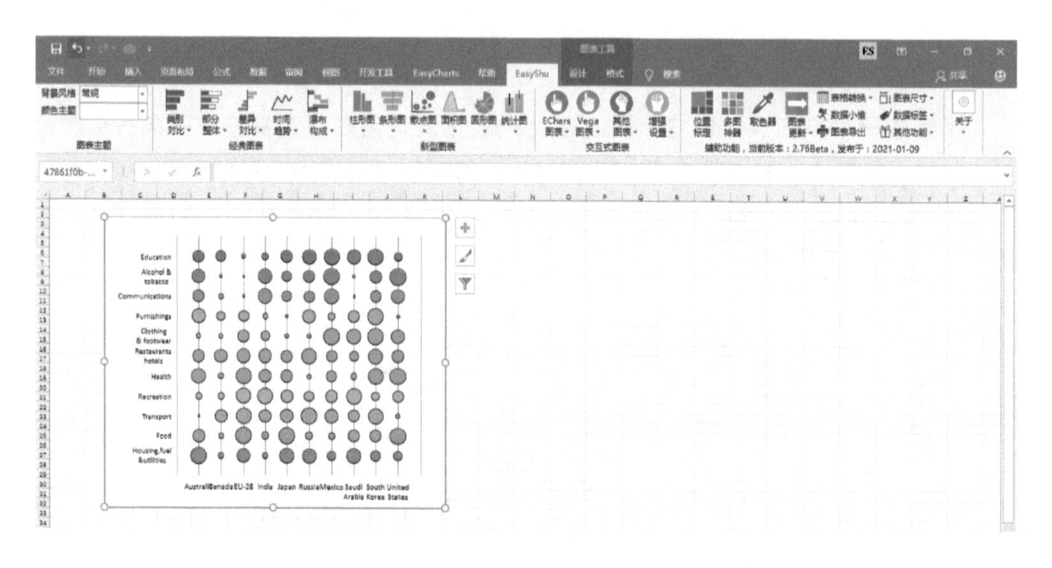

图8-2-1 EasyShu 2.8用户操作界面

8.2.1 核心图表功能

EasyShu核心图表功能主要包括商业图表新型图表2个模块，可以实现72种不同的图表类型，从简单的单数据系列棒棒图到复杂的多数据系列南丁格尔玫瑰图、相关系数矩阵图。

1. 商业图表模块，使用该模块可以绘制与表格相融合的类别型与时序型图表，可以展示不同情景下的数据，包括类别对比、时间趋势、部分整体、差异对比、瀑布构成总共5种。使用该模块绘制图表后，可以结合【辅助功能】-【位置标定】将图表变形定位到固定单元格区域内，从而可以对齐表格，跟表格数据完美融合。

其中，类别型图表，主要是指类别型数据+数值型数据两个维度的图表，我们一般使用条形图、横棒棒图等表示，X轴表示数值型数据，Y轴表示类别型数据。将类别型图表完美地嵌入表格中，能更加清晰明了地表示数据信息，尤其在咨询行业。废话少说，直接上插件一键操作的图表绘制视频。

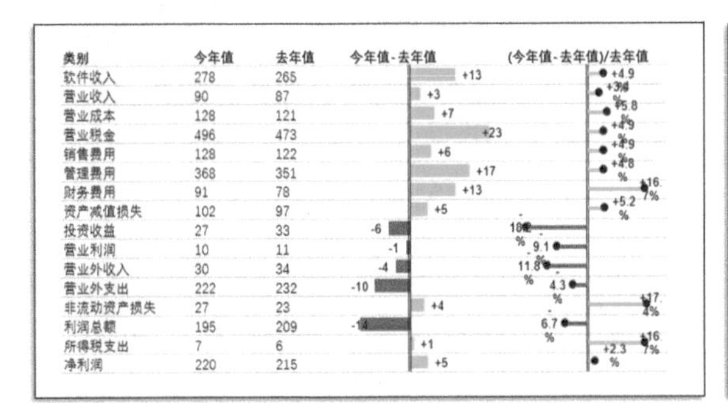

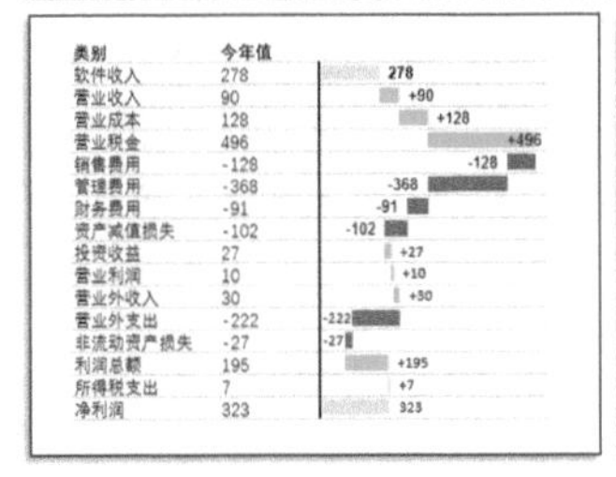

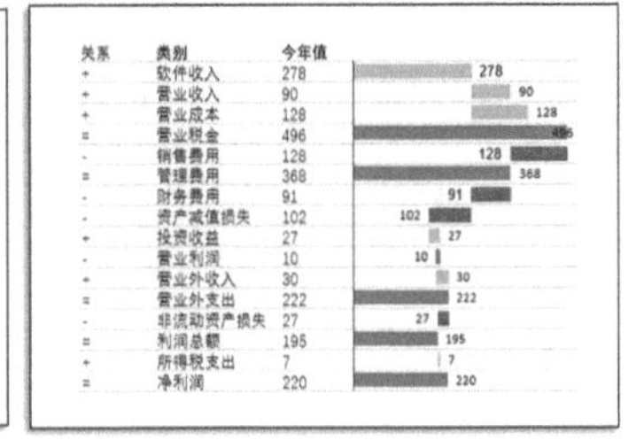

图8-2-2 表图融合的类别型图表

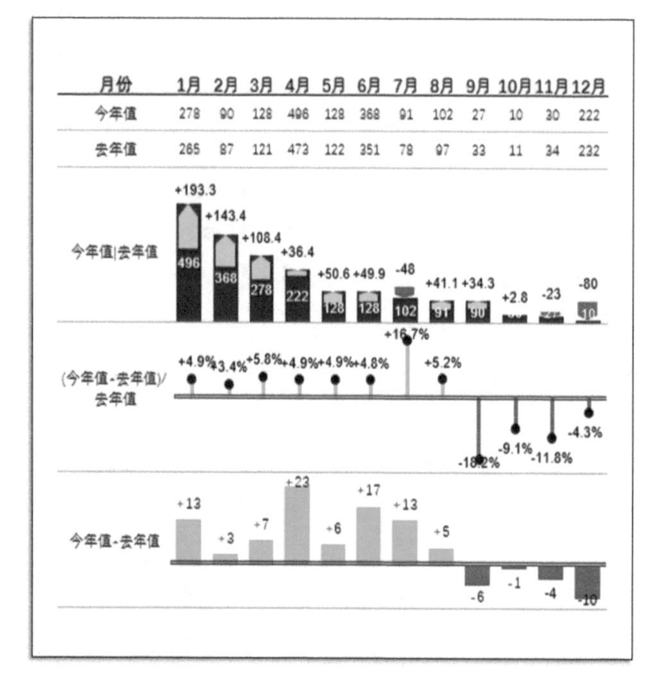

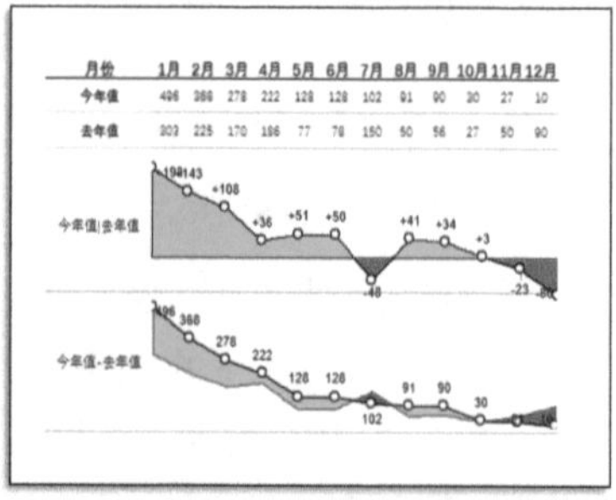
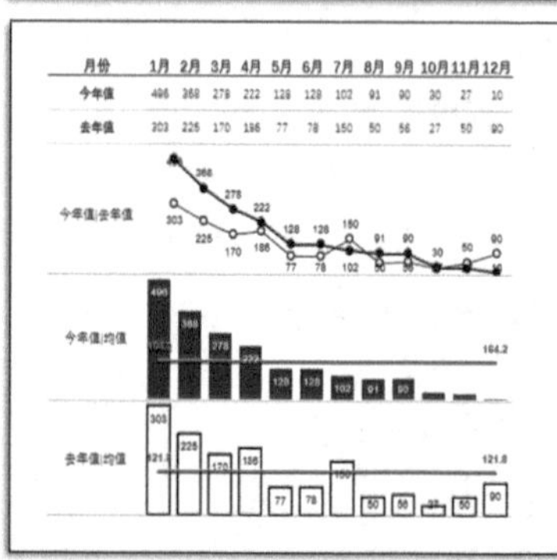

图8-2-3 表图融合的时序型图表

2 新型图表模块，使用该模块可以一键绘制复杂类型的图表，这些图表的绘制原本需要使用Excel大量辅助数据与数据计算才能实现，包括柱形图、条形图、面积图、散点图、环形图、统计图总共6种类型。其中，新型环形图包括南丁格尔玫瑰图、环形柱形图、度量仪表盘等。南丁格尔玫瑰图等；新型统计型图表主要是指要涉及数据统计分析类型的图表，比如统计直方图、核密度估计图、相关系数矩阵图、带误差线的散点图、LOESS数据曲线拟合图等；新型柱形图包括不等宽柱形图、马赛克图、子弹图、多数据系列柱形图等。

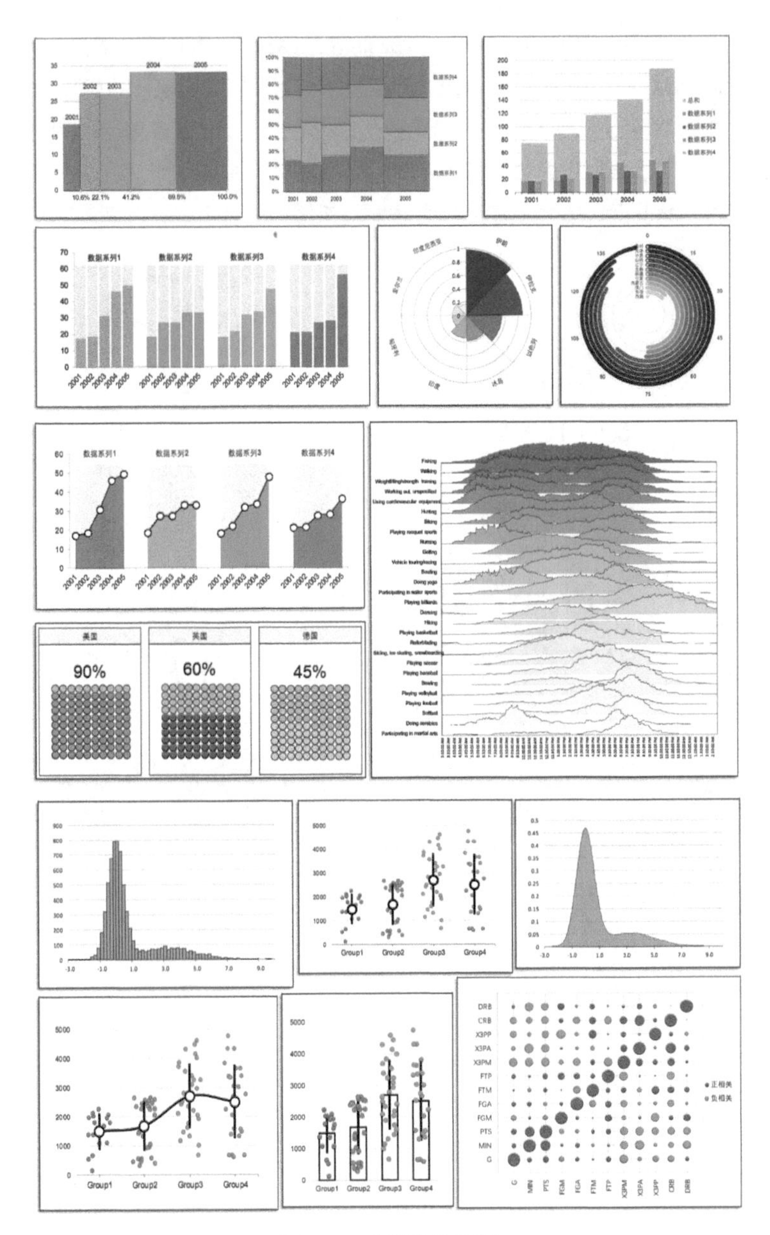

图8-2-4 新型图表案例

EasyShu2.8版本引入ECharts、Vega、D3.js等JavaScript图表库的图表，可以帮助用户轻松在Excel种一键绘制高级且交互地图，而且插件还提供了JavaScript图表导出功能，用户可以将绘制的图表导出分辨率可调的标量图(tif、jpg和png)和矢量图(svg)两种格式。到目前为止，EasyShu可以绘制不同行政级别的地图、词云图、矩形树状图、球形树状图、和弦图、主题河流图、桑基图、热力日历图、力导向关系图、旭日图等，如图8-2-5所示。

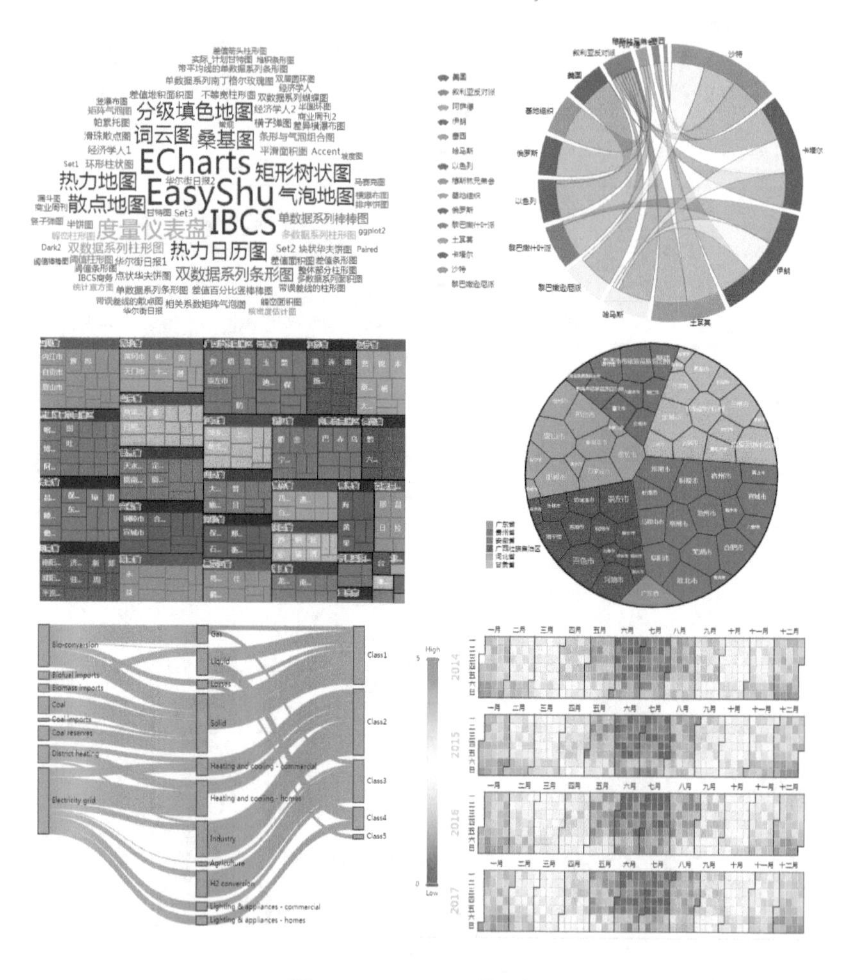

图8-2-5 JavaScript图表案例

8.2.2 图表辅助功能

图表辅助功能主要包括图表主题模块和辅助功能模块，可以帮助用户更好地调整图表的元素格式、数据形式等。

1. 图表主题模块，包括背景风格与颜色主题两个控件，可以一键切换图表的颜色主图与背景风格。

【背景风格】可以一键转换图表的图表区颜色、网格线线条颜色与类型、坐标轴标签位置等图表元素格式，但只限于EasyShu插件绘制的图表，从而实现《商业周刊》、《华尔街日报》、《经济学人》等商业经典期刊或者报纸上图表风格；

【颜色主题】提供了ggplot2、Set1、Ste2、Set3、Paired、Dark2、Accent、《商业周刊》、《华尔街日报》、《经济学人》等14种颜色主题方案，可以一键转换Excel的默认颜色主题方案。

2. 辅助功能模块，包括位置标定、多图神器、图表导出、取色器、数据小偷、数据标签等功能，可以帮助用户更好地操作图表元素：

【位置标定】可以将图表变形定位到固定单元格区域内，从而可以对齐表格，跟表格数据完美融合；

【图表导出】可以将图表导出成不同分辨率且不同格式的图片，包括jpg、tiff、png、bmp等不同图片格式；

【取色器】可以供用户拾取电脑屏幕内任意处的颜色数值，并可以以该颜色填充图表图形区域或者设定文本；同时也提供了“颜色模板”不同颜色主题方案的颜色供用户直接使用；

【数据标签】可以帮助用户添加数据系列的标签，并设定其数值单位与格式，同时也可以设定饼图与圆环图的数据标签排布格式，包括按标签位置切线与射线排布两种方式；

【数据小偷】可以以半自动的方式，帮助用户直接提取图片中图表内容的数据，从而可以获取原图表的数据系列数值；

【多图神器】可以以分面的形式一键绘制多个数据格式相似的图表，包括散点图、柱形图、面积图、条形图、瀑布图等诸多图表，其效果图如下所示：

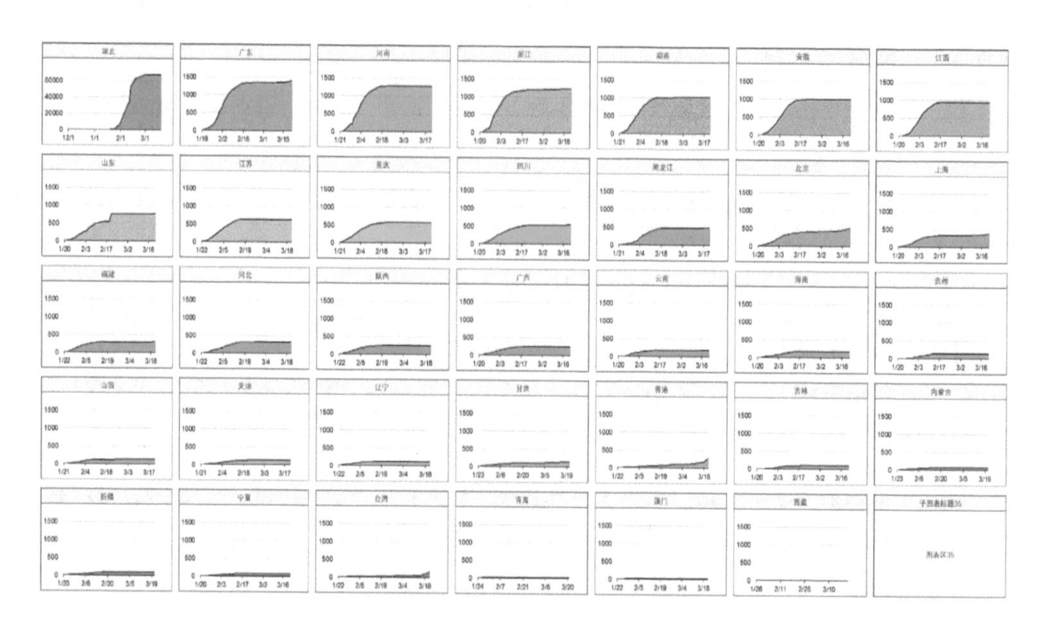

图8-2-6 多图神器分面绘制的面积图案例

8.2.3 专家推荐

用户体验与反馈对于插件的改进与认可是极其重要的，我们也邀请了诸多Excel数据分析与可视化的专家对插件评价，希望下面有你认识的专家。

方骥，微软MVP最有价值专家，《Excel这么用就对了》《Excel应用大全》等书作者

EasyShu图表插件-迄今为止，个人开发的Excel图表类插件当中，见过的最好的产品，以至于见过这款插件以后，我就放弃了开发图表网课的念头——都一键成图了，谁还愿意自己来学，这插件的最大作用，就是帮助那些不会做图、但又寄望Excel能够成熟懂事、积极主动奉献专业图表的人士实现他们的妄想。

龙逸凡,《“偷懒”的技术：打造财务Excel达人》作者

Easyshu插件让我失去了作图的乐趣，但是给普通用户节约了大量时间，不用学习也可以制作出专业的商务图表！

姜辉,《Excel仪表盘实战》作者、微信公众号【Exceldashboard】创主

在这个一切皆可数据化的时代，数据分析能力已经成为了各行各业职场人士的必备能力，而能够生动又直观的展现数据分析结果又是其中要掌握的重点能力。最近，由国内知名数据专家联手研发的Excel可视化插件EasyShu横空出世，填补了国内在Excel高端商业数据可视化插件产品方面的空白，为国内的职场小伙伴们提供了一款提升职场数据可视化实战能力的重磅利器。只要准备好符合需求的数据，EasyShu一键即可生成多种令人眼前一亮，百看不厌、国际化标准的高端可视化图表，让你瞬间成为同事当中最靓的仔！

刘凯,《Excel2013：用PowerPivot创建数据模型》译者，美国注册管理会计师

秒变图表大神的偷懒利器，媲美上万元BI的Excel插件，各类商务图表风格信手拈来，辅助功能全免费，一般人我不告诉他！

刘钰，《Power BI权威指南》译者，Power Platform中文社区创始人

当我们面对数字的时候，总是需要能够希望以最佳的形式去展示你对于数字的解读，图表则是传统中不可或缺的表达形式。以前我们几乎都在EXCEL中使用各种繁复的技巧来除了，十分的困难。现在有了EasyShu插件，可以解放我们的精力和时间，快速生成高阶图表，成就你的分析力。

参考文献

[1] Saxena P, Heng B C, Bai P, et al. A programmable synthetic lineage-control network that differentiates human IPSCs into glucose-sensitive insulin-secreting beta-like cells[J]. Nature Communications, 2016, 7.

[2] Nishimoto S, Fukuda D, Higashikuni Y, et al. Obesity-induced DNA released from adipocytes stimulates chronic adipose tissue inflammation and insulin resistance[J]. Science Advances, 2016, 2（3）.

[3] Nathan Yau. Data Points: Visualization That Means Something [M]. John Wiley & Sons, Inc., Indianapolis, Indiana, 2013.

[4] Nathan Yau. Visualize This: The FlowingData Guide to Design, Visualization, and Statistics[M]. John Wiley & Sons, Inc., Indianapolis, Indiana, 2012.

[5] Hadley Wickham. ggplot2 Elegant Graphics for Data Analysis [M]. Springer Dordrecht Heidelberg London New York, 2009.

[6] Winston Chang. R Graphics Cookbook [M]. O’Reilly Media, Inc., 1005 Gravenstein Highway North, Sebastopol, CA 95472. 2012.

[7] Chun-houh Chen, Wolfgang Härdle, Antony UnwinHandbook of Data Visualization [M]. Springer-Verlag Berlin Heidelberg, 2008.

[8] Dona M. Wong. The Wall Street Journal Guide to Information Graphics: The Dos and Don’ts of Presenting Data, Facts, and Figures [M]. W. W. Norton & Company, 2013.

[9] 刘万祥. Excel图表之道[M]. 北京：电子工业出版社, 2010.4.

[10] 刘万祥. 用地图说话[M]. 北京：电子工业出版社, 2012.3.

[11] 刘恒. 图表表现力 Excel图表技法 [M]. 北京: 清华大学出版社，2011.10.

[12] 陈兴荣. Excel图表拒绝平庸 [M]. 北京：电子工业出版社, 2013.11.

[13] 王亚飞, 孔令春. Excel上午图标从零开始学 [M]. 北京: 清华大学出版社，2015.5.

[14] 韩明文. 图表说服力 [M]. 北京: 清华大学出版社，2011.10.

[15] 张九玖. 数据图形化分析更给力 [M]. 北京：电子工业出版社, 2012.6.

[16] 恒盛杰资讯. 图表之美 [M]. 北京: 机械工业出版社, 2012.7.

[17] 早坂清志. 职场力！最具说服力的Excel图表技法 [M]. 北京: 中国铁道出版社, 2014.9.

[18] 陈为, 张嵩, 鲁爱东等. 数据可视化的基本原理与方法 [M]. 北京: 科学出版社, 2013.6.